Yaşar Karaduman

Buğdayın Bisküvilik Kalite Özellikleri

Yaşar Karaduman

Buğdayın Bisküvilik Kalite Özellikleri

Türkiye Alim Kitapları

Impressum / Yayınevi adı
Bibliografische Information der Deutschen Nationalbibliothek: Die Deutsche Nationalbibliothek verzeichnet diese Publikation in der Deutschen Nationalbibliografie; detaillierte bibliografische Daten sind im Internet über http://dnb.d-nb.de abrufbar.

Deutsche Nationalbibliothek tarafından yayınlanan bibliyografik bilgiler: Deutsche Nationalbibliothek, bu yayını Deutsche Nationalbibliografie'de listeler; detaylı bibliyografik bilgi İnternet'te http://dnb.d-nb.de sitesinde mevcuttur.

Coverbild / Kitap kapağı resmi: www.ingimage.com

Verlag / Yayıncı:
Türkiye Alim Kitapları
ist ein Imprint der / yayınevinin bir ticari markasıdır
OmniScriptum GmbH & Co. KG
Heinrich-Böcking-Str. 6-8, 66121 Saarbrücken, Deutschland / Almanya
Email / E-posta: info@turkiye-alim-kitaplary.com

Herstellung: siehe letzte Seite /
Basım yeri: son sayfaya bakın
ISBN: 978-3-639-67159-9

ÖZET

Ülkemizde hızla gelişen ve büyük bir ihracat potansiyeli olan bisküvi sektöründe ana hammadde olan unun dolayısıyla buğdayın kalitesinin istenilen standartlara uygun olmaması en önemli problemlerden birisidir. Bisküvi sektöründe her geçen gün artmakta olan kaliteli hammaddeye ihtiyacın giderilmesinde çeşit geliştirme çalışmalarının büyük önemi vardır. Gıda, Tarım ve Hayvancılık Bakanlığı Geçit Kuşağı Tarımsal Araştırma Enstitüsü'nde bisküvi sektörünün istediği kalitesi ve verimi yüksek bisküvilik buğday çeşidi geliştirme çalışmaları ekmeklik buğday ıslah materyalinde 2003 yılından beri sürdürülmektedir. Bu çalışma bisküvilik buğday çeşit geliştirme çalışmaları sonucu ileri kademeye gelmiş 19 seçilmiş hat ve 5 standarttan oluşan 24 adet materyalin kalite özelliklerini kapsamlı olarak değerlendirmek; bisküvilik kalite değerlendirmesinde kullanılabilecek, ıslaha ve bisküvi sektörüne yardımcı olabilecek kalite kriterleri ve bu kriterler arasındaki ilişkileri belirlemek amacıyla yapılmıştır. Bu amaçla materyalde tane fiziksel özellikleri, kırma özellikleri, öğütme özellikleri, un özellikleri, nişasta çirişlenme özellikleri ve nişasta termal özellikleri, protein fraksiyonları, hamur reolojik özellikleri, bisküvi fiziksel ve duyusal özellikleri değerlendirilmiştir. Çalışma sonuçlarına göre bisküvi kalite özelliklerini değerlendirmede tane soyma sayısı, PSI sertlik değeri, kırma unu verimi, zedelenmiş nişasta miktarı, Zeleny sedimentasyon değeri, solvent tutma kapasitesi-su, sakkaroz, sodyum karbonat ve alkali su tutma kapasitesi testleri hızlı ve kolay uygulanabilir testler olarak öne çıkmışlardır. Bisküvi yayılma faktörü ile önemli korelasyon değeri veren tüm parametrelerle yapılan stepwise analize göre farinograf su absorpsiyonu değeri kuru koşullarda tek başına yayılma faktöründeki % 72 varyasyonu açıklamıştır. Yine farinograf gelişme süresi; ekstensograf maksimum ve 5. dak. uzama direnci; alveo-konsistograf su absorpsiyonu, maksimum basınç, 250. ve 450. s yumuşama değerleri, direnç, direnç/uzama kabiliyeti, gelişme süresi, 4 cm'deki enerji değeri; miksolab C1, C2 değerleri ve C2-C1 farkı bisküvilik kalitenin değerlendirilmesinde kullanılabilecek diğer reolojik parametreler olarak bulunmuştur. Nişasta özellikleri ile ilgili olarak ise miksolab C3 değeri ve C3-C2 farkının düşük; C5 değeri, C5-C4 farkı, pik viskozite, incelme değeri, jelatinizasyon başlangıç sıcaklığı ve pik viskozite/son viskozite oranının yüksek olması arzu edilmektedir. Bu çalışma sonucunda 6 hat kuru koşullarda ve 6 hat sulu koşullarda bisküvilik kalite yönü ile ümit var bulunmuştur. Ümit var olarak görülen bu hatlardan en az sulu koşullarda 1 ve kuru koşullarda 1 hattın tescil denemelerine gönderilmesi amaçlanmaktadır.

Anahtar Kelimeler: Bisküvi, kalite, buğday ıslahı, protein, nişasta

ABSTRACT

In biscuit ındustry that is fast-growing and has a large export potential, unavailability of required standards of quality of flour , which is the main raw material, throughly quality of wheat is one of the most important problem in our country. Wheat developing studies are very important to eliminate the need of high-quality raw material that increases every day in biscuit ındustry. High quality and yield biscuit wheat variety developing studies demanded by biscuit industry in bread wheat breeding material have been continued since 2003 in Ministry of Food, Agriculture and Livestock Transitional Agricultural Research Instıtute. This study was done to evaluate comprehensively the quality properties of 24 material, composed of 19 advanced lines and 5 varieties, as a result of biscuit wheat variety developing studies, and to determine the quality parameters which can be used in biscuit wheat quality evaluation and will able to help breeding and biscuit ındustry and relationships among them. Fort this purpose, in the material physical properties of kernel, whole meal, milling and flour properties, starch gelatinization properties, starch thermal properties, proportions of protein fractions, dough rheological properties, biscuit physical and sensory properties were evaluated. According to results of this study pearling index, PSI hardness, break flour yield, damaged starch, Zeleny sedimentation value, solvent retention capacity-water, sucrose, sodium carbonate and alkali water retention capacity analyses were stood out as a rapid and easily applicable in cookie-making quality properties evaluation. In rainfed condition according to stepwise analysis made with all parameters that gave important corelations with cookie spread ratio farinograph water absorption explained 72 % variation alone. Also, farinograph development time; extensograph maximum and resistance-5th minute; alveo-consistograph water absorption, maximum pressure, softening degree-250 and 450th second, tenacity, tenacity/extensibility, development time, energy in 4 cm, miksolab C1, C2 and C2-C1 were found as other rheological parameters can be used in cookie-making quality evaluation. As regards the characteristics of starch it is desired that low miksolab C3 and C3-C2 values and high C5 value, C5-C4 value, peak viscosity, breakdown viscosity, pasting temperature and peak viscosity/final viscosity degree. As a result of this study 6 lines in rainfed and 6 lines in irrigated conditions were found promising for cookie-making quality. It is aimed that at least one line in irrigated and in rainfed conditions will be sent to registration trial.

Key Words : Cookie, quality, wheat breeding, protein, starch

TEŞEKKÜR

Araştırma konumu belirleyen, çalışmamın her safhasında büyük emekleri olan, gelişimini titizlikle takip eden, Danışman Hocam Sayın Prof. Dr. Recai Ercan'a; laboratuvar imkanlarından faydalanmamı sağlayan ve değerli bilgileri ile çalışamama yön veren ve değerlendiren Prof. Dr. Hamit KÖKSEL ve Prof. Dr. Berrin ÖZKAYA'ya; çalışmayı yürüttüğüm Geçit Kuşağı Tarımsal Araştırma Enstitüsü Müdürlüğü'nde çalışmamın gerçekleşmesinde bana her türlü imkanı sağlayan Enstitü Müdürü Yakup KARAMAN'a, çalışmama maddi olarak destek veren ve laboratuvar imkanlarını kullanmamı sağlayan ETİ Gıda San. Tic. A.Ş.'ne ve başta analizler sırasında yardımını esirgemeyen Nezaket ÖNGÜN olmak üzere Arzu KANAL, Tahsin BENLİ, Mehmet ER ve Adem SARARMIŞ'a, yine laboratuvarlarında çalışmalarımızın önemli bir kısmını yürüttüğümüz Tarla Bitkileri Merkez Araştırma Enstitüsü Müdürlüğü Kalite ve Teknoloji Bölüm Başkanı Turgay ŞANAL'a ve şahsında tüm bölüm çalışanlarına, ayrıca aynı Enstitü'den yıllarca beraber çalıştığımız ve bu çalışmada da yardımcı olan Ramazan AVCIOĞLU'na; çalışmamın en başından sonuna kadar her türlü bilgi alışverişinde bulunduğum, denemelerin kurulması ve materyalin sağlanmasında destek ve yardımlarını esirgemeyen emekli Buğday Islah Bölüm Başkanı Dr. Necmettin BOLAT'a ve Tarla Bitkileri Bölüm Başkanı Mustafa ÇAKMAK'a, laboratuvar analizlerinde bana yardımcı olan Hacettepe Üniversitesi Gıda Mühendisliği Bölümü'nden Araş. Gör. Tuğrul MASTARACIOĞLU ve Demet KÖROĞLU ile diğer çalışanlara, Geçit Kuşağı Tarımsal Araştırma Enstitüsü Müdürlüğü'nden Laborant Aydın ÇİFTÇİ'ye ve emeği geçen herkese; laboratuvarlarını kullanmamızı sağlayan Fevzioğlu Un Sanayii A.Ş.'ye, doktora eğitimim sırasında başından sonuna kadar bana yardımcı olan Dr. Özay MENTEŞ'e, istatistik analiz metotlarının belirlenmesi ve analizlerin yapılıp değerlendirilmesinde yardım ve desteğini gördüğüm Dr. Erdinç SAVAŞLI, Oğuz ÖNDER ve Ramis DAYIOĞLU'na; yetişmemde emeği olan bütün saygıdeğer hocalarıma ve müdürlerime; beni yetiştirmekte tüm fedakarlıkları gösteren asla haklarını ödeyemeyeceğim anne ve babama; çalışmam süresince büyük bir özveri ile maddi ve manevi desteğini esirgemeyen ve zorluklarımı paylaşan sevgili eşim Vildan, kızım Ceren ve oğlum Atahan'a en içten teşekkürlerimi sunarım.

Dr Yaşar KARADUMAN

İÇİNDEKİLER

SİMGELER DİZİNİ

*	% 5 Düzeyinde Önemli
**	% 1 Düzeyinde Önemli
‘	Dakika
ΔH	Jelatinizasyon Entalpisi
a*	Kırmızı-Yeşillik Değeri
A	Ak702
AACCI	American Association of Cereal Chemists International
A.Ö.F.	Asgari Önemli Farklılık
ALVEO-Fb	Alveo-Konsistograf Enerji
ALVEO-Ex	Alveo-Konsistograf Uzayabilirlik
ALVEO-A	Alveo-Konsistograf Uzama Kabiliyeti
ALVEO-Fb40	Alveo-Konsistograf 4 cm’deki Enerji
ALVEO-T	Alveo-Konsisotgraf Direnç
ALVEO-T/A	Alveo-Konsistograf Direnç/Uzama Kabiliyeti
ALVEO-Wa	Alveo-Konsistograf Su Absorpsiyonu
ALVEO-Prmaks	Alveo-Konsistograf Maksimum Basınç
ALV EO-TPrmaks	Alveo-Konsistograf Gelişme Süresi
ALVEO-TOL	Alveo-Konsistograf Tolerans
ALVEO-D250	Alveo-Konsistograf 250. s Yumuşama Değeri
ALVEO-D450	Alveo-Konsistograf 450. s Yumuşama Değeri
ALVEO-Iec	Alveo-Konsistograf Elastikiyet İndeksi
ASTK	Alkali Su Tutma Kapasitesi
AWRC	Alkali Su Tutma Kapasitesi
B	Bezostaja1
b*	Sarı ve Mavilik Değeri
BGS	Başaklanma Gün Sayısı
BİS-YGÖ	Bisküvi Yüzey Görünüm Özellikleri Puanı
BİS-TÖ	Bisküvi Tekstür Özellikleri Puanı
BİS-KÖ	Bisküvi Kesit Özellikleri Puanı
BİS-DPUAN	Bisküvi Toplam Duyusal Puan
BİS-ÇAP	Bisküvi Çap
BİS-KAL	Bisküvi Kalınlık
BİS-YFAK	Bisküvi Yayılma Faktörü

BİS-KKUV	Bisküvi Kırılma Kuvveti
BİS-L*	Bisküvi Açıklık-Koyuluk Değeri
BİS-a*	Bisküvi Kırmızı-Yeşillik Değeri
BİS-b*	Bisküvi Sarı-Mavilik Değeri
BİS-GB	Bisküvilik Gözlem Bahçesi
BU	Brabender Birimi
BVD-BİS	Bölge Verim Denemesi Bisküvilik
CIMMYT	International Maize and Wheat Improvement Center
C-SDS	CIMMYT Sodyum Dodesil Sülfat Sedimentasyon
Ç	Çetinel2000
DANE-BDA	1000 Tane Ağırlığı
DANE-HL	Hektolitre Ağırlığı
DANE-SOYS	Soyma Sayısı Değeri
DANE-L*	Tane Açıklık-Koyuluk Değeri
DANE-a*	Tane Kırmızı-Yeşillik Değeri
DANE-b*	Tane Sarı-Mavilik Değeri
DANE-2.8	Tane 2.8 mm Elek Üstü
DANE-2.5	Tane 2.5 mm Elek Üstü
DANE-2.2	Tane 2.2 mm Elek Üstü
Dak	Dakika
D.K.	Değişkenlik Katsayısı
DSC	Differential Scanning Kalorimetre
DSC-JBS	DSC-Jelatinizasyon Başlangıç Sıcaklığı
DSC-JPS	DSC-Jelatinizasyon Pik Sıcaklığı
DSC-JE	DSC-Jelatinizasyon Entalpisi
EX-E45'	Ekstensograf 45. Dakika Uzama Yeteneği
EX-E90'	Ekstensograf 90. Dakika Uzama Yeteneği
EX-E135'	Ekstensograf 135. Dakika Uzama Yeteneği
EX-Rm45'	Ekstensograf 45. Dakika Maksimum Uzama Direnci
EX-Rm90'	Ekstensograf 90. Dakika Maksimum Uzama Direnci
EX-Rm135'	Ekstensograf 135. Dakika Maksimum Uzama Direnci
EX-R545'	Ekstensograf 45. Dakika 5. Dakika Uzama Direnci
EX-R590'	Ekstensograf 90. Dakika 5. Dakika Uzama Direnci
EX-R5135'	Ekstensograf 135. Dakika 5. Dakika Uzama Direnci
EX-A45'	Ekstensograf 45. Dakika Enerji

EX-A90'	Ekstensograf 90. Dakika Enerji
EX-A135'	Ekstensograf 135. Dakika Enerji
FARİ-SA	Farinograf Su Absorpsiyonu
FARİ-GS	Farinograf Gelişme Süresi
FARİ-STAB	Farinograf Stabilite
FARİ-YT	Farinograf Yoğurma Tolerans Endeksi
FARİ-YD	Farinograf Yumuşama Değeri
g	Gram
g-f	Gram-Kuvvet
G	Gerek79
GKTAEM	Geçit Kuşağı Tarımsal Araştırma Enstitüsü Müdürlüğü
HFCS	Yüksek Früktoz Mısır Şurubu
HMWG	Yüksek Molekül Ağırlıklı Glutenin
HPLC	Yüksek Basınç Sıvı Kromotografisi
HPLC-TP1	Polimerik Protein Miktarı-1. Pik
HPLC-TP1	Polimerik Protein Miktarı-2. Pik
HPLC-TP1+TP2	Polimerik Protein Miktarı
HPLC-TP3	Monomerik Protein Miktarı
HPLC-ORAN	Polimerik/Monomerik Protein Miktarı
ICC	International Association for Cereal Science and Technology
KGB	Kuru koşullarda Gözlem Bahçesi
KIR-CSDS	Kırma CIMMYT SDS Sedimentasyon Değeri
KIR-MSDS	Kırma Makro SDS Sedimentasyon Değeri
KIR-PROT	Kırma Protein Miktarı
KIR-PSI	Kırma PSI Sertlik Değeri
KIR-L*	Kırma Açıklık-Koyuluk Değeri
KIR-a*	Kırma Kırmızı-Yeşillik Değeri
KIR-b*	Kırma Sarılık-Mavilik Değeri
K.O.	Kareler Ortalaması
KÖVD	Kuru koşullarda Ön Verim Denemesi
K.T.	Kareler Toplamı
L*	Açıklık-Koyuluk Değeri
MİN	Minimum
MAKS	Maksimum
MLAB-STAB	Miksolab Stabilite

MLAB C1	Miksolab C1 Değeri
MLAB C2	Miksolab C2 Değeri
MLAB C2-C1	Miksolab C2-C1 Farkı
MLAB C3	Miksolab C3 Değeri
MLAB C3-C2	Miksolab C3-C2 Farkı
MLAB C4	Miksolab C4 Değeri
MLAB C4-C3	Miksolab C4-C3 Farkı
MLAB C5	Miksolab C5 Değeri
MLAB C5-C4	Miksolab C5-C4 Farkı
M-SDS	Makro Sodyum Dodesil Sülfat Sedimentasyon
NaCl	Sodyum Klorür
NIR	Near Infrared (Yakın Kızılötesi) Spektroskopi
Ö.D.	Önemli Değil
ÖĞ-B1	Kırma Unu Verimi-B1 valsi
ÖĞ-B2	Kırma Unu Verimi-B2 valsi
ÖĞ-B3	Kırma Unu Verimi-B3 valsi
ÖĞ-KUNU	Kırma Unu Verimi
ÖĞ-KKEP	Kaba Kepek Miktarı
ÖĞ-İKEP	İnce Kepek Miktarı
ÖĞ-İUNU	İrmik Unu Verimi
ÖĞ-C1	İrmik Unu Verimi-C1 Valsi
ÖĞ-C2	İrmik Unu Verimi-C2 Valsi
ÖĞ-C3	İrmik Unu Verimi-C3 Valsi
ÖĞ-TUN	Toplam Un Verimi
ÖĞ-UNV	Un Verimi
P	Direnç Değeri
PCA	Temel Komponent Analizi
P/L	Direnç/Uzayabilirlik Değeri
PSI	Partikül İrilik İndeksi
RVA	Rapid Visko Analizör
RVA-PV	RVA-Pik Viskozite
RVA-İSV	RVA-İncelme Sonrası Viskozite
RVA-İD	RVA-İncelme Değeri
RVA-SV	RVA-Son Viskozite
RVA-KD	RVA- Katılaşma Değeri

RVA-PZ	RVA-Pik Viskozite Zamanı
RVA-JBS	RVA-Jelatinizasyon Başlangıç Sıcaklığı
RVA-PV/SV	RVA-Pik Viskozite/Son Viskozite Oranı
s	Saniye
SBVD-B	Sulu koşullarda Bölge Verim Denemesi-Beyaz
SBVD-BİS	Sulu koşullarda Bölge Verim Denemesi-Bisküvilik
S.D.	Serbestlik Derecesi
SGB	Sulu koşullarda Gözlem Bahçesi
SKC	Tek Tane Karakterizasyon
SDS	Sodyum Dodesil Sülfat
STK	Solvent Tutma Kapasitesi
STK-SU	Solvent Tutma Kapasitesi-Su
STK-LAK	Solvent Tutma Kapasitesi-Laktik Asit
STK-SAK	Solvent Tutma Kapasitesi-Sakkaroz
STK-SKAR	Solvent Tutma Kapasitesi-Sodyum Karbonat
SRC	Solvent Tutma Kapasitesi
SVD	Sulu koşullarda Verim Denemesi
T_0	Jelatinizasyon Başlangıç Sıcaklığı
T_p	Jelatinizasyon Pik Sıcaklık
UN-PROT	Un Protein Miktarı
UN-ZSED	Un Zeleny Sedimentasyon Değeri
UN-ZEDN	Un Zedelenmiş Nişasta Miktarı
UN-KÜL	Un Kül Miktarı
UN-YG	Un Yaş Gluten Miktarı
UN-KG	Un Kuru Gluten Miktarı
UN-GI	Un Gluten İndeks Değeri
UN-L*	Un Açıklık-Koyuluk Değeri
UN-a*	Un Kırmızı-Yeşillik Değeri
UN-b*	Un Sarılık-Mavilik Değeri
UCD	Chopin Dubois Birimi
V.K.	Varyasyon Kaynağı
W	Enerji Değeri
Y	Yıldız98

ÇİZELGELER DİZİNİ

ŞEKİLLER DİZİNİ

1. GİRİŞ

Buğday, insan beslenmesinde kullanılan kültür bitkileri arasında ekim alanı ve üretim bakımından dünyada ve ülkemizde ilk sırada yer almaktadır. Ülkemiz yaklaşık 8 milyon hektar alanda 20 milyon ton buğday üretimi ile (Anonymous 2009) dünyada belli başlı üretici ülkeler arasındadır. Üretilen bu buğdayın büyük bir kısmı ekmek yapımında kullanılmaktadır. Ülkemiz için öngörülen bisküviliğe uygun yumuşak buğday ihtiyacı 600 bin ton civarı olup, tüm bisküvilik buğdayların kullanıldığı alanlar (kuru pasta gibi) göz önüne alındığında bu ihtiyaç 1 milyon tona çıkmaktadır (ETİ-TAM Gıda ile görüşmeler).

Yumuşak buğdaylar pek çok üründe kullanılmaktadır. Bazılarında temel ingredient bazılarında ise ikinci veya üçüncü derecede öneme sahiplerdir. Yumuşak buğdaylar daha düşük nişasta zedelenmesine ve dolayısıyla daha düşük su absorpsiyonuna, daha düşük hamur viskozitesine ve daha küçük partikül irilik dağılıma sahiplerdir. Ucuz olduklarından maliyeti düşürmek amacıyla da kullanılmaktadırlar. Yumuşak buğdayların zayıf ve uzayabilir gluten yapısı yumuşak buğday ürünlerinde istenilen gevrek yapının oluşması için arzu edilen özellikleri sağlamaktadır. Yumuşak buğday unları kimyasal mayalı kraker, bisküvi, pankek, pasta, kek, dondurma külahı, yassı ekmek gibi pek çok üründe tercih edilmektedirler (Yamamoto vd. 1996, Lin ve Czuchjowska 1997, Morris 2004, Zhang vd. 2007). Daha geniş yayılma oranı veren yumuşak buğdaylar yumuşak buğday ürünleri için iyi kalitede kabul edilmektedirler. Bir sınıf ürün için uygun olan yumuşak buğday başka bir sınıf ürün için uygun olamayabilmektedir (Finney 1989).

Bisküvi üretimi gıda endüstrisinde önemli sektörlerden birisidir. Gelişmiş ülkelerde oldukça önemli bir yerdedir ve gelişmekte olan ülkelerde ise hızlı bir gelişme eğilimindedir. Birçok çeşidinin üretiliyor olması bisküvinin en önemli sevilme nedenidir. Bisküvi, bayatlamadan uzun süre saklanması, tüketiciye hoş ve değişik lezzetlerde sunulması nedeniyle öğün dışı beslenmede önemli bir yer tutmaktadır. Ülkemizde son on yılda günlük olarak tüketilen gıda maddeleri arasına girmiştir. Bu yüzden yüksek tüketim potansiyeline sahiptir. Ortalama kişi başına bisküvi tüketimi yılda 5-6 kg civarındadır (Doğan ve Uğur 2004).

Türkiye'de buğday ıslahı 1925 yılında Eskişehir'de başlamıştır. İlk defa 1931 yılında yerel populasyondan seçilen bir genotip Ak-702 adı ile tescil ettirilmiştir Bunu hem yerel populasyonlardan hem de melezleme ıslahı programlarından geliştirilmiş çeşitler izlemiştir. Özellikle "Yeşil Devrim"den sonra Türkiye'nin Rockefeller Vakfı-Oregon Devlet Üniversitesi-USAID-CIMMYT işbirliği ile başlatmış olduğu proje ile kısa zamanda buğday verimi ikiye katlanmıştır. Türkiye'de ilk seleksiyonun yapıldığı 1925 yılından günümüze kadar 100'ün üzerinde buğday çeşidi geliştirilmiştir (Braun vd. 2001).

Buğday ıslah çalışmalarında verimin yanında kalitenin de yükseltilmesi son yıllarda önemli hale gelmiştir. Kaliteli hammaddeye olan ihtiyacın her geçen gün artması bu önemi daha da arttırmıştır. Diğer yandan sektörün en önemli hammaddesi olan unun istenilen standart ve miktarda temininde eksikliklerin yaşandığı görülmektedir. Kalitesi yüksek çeşitlerin geliştirilmesi, çiftçilere tavsiye edilmesi ve yüksek kaliteye yüksek fiyat verilmesi bu çeşitlerin üretiminin yaygınlaşmasını sağlayacaktır. Bu güne kadar çeşit geliştirme çalışmalarında ekmeklik ve makarnalık kalite durumunun ortaya konulması ve kalitenin yükseltilmesi çalışmalarına ağırlık verilirken materyalin bisküvilik kalitesi üzerinde pek fazla durulmamıştır. Genel olarak ekmeklik kalitesi düşük olan buğday çeşitlerinin bisküviliğe uygun olacağı düşüncesi ile hareket edilmiştir. Ancak bütün ekmeklik kalitesi düşük buğdayların bisküviliğe uygun olduğu kabul edilemez. Bisküvilik kalitenin belirlenmesi için bazı analizlerin uygulanması gerekir. Bu nedenle, buğday çeşidi geliştirilirken bisküvilik kalite kriterleri de ele alınmalıdır. Bilindiği gibi bisküvi üretiminde kullanılan ana hammaddeler un, şeker, yağ, kabarmayı sağlayıcı maddeler, aroma maddeleri ve muhtelif katkı maddeleridir. Bisküvi üretiminde istenilen özelliklere sahip un kullanıldığı takdirde katılan maddelerin ve uygulanan işlemlerin kontrolü daha kolay olmaktadır. Bu da kaliteli bisküvi üretiminin daha kolay ve daha düşük maliyetle yapılmasını sağlamaktadır. İstenen özelliklere sahip unun temin edilmesi de bisküvilik kalite özellikleri taşıyan buğday çeşitlerinin üretilmesi ile sağlanabilmektedir.

2008 yılı itibariyle ülkemiz için öngörülen bisküvilik buğday ihtiyacı yaklaşık 335.000 tondur. Bisküvi sektörü sözü edilen bu miktarı karşılamakta sıkıntılar yaşamaktadır. Sektörün ihtiyaçları göz önüne alınarak Aralık 2008 itibariyle Toprak Mahsulleri Ofisi

(TMO) bisküvi sektörü ihtiyacını karşılamak üzere 50.000 ton buğday ithalatı gerçekleştirmiştir. Ancak sektörde kullanılan % 9-11 protein aralığındaki ekmeklik buğday ithalatı ithalat limitinin % 12 protein ve üzeri seviyesinde olmasından ötürü yasal olarak sıkıntıya sebebiyet vermektedir (ETİ-TAM Gıda ile görüşmeler). Bisküvi sektöründe üretim yapan 40'dan fazla firmaya ait 50 üretim tesisi bulunmaktadır. Toplam kapasiteleri 750.000 ton ve kapasite kullanım oranı ise % 75 olarak hesap edilmektedir. İç tüketimde artış hızı % 5-6 arasında değişmektedir. 1980 yılında 2.700 ton olan bisküvi ihracatımız, 1997 yılında 182.000 ton ile zirveye çıkmış olmasına rağmen 1998 ve 2001 yıllarında ülkemizde yaşanan ekonomik krizler ile gerilemeye başlamıştır. Günümüzde batılı pazarlara da açılmaya başlayan ve yaklaşık 200.000 ton olan bisküvi ihracatında yüksek ürün kalitesi vazgeçilmez unsur haline gelirken; düşük kaliteli ürünler nedeniyle zaman zaman sıkıntılar yaşanmaktadır. 2005 yılı itibariyle 580.000 ton olan Türkiye bisküvi üretiminde bugünkü ihracat potansiyelimizin sürdürülebilmesi ve batılı pazarlarda daha çok yer alınabilmesi için bisküvinin en önemli hammaddesi olan unun ve dolayısıyla da buğday kalitesinin çok büyük önemi vardır (Atlı 1999, Anonim 2004, Anonim 2007a).

Buğdayda kalite karakterleri birkaç laboratuvar analizi ile belirlenemeyecek kadar karmaşıktır. Islah çalışmalarında ekmeklik ve bisküvilik buğday için farklı test yöntemleri kullanılmaktadır. Gıda, Tarım ve Hayvancılık Bakanlığı Geçit Kuşağı Tarımsal Araştırma Enstitüsü Müdürlüğü (GKTAEM) buğday ıslah programı, Enstitünün kurulduğu 1925 yılından beri devam etmektedir. İntrodüksiyon ve yerli buğday popülasyonlarından seleksiyon yöntemleri kullanılarak başlatılan buğday ıslah çalışmaları halen melezleme yöntemi de kullanılarak sürdürülmektedir. Enstitü, ileri teknolojileri de kullanarak bugüne kadar kuru koşullar için toplam 24, sulu koşullar için 9 ekmeklik buğday çeşidi ve 6 makarnalık buğday çeşidi geliştirerek çiftçinin hizmetine sunmuştur (Anonim 2006 ve Anonim 2007b). Türkiye'de mevcut buğday çeşitleri içinde ideal olmasa da bisküvi sanayinin kullandığı çeşitlerin (Gerek 79, Sultan 95, Kutluk 94 vb.) önemli bir kısmı GKTAEM tarafından geliştirilmiştir (sanayiciler ile yapılan ikili görüşmeler).

Bu çalışmada Geçit Kuşağı Tarımsal Araştırma Enstitüsü Müdürlüğü Buğday Islah Birimi'nde yürütülen bölge verim denemesi kademesindeki bisküvilik buğday denemesine (BVD-BİS) ait hatların kuru ve sulu koşullarda bisküvilik kalite özellikleri kapsamlı olarak değerlendirilmiştir. Materyalin bisküvilik kalitesinin değerlendirilmesinde tane, kırma, öğütme, un, hamur, bisküvi, nişasta ve protein özellikleri analiz edilmiştir. Kuru ve sulu koşullarda bisküvilik kalite bakımından öne çıkan genotipler belirlenmiştir. Kalite kriterleri arasındaki ilişkiler kapsamlı olarak araştırılmıştır. Bisküvi yayılma faktörünün belirlenmesinde öne çıkan özellikler ortaya konmuştur.

2. KAYNAK ARAŞTIRMASI

Yapılan bir çalışmada kıyı bölgelerimizde 4 lokasyonda yetiştirilen 8 ekmeklik buğday çeşidine ait örneklerde bisküvilik özellikleri incelenmiştir. Araştırmada fiziksel, kimyasal analizler ile birlikte miksograf, alveograf ve farinograf üzerinde çalışılmış ve bisküvi yapılarak kalite kriterleri arasındaki korelatif ilişki araştırılmıştır. Araştırma sonucu bisküvilik kalitenin belirlenmesinde tane sertliği, sedimentasyon değeri, Alkali Su Tutma Kapasitesi (ASTK) ve yayılma faktörünün en güvenilir testler olduğu belirtilmiştir (Demir 1994).

Doğan ve Uğur (2004) Van ve çevresinde yetiştirilen 10 adet ümit verici buğday çeşit ve hatlarının bisküvilik kalitesini belirlemek amacıyla yaptığı çalışmada Tir buğday hatlarından Tir-2, Tir-6, Tir-7 ve Tir-9 ve diğer çeşitlerden Çukurova-86, Doğankent-1, Karacabey-97, Kırgız-95, Kutluk-94, Palandöken-97 çeşitlerinin tohum örneklerinde fiziksel, kimyasal, farinograf ve ekstensograf özellikleri tespit edilmiştir. Analiz sonuçlarına göre çeşit ve hatlardan elde edilen unların protein miktarlarının % 8.2-9.9, kül miktarlarının % 0.81-0.93, alkali su tutma kapasitesinin % 50.8-66.7, sedimentasyon değerlerinin ise 23.5-40 ml arasında değiştiği belirlenmiştir. Elde edilen unların su kaldırma kapasitesi % 54.7 ile 61.5 arasında değişmiştir. Farinograf değerlerinden hamur gelişme süresi 1.8 dakika ile en düşük Kutluk-94 çeşidinde, 4.0 dakika ile en yüksek Çukurova-86 çeşidinde bulunmuştur. Hamur stabilitesi yine 2.3 dakika ile en düşük Kutluk-94, 10 dakika ile en yüksek Çukurova-86 çeşidinde tespit edilmiştir. Ekstensograf özelliklerinden uzama kabiliyeti 45 dakika için 850 mm ile 207 mm, 5. dakikadaki hamur mukavemeti 130 mm ile 325 mm arasında değişmiştir. Ayrıca bisküvi pişirme denemesi yapılarak unların bisküvi yapım özellikleri belirlenmiştir. Bisküvi yayılma oranı ve yüzey özellikleri bakımından en iyi çeşit Kutluk-94 bulunmuş; bunu Kırgız-95, Palandöken-97 ve Tir-6 hattı izlemiştir. Özellikle örneklerin sedimentasyon ve ASTK değerlerinin geniş bir aralıkta değişmesi unların bisküvilik kalitesinin aynı olmadığının önemli bir göstergesidir. ASTK ile bisküvi yayılması arasında önemli bir negatif ilişki bulunmuştur (r= -0.687). Hamur gelişme süresi ve stabilitesinin az olması, gluten kalitesinin zayıf olduğunun bir işareti olup, unların bisküvilik kalitesinin yüksek olacağını belirtmektedir. E değerinin yüksek olması, R_5 değerinin düşük olması, bisküvi üretiminde arzu edilen bir husustur. Unun protein miktar ve kalitesinin yüksekliği bisküvinin yayılmasını sınırlandırmış ve oluşan yüzey çatlaklarını azaltmıştır. Dolayısıyla protein miktarı yüksek buğdaylardan elde edilen unların bisküvi yapımı için uygun olmadığı belirtilmiştir.

Diğer bir araştırmada Türkiye'de yetiştirilen eski ve yeni buğday çeşitlerinin glutenin alt üniteleri üzerinde çalışılmış, bisküvilik özelliği mevcut çeşitlere göre iyi olarak bulunan veya sanayicinin bugüne kadar bisküvilik olarak kullandığı Gerek 79, Kırgız 95, Sivas 111/33, Sertak 52 çeşitlerinde HMWG alt ünite kompozisyonunun 2*, 7+8, 2+12 olduğu, Kutluk 94 çeşidinde 2*, 17+18, 2+12 ve Sultan 95 çeşidinde de 2*, 7, 2+12 olduğu belirlenmiştir (Demir vd. 1998).

Amerika Birleşik Devletleri kalite laboratuvarlarında yumuşak beyaz buğdayların bisküvilik özelliklerini tespit etmek için hektolitre ağırlığı, tane sertliği, iriliği, tane protein miktarı, un verimi, un kül miktarı, un proteini, bisküvi çapı ve kek hacmi analizleri yapıldığı belirtilmektedir (Anonymous 2008).

Yumuşak buğday ile bisküvi kalitesi arasındaki ilişkiyi ortaya koymak amacıyla yapılan bir çalışmada 17 adet yeni geliştirilmiş yumuşak buğday çeşidi, azotlu gübre uygulanmış ve uygulanmamış parsellerde 3 lokasyonda denenmiştir. Kırmada ve unda protein miktarı, un verimi, kül miktarı, solvent tutma kapasitesi ve alkali su tutma kapasitesi, bisküvi pişirme testleri, farinograf, alveograf ve ekstensograf analizleri yapılmıştır. İyi bir bisküvilik buğdayda SKC sertlik 1-40, tane protein miktarı % 9-11.5, un protein miktarı % 8-10, P<40 mm; P/L < 0.50; W < $75x10^4$; AWRC < % 59; su SRC < %53; sodyum karbonat SRC < % 66; laktik asit SRC < % 83; sakkaroz SRC < % 87 ve bisküvi çapı > 480 mm olması önerilmiştir (Quijun vd. 2005).

Ozan ve Karababa (1997) tarafından yapılan bir araştırmada yumuşak buğdayların genelde bisküvi yapımında kullanıldığı, ancak bütün yumuşak buğdayların bisküvilik kalitesinin iyi olmayacağı bisküvilik kalitesinin belirlenebilmesi için buğday çeşitlerinde daha farklı analizlerin uygulanması gerektiği belirtilmektedir. Buğday ıslah materyalinin bisküvilik kalitesinin değerlendirilmesinde nem, protein miktarı, alkali su tutma kapasitesi (ASTK) ve bisküvi pişirme testleri yapılmış ve ASTK'nin bisküvilik kalitenin saptanmasında kullanılan en önemli test olduğu ifade edilmiştir. Ayrıca iyi bisküvilik çeşitlerde bisküvi yayılma oranı veya çapın fazla olması istenmektedir.

Araştırmacılar bugüne kadar çeşitlerin bisküvilik kalitesi üzerine yapılan çalışmaların sınırlı kaldığını vurgulamışlardır. Sonuçta çeşit ve çevrenin, bisküvi çapı, bisküvi üst görünüşü, bisküvi yayılma oranı, un partikül iriliğini belirten partikül irilik indeksi ve alkali su tutma kapasitesi üzerine etkisi istatistiki açıdan önemli bulunmuştur.

Atlı vd. (1993) yaptıkları bisküvi kalitesiyle ilgili bir çalışmada ülkemizde ekmeklik ve makarnalık buğdayların kalitelerinin belirlenmesine yönelik çok sayıda çalışma yapılmasına karşın bisküvilik kaliteyi uluslararası kalite kriterleri açısından irdeleyen ve araştıran bir çalışma olmadığı ifade edilmiştir. Bisküvi sektöründe üreticinin ihtiyacını karşılayacak özelliklerde buğdayın bulunmadığı ve bundan dolayı ülkemiz buğdaylarının uluslararası bisküvi kalite kriterleri açısından değerlendirilmesine ve bu kriterler içinde çeşit geliştirme aşamasında kullanılabilecek olanların belirlenmesine ihtiyaç olduğu belirtilmiştir. Bu amaçlar doğrultusunda alkali su tutma kapasitesi, un iriliği ve protein miktarı testlerinin Türkiye'deki ıslah programlarında bisküvi kalitesini tahmin etmede kullanılma olanağı araştırılmıştır. Buna göre buğday materyalinde alkali su tutma kapasitesi testinin diğer testlere oranla daha başarılı olarak kullanılabileceği, burada da tespit edilmiş, ancak AWRC'ye göre PSI daha az hassas olmasına karşın hızlı ve kimyasal madde kullanılmaması nedeni ile bu analizin AWRC yerine önerilebileceği ifade edilmiştir. Tanede ve unda protein miktarı bisküvilik buğdaylarda düşük olması istendiği halde araştırma bulgularına göre bu analizlerin AWRC ve PSI testlerine oranla daha az güvenilir olduğu da rapor edilmiştir. Orta Anadolu Bölgesinde yetiştirilen bazı ekmeklik buğday çeşitlerinin bisküvilik kalitesini belirlemek amacıyla yapılan diğer bir çalışmada 5 çeşit (Gerek79, Bolal2973, Atay85, Bezostaja1 ve Kırkpınar79) 4 lokasyonda (Haymana, Ulaş, Altınova, Malya) ekilmiştir. Analiz edilen 20 örnekte protein miktarı, sedimentasyon değeri, farinograf, alveograf, miksograf analizleri ile bisküvi pişirme testi yapılmıştır. Araştırma sonucu Gerek79 ve Kırkpınar79 çeşitlerinin bisküvilik kalitesinin diğer çeşitlere göre daha iyi olduğu bulunmuştur. Ayrıca çevrenin çeşide göre bisküvi kalitesi üzerine etkisinin önemli olmadığı belirtilmiştir.

Öztürk ve Özdağ (1993), buğday ununun hemen hemen tüm bisküvi ve kraker çeşitlerinin önde gelen yapısal elemanı olduğunu ve aranılan nitelikte ve kalitede bisküvi elde edebilmek için, üretilecek çeşitteki bisküvinin özelliklerine uygun un seçiminin istenilen sonuca ulaşmada vazgeçilmez bir unsur olduğunu belirtmişlerdir.

Ayrıca düşük kaliteli buğdaylardan en iyi makineler ve elemanlarla dahi kaliteli un elde edilemeyeceği vurgulanmıştır. Firmaların kar marjlarını arttırabilmeleri ve dünya kalitesi ile entegre olabilmeleri için standart kalitede un bulmaları gerekliliğine dikkat çekmişler ve bu amaçla bisküvi sektöründe görev yapan kurum ve kuruluşların Türkiye ve dünyada prestij kazanabilmesi, büyük rakipleri ile mücadele verebilmeleri için bisküviye elverişli buğday çeşitleri ekiminin teşvik ve tavsiye edilmesinin çok önemli olduğunu ifade etmişlerdir.

Colombo vd. (2008) yaptıkları çalışmada bisküvi yayılma faktörü ile sakkaroz, karbonat, su-STK ve AWRC arasında negatif ilişki bulunmuştur. SRC ve bisküvi yayılma faktörü arasında bulunan yüksek korelasyon değerleri SRC testinin unun bisküvilik kalitesinin değerlendirilmesine uygun olduğunu gösterdiği ve bunun özellikle ıslah programları gibi materyal miktarının az olduğu çalışmalarda materyalin bisküvilik kalitesinin değerlendirilmesinde Arjantin buğdaylarında kullanılmasının gerekliliği ifade edilmiştir.

Pedersen vd. (2004) yaptıkları çalışmada 6 yumuşak buğday çeşidine (Banker, Encore, Claire, Galatea, Reaper and Ritmo) ait yarı-tatlı bisküvi hamurlarının reolojik özellikleri çalışılmış ve kesme ve pişirme sonrası bisküvi boyutlarındaki değişimler ile reolojik özellikler arasındaki ilişkilere bakılmıştır. Test edilen çeşitler bisküvi pişirme performansında geniş bir çeşitlilik oluşturacak şekilde seçilmiştir ve 3 yılda düşük azot dozu ile yetiştirilmiştir. Tanede protein miktarı % 10.7-11.3; unda protein miktarı % 8.7-9.4; yaş gluten miktarı % 17.7-23.4; Zeleny sedimentasyon değeri < 10-29 ml, farinograf su absorpsiyonu % 51.5-59.5; ekstensograf uzama kabiliyeti-45. dak 128-147 mm, ekstensograf maksimum direnç-45.dak 177-264 BU arasında değişmiştir. Farinograf su absorpsiyonu ve sedimentasyon değeri bisküvi özellikleri ile önemli ilişkili bulunurken; protein ve gluten miktarı ile bisküvi özellikleri arasında çok zayıf ilişki bulunmuştur.

Souza ve Kweon (2010) tarafından yerli ve dış talep açısından kullanıcıların istedikleri yumuşak buğday kalite kriterleri belirtilmiştir. Buna göre yumuşak buğday ürünlerinde hektolitre ağırlığı >58 lb/bu, 1000 tane ağırlığı > 27 g; vizkozite (amilograf) > 500 bu; düşme sayısı > 350 s; Allis-Chalmers-kırma un verimi % 30-37; Miag-Multomat-kırma un verimi % 24-35; Quadrumat Sr % 32-41; Quadrumat Jr-Un verimi % 67,5;

Quadrumat Sr-Un Verimi % 62; Quadrumat Sr-un külü < % 0,420; Allis-Chalmers-un verimi % > % 75,7; Allis-Chalmers-un külü % 0,430; Miag-Multomat-un verimi > % 71; Miag-zedelenmiş nişasta < % 3,5; Miag-un külü < % 0,500; buğday proteini % 9-11,5; un proteini % 8-10; miksograf -absorpsiyon % 52-58-pik zaman > 2.0 dak-pik yükseklik 2,8 mm; alveograf P: 24-38 mm, L: 106-150 mm, enerji:70-127 j x10^{-4}; farinograf stabilite 2-4 dak, pik zaman > 0.75, absorpsiyon % 50-55; solvent tutma kapasitesi sakkaroz (% 50) < % 89, laktik asit (% 5) > % 87, sodyum karbonat (% 5) < % 64, saf su < % 51; tel-keski bisküvi genişlik 62.9-66 mm, yükseklik < 8.4 mm istenmektedir.

Yine aynı çalışmada yeni buğday çeşitlerinin sanayideki panel değerlendirmelerinin tekrarlanabilirliğini ölçmek, buğday kalite kritrleri arasındaki ilişkileri ortaya koymak, tel-keski bisküvi kalitesi için en geçerli testleri belirlemek için yaptıkları bir çalışmada 2001-2007 yılları arasında yumuşak kırmızı ve beyaz buğday değerlendirmişlerdir. Her yıl örnekler 2 lokasyondan alınmıştır. Miag Multomat değirmeninde örnekler öğütülmüştür. Örnekler arasındaki kalite farklılığında genetik özelliklerin daha etki olduğu görülmüştür. Çevre ve hatada çeşitler arasında farklılık oluştururken genetik farklılığın etkisi daha baskındır. Çeşitler arsındaki tel keski biküvi çapı ve solvent tutma kapasitesi ölçümleri arasındaki farklıklar çeşite özgüdür. Bu da ıslah ve genetik çalışmalarının yumuşak buğday kalitesi konusunda önemini göstermektedir. Un kül ve zedelenmiş nişasta miktarı ve alveograf P/L değeri tel-keski tipi bisküvi ölçümleri ile en az ilişkili ölçümler olmuştur. Bu da aynı un pasajının kullanılmış olmasından dolayı çeşitler arasındaki un kül ve zedelemiş nişasta miktarında varyasyonun oluşmamasından kaynaklandığı belirtilmiştir. Bisküvi genişlik, yükseklik ve yayılma faktörünü en iyi tahmin eden yöntem su tutma kapasitesi-saf su ve farinograf su absorpsiyonu olmuştur. STK-sakkaroz, RVA-son viskozite, un proteini, gluten kuvvetini gösteren STK-laktik asit, alveograf-enerji ve farinograf özellikleri bisküvi tekstürünü en iyi tahminleyen yöntemlerdir. Tane sertliği, düşme sayısı ile bisküvi çap ve yayıma faktörü arasında negatif; un proteini ile kırılma kuvveti arasında pozitif; kırma un verimi ile bisküvi çap ve yayıma faktörü arasında pozitif; RVA pik viskozite ile bisküvi çapı ve kırılma kuvveti arasında pozitif; RVA son viskozite ile kırılma kuvveti arasında pozitif; pik viskozite/son viskozite oranı ile bisküvi çap ve yayılma faktörü arasında pozitif; STK-laktik asit ile yayılma faktörü arasında negatif ve kırılma kuvveti arasında pozitif; STK-sakkaroz, STK-sodyum karbonat ve STK-su ile bisküvi çap ve yayılma faktörü arasında negatif ve bisküvi yükseklik ve kırılma kuvveti arasında pozitif; alveograf P bisküvi çap ve yayılma faktörü arasında negatif ve bisküvi yükseklik ve kırılma kuvveti arasında pozitif; alveograf W ile çap ve yayılma faktörü arasında negatif; farinograf absorpsiyon ile bisküvi çap ve yayılma faktörü arasında negatif ve bisküvi yüksekliği arasında pozitif; farinograf stabilite ile bisküvi çap ve yayılma faktörü arasında negatif ve kırılma kuvveti arasında pozitif % 1 düzeyinde önemli korelasyon görülmüştür. Bisküvi çapı ile STK-laktik asit arasında negatif; bisküvi yüksekliği ile tane sertliği, un kül miktarı, düşme sayısı, STK-lakik asit arasında pozitif ve pik viskozite/son viskozite oranı ile negatif; yayılma faktörü ile farinograf stabilite arasında negatif; kırılma kuvveti ile tane sertlik, un proteini, düşme sayısı, RVA pik viskozite, STK-saf su, alveograf W ve fariograf su absorpsiyon arasnda pozitif ve irmik un verimi arasında negatif % 5 düzeyinde önemli korelasyon görülmüştür. Regresyon analizine göre daha düşük tane sertliği ve düşme sayısı değeri bisküvide yayılmayı arttırmıştır (Souza ve Kweon 2010).

Zedelenmiş nişastanın bisküvi ve ekmek yapım kalitesine etkisinin araştırıldığı bir araştırmada 2 buğday ve 1 tritikale unu farklı derecede nişasta zedelenmesi elde edilecek şekilde diskli değirmende öğütülmüştür. Zedelenmiş nişasta içeriğinin fizikokimyasal un testleri ile bisküvi ve ekmek yapım kalitesine etkileri incelenmiştir. Diskli değirmendeki tane öğütme koşulları ile tane sertliği zedelenmiş nişasta miktarını etkilemiştir. Unun solvent tutma ve alkali su tutma kapasitesi belirgin şekilde zedelenmiş nişasta miktarı tarafından arttırılmıştır. Zedelenmiş nişasta miktarı arttıkça bisküvi kalitesi belirgin şekilde düşmüştür (Barrera vd. 2007).

Zhang vd. (2007) tarafından kurabiye için kalitesi yüksek yumuşak buğday geliştirilmesi Güney Çin'de en önemli ıslah amaçlarından birisi olarak belirtilmiştir. Buğday ıslah programlarında bisküvilik kalitenin iyileştirilmesi için kullanılabilecek temel parametrelerin ortaya konması için 2000-2001 ve 2001-2002 buğday sezonunda 3 lokasyonda Güney Kışlık Buğday Bölgesinde 17 Çin orijinli yumuşak buğday genotipi denenmiştir. Genotiplerde solvent tutma kapasitesi, pentozan içeriği, reolojik analizler ve bisküvi yapımına uygunluk değerlendirilmiştir. Kurabiye çapı ile STK-su ve STK-sakkaroz arasında; suda çözünür pentozan içeriği ile sodyum karbonat-SRC ve AWRC arasında belirgin negatif korelasyon bulunurken tüm su tutma kapasitesi testleri arasında belirgin pozitif korelasyon bulunmuştur. Su absorpsiyonu dışında alveograf parametreleri, farinograf ve ekstensograftan gelen parametreler ile kıyaslandığında belirgin bir şekilde kurabiye kalitesi ile ilişkili bulunmuştur. STK-su ile farinograf su absorpsiyonu, ekstensograf uzama kabiliyeti, alveograf P (direnç) ve P/L (direnç/uzayabilirlik) yüksek ve belirgin ilişki vardır. Regresyon analiz sonuçlarına göre STK-sakkaroz ve un partikül büyüklüğü kurabiye çapını tahmin etmekte kullanılabileceği belirtilmiştir. Kurabiye çapını esas alan cluster analiz sonuçlarına göre 'Jianmai 1', 'Wanmai 19', and 'Wanmai 48' düşük suda çözünür ve toplam pentozan içeriği, su özellikle sakkaroz SRC, su absorpsiyonu, P ve P/L değerleri ile iyi kalitede bulunmuşlardır.

Zhang vd. (2008) tarafından yukarıda belirtilen genotiplerde, çevrede ve yetiştirme sezonlarında yetiştirilen 17 Çin orijinli yumuşak buğday genotipinde yapılan bisküvilik kalite analizlerinde STK-laktik asit ve STK-sakkaroz en yüksek kalıtım derecesine sahip testler olarak belirtilmiştir (sırasıyla 0.93-0.99 ve 0.95-0.99). STK-sakkaroz yüksek ve belirgin bir şekilde ve negatif olarak kurabiye çapı ile fenotipik ve genotipik seviyede korelasyona sahiptir (- 0.71-(-0.86) ve -0.79-(-0.93) sırasıyla). Sonuçta kurabiye çapının iyileştirilmesinde STK-sakkarozun iyi bir seleksiyon kriteri olduğu ifade edilmiştir.

Karaduman vd. (2005) ve Avcıoğlu vd. (2008)'de belirtilen çalışmada; bölge verim denemesi ve daha üst ıslah kademelerinden farklı lokasyonlardan 2003 yılında 27'si çeşit ve 68'i hat olmak üzere toplam 95 adet örnek, 2004 yılında isc 30'u çeşit ve 119'u hat 149 adet örnek kullanılmıştır. Örneklerde 1000 tane ağırlığı, hektolitre ağırlığı, PSI tane sertliği, protein miktarı, SDS-sedimentasyon değeri, yaş gluten miktarı ve gluten indeks değeri ve ASTK (alkali su tutma kapasitesi) analizleri yapılmıştır. Bisküvi pişirilip bisküvi çap (Ç), kalınlık (K), çap/kalınlık (Ç/K) oranı ve üst görünümü (0-5 puan) değerlendirilmiştir. Gerek79, Sultan95, Yıldız98 ve Çetinel2000 çeşitlerinin iyi bisküvilik karakterde oldukları belirlenmiştir. Süzen97 çeşidi ise stabil bisküvilik karakterde değildir. Aynı zamanda denemelerde oldukça iyi bisküvi özelliklerine sahip hatlar bulunmuştur. Hatlar içerisinde de stabil karakterde olmayanlar bulunmaktadır. Bu hatların gelecekte çeşit ıslah programları tarafından değerlendirilebilir. SDS-sedimentasyon ve ASTK analizleri bisküvi pişirme özelliklerin değerlendirilmesinde bir ön test olarak kullanılabilir. Bu değerlerin artışıyla bisküvilik kalite düşmektedir.

Lokasyonlar arasında SDS sedimentasyon ve ASTK değerleri değişmemiştir. Protein miktarı ile bisküvi pişirme özellikleri arasında önemli ilişkiler bulunmamıştır. Bisküvi pişirme özellikleri ile standart kalite kriterleri arasındaki ilişkiler belirlenmiştir. Bu açıdan yıllar ve lokasyonlar arasında farklılıklar görülmüştür.

Karaduman vd. (2011) yapılan çalışmada bisküvilik buğday ıslah çalışmalarında yumuşak, düşük proteinli ve ince granül yapısına sahip un veren genotiplerin seçilmesinin gerektiği belirtilmiştir. Bunun yanı sıra yetiştirme tekniği uygulamalarının da bisküvilik buğday kalitesi üzerinde önemli etkileri olmaktadır. Özellikle azotlu gübrelemenin zamanı ve miktarı danede protein artışına ve dolayısıyla bisküvilik buğday kalitesinin düşmesine neden olmaktadır. Bisküvilik buğday seleksiyonunda azotlu gübreleme ile bisküvilik kalitesini çok fazla değiştirmeyen genotipler önemli avantajlar sağlayacağı düşünülmektedir. Yapılan çalışmada bisküvilik yönü ile seçilmiş ve üst kademeye gelmiş 56 adet hat ve 8 adet standart sulu koşullarda 2 set halinde yetiştirilmiştir. 1. sete 70 kg ha^{-1} azotlu gübre uygulanırken 2. sete 40 kg ha^{-1} ekstra azotlu gübre uygulaması yapılmıştır. Hasat edilen genotiplerde verim ve bazı morfolojik özelliklerin yanı sıra 1000 tane ağrlığı, SDS ve Zeleny sedimentasyon değeri, protein miktarı, yaş ve kuru gluten miktarı ile alkali su tutma kapasitesi analizleri yapılmıştır. Bazı genotiplerde kalite değerlerinin pek fazla değişmediği görülürken; bazılarında ise değişim fazla olmuştur. Bisküvilik kalite yönü ile iyi olup ekstra azotlu gübreleme sonucu kalite değerleri üzerinde değişkenliği az olan genotipler bir üst kademeye seçilmiş olup çeşit tescili amacıyla değerlendirileceği ifade edilmiştir.

Pakistan orijinli farklı buğday genotiplerinde solvent tutma kapasitelerini ve farklı kimyasal parametreler ve bisküvi pişirme kalitesi ile solvent tutma kapasitesi arasındaki ilişkileri belirleyerek ıslahçılara hatları değerlendirmek için daha hızlı metodlar sağlamak ve fırıncılara da farklı çeşitlerden üretilen unların pişirme özellikleri ve uygun paçal değerleri hakkında bilgi sağlamak üzere yapılan bir çalışmada 1933-2004 yılları arasında tescil edilmiş 50 farklı yazlık buğday çeşidi (2 adedi sert buğday) kullanılmıştır. Buğdaylar Faisalabad Buğday Araştırma Enstitüsü'nde 2003-2004 ve 2004-2005 yetiştirme sezonunda benzer koşullarda yetiştirilmiştir. Örnek sayısı fazla ve miktarı az olduğu durumlarda solvent tutma kapasitesi testlerinin oldukça kullanışlı olduğu ifade edilmiştir. STK-su-78.0-98.0 g/100 g; STK-sodyum karbonat 95.0-127.5

g/100 g; STK-laktik asit 101.5-139 g/100 g ve STK-sakkaroz 125.0-163.0 g/100 g arasında değişmiştir. STK-laktik asit ve sakkaroz ile bisküvi kalınlığı arasında pozitif korelasyon bulunmuştur (sırasıyla r=0,31 ve r=0,23). STK-su ile bisküvi kalınlığı arasında negatif korelasyon bulunmuştur (r=- 0,27). Aynı zamanda STK-laktik asit ile bisküvi yayılma oranı arasında negatif korelasyon gözlenmiştir (r=- 0,34). Bisküvi çapı ve bisküvi yayılma oranı ile STK-sodyum karbonat arasında negatif korelasyon vardır (sırasıyla r=-0,19 ve r=-0,16). STK testleri yumuşak buğday çeşitlerinin değerlendirilmesinde ümitvar olarak görülmüştür (Pasha vd. 2009).

2009-2010 yetiştirme sezonunda 7 kırmızı yumuşak buğday çeşidi ve onların F1 melezlerinde tane protein miktarının genetik analizi için yapılan bir çalışmada tane protein miktarı NIR cihazı ile ölçülmüştür. Ningmai 9 tane protein miktarı için en iyi genel kombiner özelliği göstermiştir. Bu çeşit melezlerinde belirgin bir şekilde tane protein miktarını düşürmüştür. Tane protein miktarının genetiği hem dominant hem de eklemeli genler tarafından kontrol edilmektedir ve eklemeli etki dominant etkiden daha önemlidir. Dominantlığın derecesi kısmi dominantlıktır. Tane protein miktarını azaltan genler dominanttır. Ningmai 9 tane protein miktarını kontrol eden en dominant genleri taşımaktadır. Wangshuibai and Sumai 3 ise daha fazla resesif genleri taşımaktadır. Tane protein miktarının 3 veya 4 çift temel orta genişlikte genetik hassasiyette dominant gen tarafından kontrol ediliyor olabileceği belirtilmiştir (JinBao vd. 2011).

Batı-Kanada yumuşak beyaz yazlık buğday sınıfında Bhishaj isimli bir buğdayın geliştirildiği ifade edilmiştir. Bhishaj 1999-2001 ve 2006-2009 yıllarındaki Batı Yazlık Yumuşak Beyaz Buğday Ortak Tescil Denemelerinden elde edilen datalara göre yüksek tane verimli, orta-erkenci, orta boylu, hastalıklara dayanıklılık açısından iyi bir çeşittir. Kanada Hububat Komisyonu Laboratuvar sonuçlarına göre Bhishaj AC Reed ve AC Phil kontrol örneklerine benzer öğütme ve pişirme özelliklerine sahiptir (Radhawa vd. 2011).

Tam tane ununun sağlık açısından faydalarından dolayı yapılan bir çalışmada kışlık yumuşak buğday genotiplerinde tam tane ununun (kırma) bisküvide kullanımı değerlendirilmiştir. 2 lokasyonda ve 2 yetiştirme yılında 14 yumuşak buğday çeşidi çalışmada kullanılmıştır. Kısa akım un değirmeni kullanılarak beyaz un elde edilmiş, kepek öğütülerek una karıştırılmış ve pişme özelliklerini karşılaştırmak için tam tane unu elde edilmiştir. Un örnekleri solvent tutma kapasitesi testi ve tel keski bisküvi pişirme metodu ile değerlendirilmiştir. Kepek fraksiyonlarında suda çözünür nişasta olmayan polisakkaritler analiz edilmiştir. Tam tane unu bisküvi çapı beyaz undan yapılan bisküvi çapları gibi değerlendirilebileceği belirtilmiştir. Tam tane bisküvi çapı için öğütme yumuşaklık eşitliği ve tam tane STK-sakkaroz en iyi tahminleyici model olmuştur. Daha yüksek öğütme yumuşaklık eşitliği ve daha düşük tam tane STK-sakkaroz değerleri daha geniş bisküvi çapı için tahmin edici olmuştur. Kepekteki toplam suda çözünür arabinoksilan ve arabinoz/ksiloz oranı tam tane bisküvi çapında değişimine neden olan etkendir. Erken generasyonda tam tane için seleksiyonda yumuşaklık eşitliği ve beyaz undan elde edilen bisküvi kalitc bilgileri kullanılabilir. Fakat tam tane unu kalitesi yüksek hatların belirlenmesinde tam tane unu analizleri de gerekli olabilir diye belirtilmiştir (Souza vd. 2011).

Solvent tutma kapasitesi (STK) testleri orijinal olarak Kuzey Amerikan yumuşak buğdaylarının un fonksiyonunu tahmin etmek için dizayn edilmiştir. Bu testler STK-su, STK-sodyum karbonat, STK-sakkaroz, STK-laktik asittir. Bu testlerin Avrupa buğdaylarında kullanımının araştırıldığı bir çalışmada 19 adet ticari Avrupa buğday unu kullanılmıştır. STK-su değerleri % 56-66, STK-sodyum karbonat değerleri % 74-88, STK-sakkaroz değerleri % 90-102 ve STK-laktik asit değerleri % 106-147 arasında değişmiştir. STK-su ve STK-sodyum karbonat değerleri Kuzey Amerikan yumuşak buğdaylarından çoğunlukla daha yüksektir. Kuzey Amerikan sert buğday unları ile aynı aralıktadır. STK-su ve STK-sodyum karbonat değerleri ile nişasta zedelenmesi arasında yüksek linear korelasyon gözlenmiştir. Buğday proteinlerinden glutenin STK-laktik asit değerlerini, suda çözünür arabinoksilan STK-sakkaroz değerlerini, diğer arabinoksilanlar ise bütün STK değerlerini etkilemiştir (Duyvejonck vd. 2011).

Moiraghi vd. (2011) tarafından günümüzde Arjantin'de bisküvi, kek ve krakerler gluten direncini azaltmak için enzim veya katkı ilave edilmiş ekmeklik buğdaydan elde edilmekte olup bunun üretim masraflarını arttırdığı ifade edilmektedir. Araştırmacılar bisküvi pişirme kalitesini tahmin etmede en iyi testi belirlemek için yaptıkları çalışmada farklı özellikte adaptasyonu iyi olan 51 yumuşak buğday hattında un fizikokimyasal özellikleri (partikül büyüklüğü, protein miktarı, zedelenmiş nişasta miktarı, suda çözünür pentozan miktarı, toplam pentozan miktarı ve gluten miktarı), alkali su tutma kapasitesi özellikleri, solvent tutma kapasitesi özellikleri ve bisküvi yapım özelliklerini belirlemişlerdir. Yayılma faktörü 5.06-7.56 arasında değişmiştir. Yayılma faktörü ile STK-sakkaroz, STK-su, STK-sodyum karbonat arasında yüksek ve önemli negatif korelasyon (sırasıyla r=-0.68, r=-0.65 ve r=-0.59) ve STK-laktik asit ile daha düşük fakat önemli negatif (r=-0.35) korelasyon bulmuşlardır. Zedelenmiş nişasta miktarı, suda çözünür pentozan miktarı, toplam pentozan miktarı ile bisküvi yayılma faktörü arasında önemli negatif korelayon ifade edilmiştir (sırasıyla r=-0.67, r=-0.49, r=-0.40). Partikül büyüklüğü ile yayılma arasında negatif önemli korelasyon vardır (r=-0.43). Protein ve gluten miktarı yalnızaca bisküvi sertliğini etkilemiş, zedelenmiş nişasta miktarı ve pentozan miktarı ile belirgin bir korelasyon bulunmamıştır. Çalışmada bisküvi yayılma faktörünü tahmin etmek için formülasyon belirlenmiştir. Bu formüle göre STK-sakkaroz, partikül büyüklüğü ve zedelenmiş nişasta miktarı bisküvi çapındaki % 68 varyasyonu açıklamıştır. Yapılan küme analizine göre küme 1 ve 4'te daha düşük bisküvi yayılma faktörü (5.70 ve 5.23 sırasıyla), daha yüksek zedelenmiş nişasta, pentozan içeriği ve solvent tutma kapasitesi değerleri vardır. Küme 2'de kısmen iyi bisküvi yayılma faktörü (6.47) ve küme 3'de yüksek bisküvi yayılma faktörü (7.32), düşük sıkı yapı, zedelenmiş nişasta, toplam pentozan, suda çözünür pentozan ve STK-sakkaroz miktarı vardır.

JinBao vd. (2009) yaptıkları çalışmada 55 hat ve 2 çeşittten oluşan yumuşak buğday örneklerini 4 adet solvent tutma kapasitesi analizi ile değerlendirmişlerdir. Hat ve çeşitlerin STK-su, STK-sodyum karbonat, STK-laktik asit ve STK-sakkaroz değerleri arasında önemli farklıklar görülmüştür (sırasıyla değerlerin değişimi % 56.10-77.15, % 68.57-101.13, % 94.51-138.86 ve % 93.56-121.88 ve ortalama değerler % 65.32, % 82.56, % 114.03 ve % 109.03). STK-su ile STK-sodyum karbonat arasında oldukça yüksek korelasyon vardır (r=0.9834**). STK-sakkaroz ile STK-su arasında r=0.8162** ve STK-sodyum karbonat arasında r=0.8409** korelasyon vardır. STK-laktik asit ile STK-su arasında r=0.6535**; STK-sodyum karbonat arasında r=0.6410** ve STK-sakkaroz arasında r=0.6885** önemli korelasyon bulunmuştur. 6 adet yumuşak buğday hattının düşük solvent tutma özellikleri nedeni ile yumuşak buğday ıslah programlarında kullanımları önerilmiştir.

JinBao vd. (2010) 55 hat ve 2 çeşitle yaptıkları çalışmada solvent tutma kapasitesi ve RVA viskozite özelliklerinin de olduğu 16 parametreyi değerlendirmişlerdir. Genotiplerde kalite kriterleri ve bisküvi çapı arasında büyük varyasyon bulunmuştur. Bisküvi çapı ile 1000 tane ağırlığı arasında ($r=-0.3910$, $P<0.01$), un verimi arasında ($r=0.5548$, $P<0.01$), un proteini arasında ($r=-0.3032$, $P<0.05$), un partikül büyüklüğü arasında ($r=-0.5667$, $P<0.01$), STK-su arasında ($r=-0.8579$, $P<0.01$), STK-sodyum karbonat arasında ($r=-0.8643$, $P<0.01$), STK-laktik asit arasında ($r=-0.6120$, $P<0.01$), STK-sakkaroz arasında ($r=-0.7566$, $P<0.01$), RVA incelme değeri ($r=0.4337$, $P<0.01$), RVA-pik viskozite zamanı arasında ($r=-0.2702$, $P<0.05$) ve RVA-jelatinizasyon başlangıç sıcaklığı arasında ($r=-0.6158$, $P<0.01$) önemli korelasyon bulunmuştur. Yapılan cluster analizine göre 57 genotip 3 gruba ve pek çok alt gruba ayrılmıştır. 3 grubun bisküvi çapı 16.75, 15.14 ve 18.45 olmuştur. 9 adet hat Ningmai9'dan yüksek çap değeri ile ıslah programlarına önerilmiştir.

Griffey vd. (2011a) tarafından Virjinya Tarımsal Deneme İstasyonunda Mart 2009'da 'Merl' (Tes. no. CV-1052, PI 658598) isimli yumuşak kırmızı kışlık buğday çeşidi (*Triticum aestivum* L.) geliştirildiği belirtilmiştir. Merl Roane/pioneer melezidir. Geniş adaptasyonlu, verimi yüksek, orta gelişme periyodunda, orta-kısa, yarı cüce (Rht2) özelliktedir. Tane verimi 2007-2009 arasında 3 yılda ortalama 5725 kg/ha olmuştur. Hektolitre ağırlığı ise ortalama 76.4 kg'dır. Merl yumuşak tane yapısına sahiptir. Un yumuşaklık eşitliği % 57.5-60.8; un verimi % 70.5-71.5; un protein miktarı % 7.5-8.7; STK-laktik asit değeri % 101-104 arasındadır ve deneme ortalamasının altındadır. Bisküvi yayılma çapı 17.93-18.93 cm olup pasta üretimi için oldukça uygundur.

Griffey vd. (2011b) tarafından Virjinya Tarımsal Deneme İstasyonunda Mart 2009'da 'SW049029104' (Tec no. CV-1053, PI 658599) isimli yumuşak kırmızı kışlık buğday çeşidi (*Triticum aestivum* L.) geliştirildiği belirtilmiştir. PI 619052)/Pioneer variety 2552/'Roane' melezidir. Geniş adaptasyonlu verimi yüksek, orta-kısa, yarı cüce (Rht2) özelliktedir. 2009'da 25 lokasyon ortalamasına göre ortalama verim 4889 kg/ha; hektolitre ağırlığı 73,2 kg'dır. Un yumuşaklık eşitliği % 57.9-61.1; bisküvi yayılma çapı 18.39-18.48 cm; unda protein miktarı % 8.55-8.66 ve STK-laktik asit değeri % 124.7-129.7 olarak bulunmuştur.

Griffey vd. (2010a) tarafından Virjinya Tarımsal Deneme İstasyonunda Mart 2008'de 3434 yumuşak kımızı kışlık buğday çeşidinin (Reg. No. CV-1040, PI 656754) geliştirildiği belirtilmektedir. 'Roane'/'Coker 9835'//VA96W-270 melezidir. 3434 yüksek verim potansiyeline, kışa dayanımı iyi, iyi öğütme ve pişirme özelliklerine sahiptir. 2006-2008 yıllarındaki değerlere göre ortalama 5981 kg/da verimi vardır. Allis Chalmers değirmende yapılan değerlendirmeye göre % 31.4-32.7 kırma unu verimi, % 75.7-76.2 un verimi; % 70.8-88.0 yumuşaklık eşitliği elde edilmiştir. Un protein miktarı % 7.57-9.46, STK-laktik asit değeri % 104-110 (orta gluten kuvveti) bulunmuştur. 3434 % 85.8-88.5 düşük STK-sakkaroz değeri ve 17.08-18.81 cm bisküvi yayılma çapı ile iyi bisküvilik ve pastalık özelliğe sahiptir.

Griffey vd. (2010b) tarafından Virjinya Tarımsal Deneme İstasyonunda Mart 2007'de 'Jamestown' (Tesc No. CV-1041, PI 653731) yumuşak kımızı kışlık buğday çeşidinin geliştirildiği belirtilmektedir. Jamestown 'Roane'/Pioneer Brand '2691' melezidir. Başaklanma gün sayısı düşük, yarı-cüce (Rht2), böcek ve hastalıklara dayanıklığı doğuda yumuşak buğday bölgesinde iyidir. 2005-2006 yıllarında 27 lokasyonda yapılan denemelerde ortalama verimi 5496-5563 kg/ha arasındadır. Jamestown'un kırma unu verimi % 30.5-28.3 arasında yüksek, yumuşaklık eşitliği % 57.4-54.1; STK-sakkaroz % 93.8-104 ve bisküvi çapı 17.0-16.8 cm'dir.

Griffey vd. (2010c) Virjinya Tarımsal Deneme İstasyonunda Mart 2008'de'Shirley' (Reg. No. CV-1039, PI656753) yumuşak kımızı kışlık buğday çeşidinin geliştirildiği belirtilmektedir. Shirley VA94-52-25/'Coker 9835'//VA96-54-234 melezdir. Hastalıklara dayanıklı, 2 yıllık (2006-2008) verilere göre ve toplam 51 lokasyon ortalamasına göre ortalama verim 6155-5456 kg/ha arasındadır. Shirley'in yumuşak tane yapısı, düşük endosperm ayrılma indeks skoru (8-9 puan), Allis değirmeninde yüksek kırma unu verimi (% 32.3-32.8), yüksek un verimi (% 84.6-93.6 vardır. Unda protein miktarı % 7.62-8.65, STK-laktik asit % 84.6-93.6, STK-sakkaroz % 87.6-90.8 ve 17.15-18.65 cm bisküvi yayılma çapı ile Shirley iyi bisküvilik ve pastalık kalitededir.

Griffey vd. (2009a) Virjinya Tarımsal Deneme İstasyonunda Mart 2007'de USG 3555 (Reg. No. CV-1037, PI 654454), yumuşak kımızı kışlık buğday çeşidinin geliştirildiği belirtilmektedir. USG 3555, VA94-52-60/Pioneer Brand '2643'//'USG 3209' melezidir. Yüksek verimli, orta-erkenci, yarı-cüce, hastalıklara dayanıklılığı iyi olan bir çeşittir.2

yılda (2005-2006) toplam 53 lokasyonda verim 5651-5530 kg/ha arasında değişmiştir. USG 3555 Allis Chalmers değirmeninde yüksek kırma unu verimi (% 30.5-28.3), daha yumuşak dane yapısı (endosperm ayrılma skoru 9,98-10,62), daha düşük STK-sakkaroz değeri (% 98.6-104) ve daha geniş bisküvi çapı (17.1-16.8 cm) ile bisküvilik ve pastalık kalitesi iyidir.

Griffey vd. (2009b) Virjinya Tarımsal Deneme İstasyonunda Mart 2008'de '5205' (Reg. No. CV-1038, PI 656755, yumuşak kımızı kışlık buğday çeşidinin geliştirildiği belirtilmektedir. 5205 çeşidi Pioneer Brand '2684'/VA93-54-185//'Pocahontas' melezidir. Yarı-cüce, yüksek verimli, geniş adaptasyona sahip, iyi öğütme ve pastacılık bakımından pişirme kalitesinde bir çeşittir. 2006 ve 2007 yıllarında toplam 55 lokasyonda yapılan sonuçlara göre verimi 4488-5362 kg/ha dır. 5205 yumuşak tane yapısına (yumuşaklık eşitliği 61.1-57.5), % 107-118 STK-laktik asit değerine ve 17.75-18.58 cm bisküvi çapına sahiptir.

Knott vd. (2009) tarafından yumuşak kışlık buğday ıslah programlarındaki materyalde tam taneden yapılan analizlerin kullanılabilirliği araştırılmıştır. 114 yumuşak buğday materyali 3 yıl süre ile değerlendirilmiştir. Aynı zamanda un özellikleri de ölçülmüştür. Kırma sedimentasyon değeri un STK-laktik asit ile önemli korelasyon vermiştir ($r=0.37$). Kırma STK-sodyum karbonat değeri un STK-sakkaroz ($r=0.37$), un STK-karbonat ($r=0.46$) ve STK-su ($r=0.47$) ile pozitif korelasyona sahip olmuştur. Kırma özelliklerinin yumuşak buğday seleksiyonunda erken generasyonda kullanılabileceği belirtilmiştir.

Uriyo vd. (2004) yaptıkları çalışmada 7 adet 1L/1RS pozitif ve 5 adet 1B/1RS negatif yumuşak kırmızı kışlık buğdayın (SRWW) hamur yapışkanlık ve farinograf özelliklerini pişirme performans özellikeri ile test etmişlerdir. Bisküvi hacmi ile herhangi bir farinograf parametresi ve hamur yapışkanlığı arasında önemli korelasyon bulunmamıştır. Fakat bu buğday unlarından yapılan bisküvilerin çap değerleri ile farinograf su absorpsiyonu ($r=-0.825$ $P<0.01$) ve gelişme süresi arasında ($r=-0.476$ $P<0.05$) önemli negatif korelasyon bulunmuştur. Kek hacmi su absorpsiyonu ile negatif korelasyon vermiştir ($r=-0.494$ $P\geq 0.05$). Hamur yapışkanlığı ile kek yumuşaklığı arasında pozitif korelasyon belirlenmiştir ($r=0.486$ $P\geq 0.05$). Blacksburg ve Virginia lokayonlarında yetiştirilen buğdayların kek yumuşaklıkları ile farinograf gelişme süresi (r=0.751 P≥ 0.05) ve stabilitesi arasında pozitif korelasyon vardır (r= 0.749 P≥ 0.05). Bu sonuçlara göre bu buğday unları başarılı bir şekilde bisküvi ve kek üretiminde kullanılabilceği ifade edilmiştir.

Guttieri vd. (2006) sulu koşullarda optimum kışlık yumuşak buğday kalitesi için azotlu gübre yönetimi isimli çalışmalarında yetiştirme periyodunda üst azotlu gübrenin zaman ve miktarının 2 adet yumuşak kışlık beyaz buğdayın öğütme ve pişirme kalitesi üzerine etkisi değerlendirilmiştir. Üst gübreleme STK-laktik asit değerini (gluten kuvvetinin ölçüsüdür) un protein miktarı artışı ile arttırmıştır. Uygulama zamanından STK-laktik asit ve verim etkilenmemesine rağmen kırma unu verimi, kül miktarı, bisküvi çapı gibi diğer kalite parametreleri uygulama zamanından etkilenmiştir.

Principal Component Analiz (PCA) ile hamur özelliklerinin pişme kalitesi ile ilişkilerinin araştırıldığı araştırmada 66 Arjantin buğday hattı laboratuvar değirmeninde (Buhler Miag Değirmeni) öğütülmüştür. Yaş gluten ve hamur fiziksel özellikleri, ekmek, bisküvi ve kraker pişirme özellikleri değerlendirilmiştir. Pişirmeden 1 saat sonra duyusal özellikleri değerlendirmişler ve 3 tecrübeli panelist kullanmışlardır. Buna göre renk 10 puan, yüzey görünüm 10 puan, taban görünüm 10 puan, kabarma 10 puan, tekstür 10 puan, gevreklik 10, ağızda dağılma 15 ve tat 25 puan üzerinden değerlendirilmiştir. Bisküvilerde spesifik hacim 2.32- 5.97 ml/g ve toplam duyusal puan 50-100 arasında değişmiştir. Çalışılan un örnekleri arasındaki ilişkiyi incelemek için PCA kullanılmıştır. Yaş gluten miktarı ile bisküvi ve kraker duyusal değerlendirme skoru, spesifik hacim gibi teknolojik kalite özellikleri arasında önemli pozitif korelasyon bulunmuştur (Osella vd. 2008).

Değirmenin farklı pasajlarından elde edilen unlardan 3 farklı formülasyonda (tel keski, laminasyon ve rotary tip) elde edilen bisküvilerin tekstür ve fiziksel özelliklerinin araştırıldığı Fustier vd. (2009) çalışmada 2004 hasat döneminden elde edilen % 70 yumuşak kışlık beyaz ve % 30 yumuşak kışlık kırmızı buğdayların karışımı kullanılmıştır. Patent pasajı % 72'lik ekstraksiyonda ilk elde edilen % 45, midds % 20 ve klir ise % 7'lik kısmı oluşturmuştur. Un pasajlarında rutubet, zedelenmiş nişasta miktarı, protein miktarı (Lego protein/azot tayin cihazı), kül miktarı, granül büyüklüğü, alkali su tutma kapasitesi ve hamur reolojik özelliklerinden ekstensograf analizleri yapılmıştır. 3 farklı formülasyonda bisküvi pişirilmiştir. Pişirilen bisküvilerde en, boy, çap, kalınlık ölçümleri yapılmıştır. Stable Micro Systems TA Texture Analyser Üç Ayak P50 probe ile 25 kg-f yük hücresi ile kırılma kuvveti ölçülmüştür. Hamur kıvamı, bisküvi yoğunluğu, bisküvi sertliği ile klir fraksiyon pozitif korelasyon vardır. Alveograf P, granül büyüklüğü ve protein miktarı hamur kıvamını açıklayan parametreler olmuştur ($R^2 \geq 0.75$). En geniş yüzey alanına sahip olan bisküviler patent pasajından elde edilmiştir.

Finney ve Bains (2002) yaptıkları çalışmada 8'i çeşit olmak üzere 59 yumuşak kışlık buğday örneği kullanmışlardır. Öğütme, bisküvi pişirme, fiziksel ve kimyasal kalite özellikleri ile son kullanım kalitesini belirlemek için ilişkiler araştırılmıştır. 5+10 Glu-D1 yüksek molekül ağırlıklı glutenin alt birimini taşıyan 3 örnekte, 2+12 Glu-D1 yüksek molekül ağırlıklı glutenin alt birimini taşıyan 5 örneğe kıyasla daha yüksek kırma unu, daha düşük zedelenmiş nişasta miktarı, daha düşük gluten hidrasyonu, daha uzun yoğurma zamanı, daha geniş bisküvi çapı elde edilmiştir. Hamur gelişme süresi ve gluten hidrasyonu ile öğütme parametreleri arasında yüksek pozitif korelasyon ve zedelenmiş nişasta miktarı ile negatif korelasyon bulunmuştur. Zedelenmiş nişasta miktarı ve SDS-sedimentasyon testi arasındaki yüksek korelasyon her ikisinin de gluten kuvvetini ölçmek amacıyla kullanılabileceğini göstermiştir ($r=0.94$, $n=59$).

Solvent tutma kapasitesi (STK) testi buğday kalitesini farklı açılardan değerlendirmede kullanılmaktadır. Pentozan içeriği, nişasta zedelenmesi, gluten kuvveti ve su tutma kapasitesi gibi. STK testlerinin çeşitlerin değerlendirilmesinde kullanımının araştırmak için 26 yumuşak beyaz kışlık buğday genotipi 7 sulu çavrede üretilmiştir. STK testlerinin farklı çevrelerde genotipleri etkili bir şekilde ayırt edebilmiştir. Un protein miktarı ve STK-sakkaroz etkili bir şekilde bisküvi çapını modellemiştir. Un verimi ile STK-sodyum karbonat negatif korelasyon vermiştir. Yakın Kızılötesi ile ölçülen sertlik, SKCS sertlik, SDS sedimentasyon testi gibi kırma veya tam dane analizleri ile STK testleri korelasyon vermiştir. STK testleri yumuşak buğday genotiplerini değerlendirmek için başarılı bir şekilde kullanılabileceği görülmüştür (Guttieri vd. 2000).

Solvent tutma kapasitesi (STK) testleri (AACC Mehod 56-11) yumuşak buğday unlarının kalitesini değerlendirmek için kullanıldığı; bu testte santrifüj sonrası un tarafından 4 çözeltinin (laktik asit, su, sakaroz ve sodyum karbonat) alıkonulma kabiliyetinin ölçüldüğü ifade edilen çalışmada kırmadan sodyum karbonat, laktik asit, SDS sedimentasyon testlerinin kullanılabilirliği değerlendirilmiştir. Yumuşak kışlık inbred buğday hatlarının 3 populasyonu kullanılmıştır. Bu populasyonlar Vanna/Penawawa, Kanto 107/IDO488 ve M2/IDO470 melezlerinden geliştirilmiştir. Tekerrürlü olarak, sulu koşullarda, 2000 ve 2001 yıllarında Aberdeen, Idaho yakınlarında denenmişlerdir. 3 populasyonda da kırma STK-sodyum karbonat ile un sodyum karbanat (r= 0.69–0.81) ve un STK-sakkaroz (r= 0.74–0.84) ile önemli korelasyon vermiştir. Kırma STK-sodyum karbonat un verimi ve bisküvi çapı arasında negatif korelasyon bulunmuşturr. Kırma STK-laktik asit sadece 1 populasyonda un STK-laktik asit ile ilişkili görülmüştür. Diğer taraftan SDS sedimentasyon değeri un STK-laktik ile 3 populasyonda önemli ilişkiye sahiptir (r = 0.74–0.93). Üstelik SDS sedimentasyon değeri ve kırma STK-sodyum karbonat 2 populasyonda birbirinden bağımsız bulunmuştur. SDS sedimentasyon değeri ve kırma STK-sodyum karbonat bu yüzden farklı karakterleri değerlendirmek için kullanılabilir. Bu 2 testin (SDS sedimentasyon değeri ve kırma STK-sodyum karbonat) kombinasyonu yüksek un verimine sahip, çapı daha geniş yumuşak buğday seleksiyonunda hedefe ulaşmada etkili kriterler olabilirler (Guttieri vd. 2004).

3. MATERYAL METOD

3.1. Materyal

Çalışmada kullanılan materyal Çizelge 3.1 de verilmiştir. Araştırma materyali sulu ve kuru şartlarda 4 tekerrürlü olarak tesadüf blokları deneme desenine göre ekilmiştir. Denemenin 3 tekerrürü analiz edilmiştir. Denemelerden elde edilen verileri JMP istatistik programında analiz edilmiştir (Patterson ve Hunter, 1983).

Çizelge 3.1. Çalışmada kullanılan materyal

Ör no	Orijin	Melez no	BGS gün	Boy (sulu) cm	Boy (kuru) cm
1	07-08 Kövd-42	YE12661K-0E-0E-0E-1E-0E	26	140,0	85,0
2	07-08 Kövd-136	YE12819K-0E-0E-0E-1E-0E	16	135,0	95,0
3	07-08 Kövd-261	TCI012272-030YE-30E-0E-3E-0E	26	145,0	105,0
4	07-08 Sgb-95	YE14268S-0E-0E-0E-2E-0E	26	115,0	90,0
5	Gerek79		15	120,0	95,0
6	07-08 Sgb-97	YE14268S-0E-0E-0E-6E-0E	27	110,0	90,0
7	07-08 Sgb-230	YE14333S-0E-0E-0E-2E-0E	17	120,0	90,0
8	07-08 Svd-37	YE13247S-0E-0E-0E-3E-0E	17	105,0	85,0
9	07-08 Svd-38	YE13247S-0E-0E-0E-5E-0E	17	110,0	90,0
10	Yıldız98		14	95,0	80,0
11	07-08 Svd-44	YE13273S-0E-0E-0E-6E-0E	26	110,0	105,
12	07-08 Bvd-b-21	TCI982188-030YE-0E-9E-0E-1E-0E	17	115,0	110,0
13	07-08 Sbvd-b-24	07YT-SIR-7425	27	100,0	95,0
14	07-08 Sbvd-bis 1	YE11555S-0E-0E-0E-10E-0E	27	110,0	110,0
15	Ak702		29	113,0	99,0
16	07-08 Sbvd-bis 2	YE11558S-0E-0E-0E-8E-0E	27	105,0	95,0
17	07-08 sbvd-bis 4	YE12248-S-0E-0E-0E-1E-0E	26	110,0	90,0
18	07-08 Sbvd-bis 14	YE12043K-0E-0E-0E-8E-0E	28	135,0	120,0
19	07-08 Sbvd-bis 17	YE12340-S-0E-0E-0E-4E-0E	27	115,0	85,0
20	Bezostaja1		26	115,0	105,0
21	07-08 Sbvd-bis 18	YE11452S-0E-0E-0E-2E-0E	27	115,0	90,0
22	07-08 Sbvd-bis 19	YE11508S-0E-0E-0E-2E-0E	26	95,0	80,0
23	07-08 Sbvd-bis 24	CIT952320-030SE-0E-1E-0E	26	125,0	100,0
24	Çetinel2000		26	105,0	100,0

3.2. Metod

3.2.1. Verim, boy ve başaklanma tarihi ölçümleri

Yetiştirme periyodunda boy ve 1 Mayıs itibariyle başaklanma tarihi gözlem ve ölçümleri alınmıştır. Ağustos ayı başında her parsel ayrı ayrı hasat edilmiş, temizlenmiş ve tartılarak parsel verimleri elde edilerek dekara verimler bulunmuştur.

3.2.2. Fiziksel analiz metodları

Buğday örneklerinde hektolitre ağırlığı, bin tane ağırlığı ve tane iriliği analizleri Uluöz (1965)'e göre yapılmıştır. Tane rengi, Hunter Lab Colorflex cihazı ile belirlenmiştir (Anonymous 2012). Örneklerde tane rengi ölçümü için L*, a* ve b* değerleri okunmuştur. L* değeri koyuluk-açıklık (aydınlık, 0-tam siyah 100-tam beyaz); a* değeri kırmızı ve yeşillik (a* değeri yükseldikçe kırmızı renk artmaktadır) ve b* değeri sarı ve mavilik (b* değeri yükseldikçe sarı renk artmaktadır) değerlerini göstermektedir. Tanede soyma sayısı (Perling indeks değeri) analizi yabancı maddelerinden temizlenmiş 20 g buğday örneğinde "Strong Scott" soyma aletinde soyularak belirlenmiştir. Soyma sayısı değerinin hesaplanmasında aşağıda verilen formül kullanılmıştır (Özkaya ve Özkaya 2005).

$$\text{Soyma sayısı} = (\text{Elek altına geçen materyal ağırlığı}/20) \times 100$$

3.2.3. Öğütme denemesi

Örneklerin soyma sayısı değerine karşılık gelen tavlama nemine gelecek şekilde 24 saat tavlanmıştır. Tavlanan örnekler Bühler laboratuar tipi un değirmeninde öğütülmüştür. Un veriminin hesaplanmasında aşağıdaki formül kullanılmıştır (Özkaya ve Özkaya 2005).

$$\text{Un verimi} = \frac{\text{Kırma unu} + \text{irmik unu} + 2/3\ \text{kayıp}}{\text{Tavlanmış buğday miktarı}} \times 100$$

Örneklerin kırmaya öğütülmesinde Perten3100 laboratuvar tipi kırma değirmeni kullanılmıştır.

3.2.4. Kimyasal ve Teknolojik Analiz Metodları

3.2.4.1. Kırma Analizleri

Kırma örneklerinde tane sertliği (PSI-Partikül İrilik İndeksi), protein miktarı, makro-SDS (M-SDS) sedimentasyon değeri ve nem miktarı analizleri spektrofotometrik metodla belirlenmiştir. FOSS NIRS 6500 spektroskopi cihazı, PSI ve M-SDS analizi için Williams vd. (1986) tarafından belirtilen metoda göre; protein miktarı analizi için ICC-Standart No: 105/1'e göre Kjeltec cihazı ile belirlenen toplam azotun 5.7 faktörü ile çarpılmasıyla elde edilen sonuçlara göre (Anonymous 1960) ve nem miktarı tayini için ICC-No: 110/1'e (Anonymous 1982) göre elde edilen sonuçlar kullanılarak kalibre edilmiştir. CIMMYT-SDS (C-SDS) sedimentasyon analizi Pena vd. (1990) belirtilen metoda göre 25 ml test tüplerinde yapılmıştır. Kırma rengi Hunter Lab Kolorfleks cihazı ile belirlenmiştir (Anonymous 2012).

3.2.4.2. Un analizleri

Un örneklerinde yaş öz (gluten) miktarı ve gluten indeks değeri analizi ICC-No 155'e göre Glutamatik test cihazında yapılmış ve elde edilen glutenden glutork cihazı ile kuru gluten miktarı bulunmuştur (Anonymous 1994). Protein miktarı ICC Standart No: 105/1'e göre Kjeltec cihazı ile belirlenen toplam azotun 5.7 faktörü ile çarpılmasıyla elde edilen sonuçlara göre (Anonymous 1960) ve nem miktarı tayini için ICC-No: 110/1'e (Anonymous 1982) göre elde edilen sonuçlar kullanılarak kalibre edilmiş FOSS NIRS 6500 spektroskopi cihazı kullanılarak belirlenmiştir. Un rengi, Hunter Lab Kolorfleks cihazı ile belirlenmiştir (Anonymous 2012). Zeleny sedimentasyon analizi ICC Metod No: 116'ya göre (Anonymous 1982) yapılmıştır. Un örneklerinde Alkali Su Tutma Kapasitesi (ASTK) analizi Yamazaki (1953)'e göre ve Solvent Tutma Kapasitesi (STK) AACC Method 56-11'e göre (Anonymous 2000) yapılmıştır. ASTK ve STK aşağıdaki formülle hesaplanmıştır:

$$\text{ASTK, STK } (\%) = \frac{(\text{Tüp ağırlığı+kalıntı}) - (\text{tüp ağırlğı})}{\text{Örnek Ağırlığı}} - 1$$

Un örneklerinde zedelenmiş nişasta miktarı SD-matik cihazı ile (Chopin Technologies, Villeneuve la Garenne, France) CDU (Chopin Dubois Unit) olarak (Anonim 2011, Medcalf ve Gilles 1965) ve kül miktarı ICC No:104'e göre (Anonymous 1982) belirlenmiştir.

3.2.5. Nişasta Çirişlenme Özellikleri Analizi

Nişasta çirişlenme özellikleri RVA (Rapid Visco Analyser) ile RVA Genel Çirişlenme Metodu kullanılarak belirlenmiştir (Anonymous 1998). Analizde 3,5 g un örneği (% 14 nem esasına göre düzeltilerek) üzerine 25 ml saf su ilave edilmiş ve karıştırıcı palet yerleştirildikten sonra cihaza konulmuştur. Örneklere uygulanan RVA sıcaklık-karıştırma hızı profili (STD1) Çizelge 3.2'de verilmiştir.

Elde edilen RVA grafiklerinde jelatinizasyon başlangıç sıcaklığı (pasting temperature), pik viskozite ve süresi (peak viscosity and peak time), incelme sonrası viskozite (trough viscosity), karıştırma ile viskozite azalması (incelme-breakdown), son viskozite (final viscosity) ve katılaşma (setback) değeri hesaplanmaktadır. Tipik bir RVA grafiği şekil 3.1' de görülmektedir.

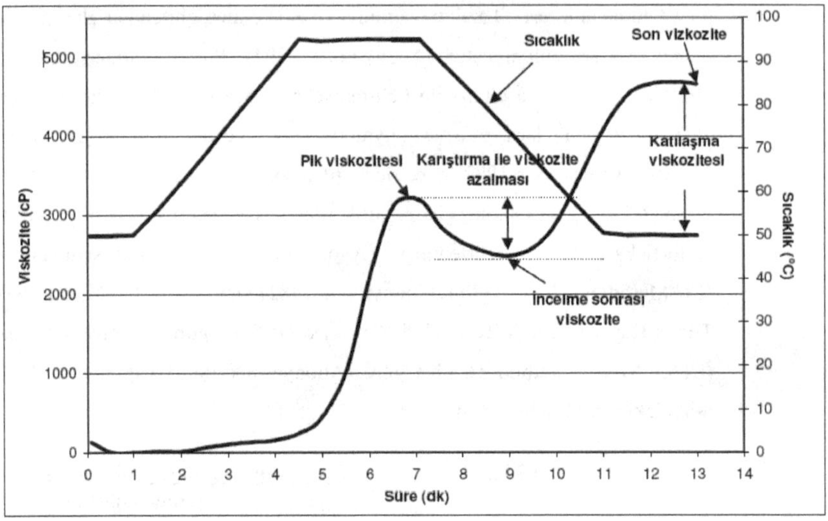

Şekil 3.1. Rapid Visco Analyser (RVA) grafik örneği

Çizelge 3.2. RVA'da uygulanan sıcaklık-karıştırma hızı profili (STD1)

Zaman	Sıcaklık (^{0}C)	Karıştırma Hızı (rpm)
00:00	50 ^{0}C	960
00:10	50 ^{0}C	160
01:00	50 ^{0}C	160
04:42	95 ^{0}C	160
07:12	95 ^{0}C	160
11:00	50 ^{0}C	160
13:00	50 ^{0}C	160

Okumalar arası süre: 4 sn

3.2.6. Nişasta Termal Özellikleri Analizi

Un örneklerinde nişasta termal özellikleri analizi için TA Instruments Model FC100 ve TA Refrigerated Cooling System 90 mikrokalorimetre kullanılmıştır. Değerler TA Instruments Universal Analysis 2000 programında değerlendirilmiştir. Un örneklerinde DSC analizi için mikrokalorimetre kapsülcüklerine 2.5-3.0 mg örnek tartılıp üzerine 3 katı su ilave edilerek ıslatıldıktan sonra kaplar hermetik olarak kapatılmış ve tekrar tartılmıştır. 1 gece buzdolabında bekletilen örnekler mikrokalorimetrede bulunan standart mikrokalorimetre hücreleri içine referans olarak kullanılan boş örnek kapsülcükleri ile birlikte yerleştirilmiştir. Mikrokalorimetre hücreleri 20 °C'den 120°C'ye 10°C/dak hızında ısıtılarak bu ısıtma işlemindeki entalpi değişimi elde edilmiştir (Tufvesson vd. 2001, Yu ve Chiriste 2001, Guler vd. 2002).

3.2.7. Buğday Unu Proteinlerinin SE-HPLC ile Analizi

Araştırma materyalinde un örneklerinde sonikasyon uygulaması ile SDS' de çözünür hale getirilen toplam protein (TP) içindeki çeşitli fraksiyonlar (gluteninler ve gliadinler) SE-HPLC ile incelenerek, polimerik ve bazı monomerik proteinlerin moleküler boyut dağılımı Gupta vd. (1993), Sivri vd. (2004) ve Olanca vd. (2009) tarafından önerilen yönteme göre tespit edilmiştir. Buğday proteinlerinin kromatografik ayrımı kuaterner pompa, otomatik örnek enjeksiyon sistemi, diyod dizini dedektör (Diode Array Dedector: DAD) ve kolon fırınından oluşan Agilent 1100 serisi HPLC (Almanya) sistemi ile Biosep SEC-4000s (300 x 7.8mm; 5µm) ayırma kolonu (Phenomenex, Torrance, CA., USA) kullanılarak 20°C' de gerçekleştirilmiştir. Hareketli faz olarak 2ml/dak akış hızında, %0.05 (v/v) trifloroasetik asit (Sigma Aldrich, Steinheim, Almanya) içeren asetonitril:su (50:50) (v/v) çözeltisi kullanılmıştır. Araştırmada kullanılan asetonitril Merck (Darmstadt, Almanya)'den temin edilmiş ve analizlerde deiyonize su (TKA-GenPure Water Purification Systems GmbH, Niederelbert, Almanya) kullanılmıştır. Ayrılan proteinler 214 nm dalga boyunda tespit edilmiştir. Buğday unları mikrosantrifüj tüplerine 2 paralel olarak 10 mg tartılmıştır. Tüplere % 0.5 (w/v) SDS içeren fosfat tamponu (pH 6.9) 1 ml ilave edilmiş ve sonikatörde (Misonix Model XL 2000, NY, ABD) 15 saniye sonikasyon uygulanmıştır. Fosfat tamponunun hazırlanmasında SDS, disodyum hidrojen fosfat ve monosodyum fosfat (Merck,

Darmstadt, Almanya) kullanılmıştır. Örnekler 17.000 x g' de ve 15 °C' de 10 dakika santrifüj (Sartorius AG, Göttingen, Almanya) edildikten sonra 0.45 μm rejenere selüloz membran filtreden geçirilmiştir. Ekstrakte edilen örnekler, örnek enjeksiyon hacmi 20 μL olarak kolona yüklenmiş ve 2 ml/dak akış hızıyla kolondan geçirilmiştir. Her ekstrakt için 2 enjeksiyon yapılmıştır.

Elde edilen SE-HPLC kromatogramları 3 ana alana bölünerek değerlendirilmiştir. İlk iki alan (TP1 ve TP2) sırasıyla daha büyük polimerik proteinleri ve daha küçük polimerik proteinleri göstermektedir. Üçüncü alan (TP3) ise esas olarak gliadin proteinleri ile diğer monomerik proteinlerden oluşan büyük monomerik proteinleri içermektedir. Kromatogramların değerlendirilmesinde örneklerin toplam alanı (TP1+TP2+TP3) içinde TP1, TP2 ve TP3' ün oranları (%) hesaplanmıştır. Aynı şekilde % polimerik protein ve % monomerik protein değerleri de elde edilmiştir. Polimerik protein alanlarının (TP1+TP2) toplam alana (TP1+TP2+TP3) oranı % polimerik protein olarak ifade edilirken; monomerik protein alanının (TP3) toplam alana (TP1+TP2+TP3) oranı ise % monomerik protein olarak ifade edilmektedir. Ayrıca örneklerin bu yöntem ile belirlenen toplam proteini içindeki polimerik protein/monomerik protein oranı polimerik pik alanları toplamının (TP1+TP2), monomerik pik alanına (TP3) oranı şeklinde hesaplanmıştır (Gupta vd. 1993, Rosell vd. 2002, Olanca vd. 2009, Köroğlu 2010).

3.2.8. Hamur Reolojik Özellikleri Analizi

Örneklere ait unlarda farinograf özellikleri AACC 54-21'e, ekstensograf özellikleri ise AACC 54-10'a göre belirlenmiştir (Anonymous, 2000). Alveograf özellikleri modifiye AACC 54-30'a göre değerlendirilmiştir (Anonymous, 2000). Öncelikli olarak su absorpsiyon değerleri AACC 54-50'ye göre konsistograf ile belirlenmiş alveograf testinde bu su absorpsiyon değerleri kullanılmıştır (Anonymous, 2000). Konsistograf ve alveograf özellikleri Alveolink-NG yazılım programı ile otomatik kaydedilmiştir (Chopin Technologies, Villeneuve La Garenne, France). Un örneklerinde hamur karıştırma ve çirişlenme özellikleri Miksolab (Chopin Technologies Villeneuve La Garenne, France) kullanılarak çalışılmıştır. Miksolab analizi farinograf ile belirlenen su absorpsiyon değerlerine göre yapılmıştır. ICC No: 173 Standart Chopin+ Protokol takip edilmiştir: 30 ^{0}C'de 8 dak. bekleme, 4 ^{0}C'/dak hızla 90 ^{0}C'ye ısıtma, 90 ^{0}C'de 7 dak bekleme ve 50 ^{0}C'ye 4 ^{0}C'/dak hızla soğutma ve 50 ^{0}C'de 5 dak. bekleme. Karıştırma 80 rpm sabit hızda olmuştur (Anonymous 2005).

3.2.9. Bisküvi Analizleri

AACC Method 10-54'e göre (Anonymous 1999) mikro tel keski formülasyonunda bisküvi yapılmıştır (Çizelge 3.3). Daha fazla bisküvi elde edebilmek ve kullanılan "Hobart" mikserde daha iyi karıştırma yapabilmek için hazırlanan formülasyonun 5 katı alınmıştır. Öncelikle ayrı bir kapta kuru bileşenler tartılmış ve karıştırılmıştır. Mikser kabına endüstriyel yağ shortening tartılmış üzerine kuru bileşenler ilave edilerek 3 dak. karıştırılmıştır. Ayrı bir kapta hazırlanan HFCS, su ve amonyum karbonat karışımı (sıvı bileşenler) kremaya ilave edilmiş ve 1 dak. karıştırılmıştır. Un ilave edilip 30 saniye karıştırmaya devam edilmiştir. Hamur 2 eşit parçaya ayrılmış, 2.0 mm kalınlığında dikdörtgen çelik kalıbın ortasına yaklaşık 5 cm uzunluğunda yerleştirilmiştir. Hamur oklova ile 2 mm kalınlığa inceltilmiştir. Açılan hamurdan kalıp ile bisküvi hamuru kesilmiş ve tavalara aktarıldıktan sonra 205 ^{0}C'de 11 dak. pişirilmiştir. Pişme sonrası 5 dak. soğuduktan sonra tavalardan alınmıştır.

3.2.9.1. Bisküvi fiziksel özellikleri analizi

Elde edilen bisküvilerde pişirmeden 1 saat sonra (soğuma sonrası) çap ve kalınlık değerleri kumpas ile ölçülmüştür. Çap ölçümünde her bir bisküvide 2 noktadan, kalınlık ölçümünde 4 noktadan ölçüm yapılmıştır. Hava geçirmeyecek şekilde ambalajlanan bisküvilerden 2 adedi renk ölçümü ve tekstür analizi için ayrılmıştır. Renk değerleri (L*, a*, b*) ise Hunterlab Colorfleks cihazı ile belirlenmiştir (Anonymous 2012). Stable Micro Systems TA Texture Analyser Hd Plus'da Üç Ayak P50 probe ile 30 kg-f yük hücresi ile kırılma kuvveti g-f (gram-kuvvet) cinsinden her bir örneğin merkezinden ölçülmüştür. Dört adet örnek 1 hafta bekletildikten sonra duyusal analize alınmıştır. Kontrol amaçlı 1 adet örnek saklanmıştır. Analizde kullanılan cihaz özellikleri test mode: compression; load cell: 30 kg-f; pre-test speed: 1.00 m/s; test speed: 2.00 m/s; post-test speed: 10.00 m/s; target mode: strain; strain: % 100; trigger type: automatic; trigger force: 5 g-f'dir.

Çizelge 3.3. Bisküvi formülasyonu

Bileşenler*	Miktar (g)
Un	40.0**
Sakkaroz	16.8
Endüstriyel yağ	16.0
HFCS (Yüksek Früktoz Mısır Şurubu)	0.6
NaCl	0.5
Sodyum bi karbonat	0.4
Yağsız süt tozu	0.4
Amonyum bi karbonat	0.2
Deiyonize su	Değişken

* ± 21 ^{0}C sıcaklığa getirilmiştir ** % 13.0 neme göre

3.2.9.2. Bisküvi duyusal özellikleri analizi

Bisküvi duyusal özeliklerini değerlendirmek için puanlama testi yapılmıştır (Onoğur ve Elmacı 2011). Her bir özellik 5 puan üzerinden olmak üzere bisküvilerde yüzey görünüm özellikleri (parlaklık ve matlık, renk, yüzey düzgünlüğü) 15 puan, kesit özellikleri (kesit yapısı-sıkı yapı, gözenek dağılımı, kabuk inceliği; kesit rengi-iç renk, kabuk iç renk farkı) 25 puan ve tadım özellikleri (ısırma özellikleri-sertlik, gevreklik; çiğneme ve yutma-ağızda dağılma, damağa yapışma; tad ve koku) 25 puan üzerinden karşılaştırmalı olarak değerlendirilmiştir. Dört adet hava ve rutubet geçirmeyecek şekilde ambalajlanmış bisküvi örneği 1 hafta süre ile bekletildikten sonra pişme sırasına göre duyusal analiz için panelistlere verilmiştir.

4. ARAŞTIRMA BULGULARI VE TARTIŞMA

4.1. Verim

Kuru koşullarda örnekler arasında verim değerleri yönünden önemli istatistiki farklılık bulunmuştur. Kuru koşullarda örneklerin verim değerlerine ait varyans analiz sonuçları Çizelge 4.1'de, ortalama değerler ve önemlilik grupları ise Çizelge 4.2'de verilmiştir. Kuru koşullarda tane verim değeri 273,4-437,5 kg/da arasında değişmiş olup ortalama 363,1 kg/da olmuştur. Kuru koşullarda 9 no'lu hat en yüksek tane verim değeri vermiştir. 11 ve 12 no'lu hatların tane verim değerleri 400,0 kg/da'ın üzerine çıkmıştır. 23, 2, 3, 13, Çetinel2000, Yıldız98 ve Bezostaja1 verim değerleri bakımından kuru koşullarda iyi durumdadırlar ve aynı gruba girmişlerdir.

Sulu koşullarda da örnekler arasında verim değerleri yönünden önemli istatistiki farklılık bulunmuştur. Sulu koşullarda örneklerin verim değerlerine ait varyans analiz sonuçları Çizelge 4.3'de, ortalama değerler ve önemlilik grupları ise Çizelge 4.4'de verilmiştir. Sulu koşullarda tane verimi 376,8-786,8 kg/da arasında değişmiştir. Ortalama 697,1 kg/da olmuştur. 13 no'lu hat en yüksek verim değeri ile dikkati çekmiştir. Sulu koşullarda 14, 17, 8, 12, 21, 16, 11, 4, 6, 9, 7, Çetinel2000 ve Yıldız98 verim değeri bakımından iyi değerlere sahiptirler ve aynı grupta yer almışlardır. 23 ve 22 no'lu hatlarında verim değeri 700,0 kg/da'nın üzerindedir. 9, 11, 12, 13 ve 23 no'lu hatlar ile Çetinel2000 ve Yıldız98 çeşitlerinin sulu ve kuru koşullarda verim değerleri iyi durumdadır.

Tane verimi bitkinin genetik potansiyeli, çevre faktörleri ve yetiştirme tekniklerinin bir fonksiyonu olarak ortaya çıktığı (Kırtok vd. 1988, Sharma 1992) göz önüne alındığında hatların tane verimlerini deneme ve standart çeşitlerin ortalama verimlerine göre değerlendirmek gerekir. Hatlar kuru ve gerekse sulu koşullarda standartların ve deneme ortalamasının üzerinde iyi verim değerlerine sahiptirler.

Çizelge 4.1. Kuru koşullarda örneklerin verim değerlerine ait varyans analiz sonuçları

Varyasyon kaynakları	SD	KT	KO	F değeri
Tekerrür	3	21684,51	7228,17	2,8729*
Çeşit	23	106538,79	4632,12	1,8411*
Hata	69	173605,37	2516,02	

Toplam	95	301828,67

D.K.: % 13,9   * : % 5 düzeyinde önemli

Çizelge 4.2. Kuru koşullarda örneklerin verim değerlerine ait ortalamalar ve önemlilik grupları

Örnek no	Verim değerleri kg/da	
9	437,5	a
11	434,1	ab
12	425,2	ac
23	396,5	ad
Çetinel2000	394,3	ad
2	387,0	ae
Yıldız98	386,8	ae
3	379,9	af
13	369,1	af
Bezostaja1	368,0	af
1	363,7	bf
7	362,3	cf
8	360,1	cf
17	358,7	cf
19	354,4	cf
Gerek79	345,4	df
18	343,2	dg
22	337,5	dg
6	335,9	dg
4	333,9	dg
14	332,2	dg
16	320,2	eg
21	314,0	fg
Ak702	273,4	g
Ortalama	**363,1**	

A.Ö.F. (0,05): 71,1

Çizelge 4.3. Sulu koşullarda örneklerin verim değerlerine ait varyans analiz sonuçları

Varyasyon kaynakları	SD	KT	KO	F değeri
Tekerrür	3	161466,1	53822,03	11,2244**
Çeşit	23	865591,9	37634,43	7,8486**
Hata	69	330860,4	4795,10	
Toplam	95	1357918		

D.K.: % 10,1   ** : % 1 düzeyinde önemli

Çizelge 4.4. Sulu koşullarda örneklerin verim değerlerine ait ortalamalar ve önemlilik grupları

Örnek no	Verim değerleri kg/da	
13	786,8	a
14	782,0	a
17	779,7	ab
8	764,7	ab
12	761,2	ab
Çetinel2000	758,2	ab
21	757,8	ab
16	757,8	ab
11	746,7	ab
4	743,1	ab
6	742,0	ab
9	739,8	ab
Yıldız98	739,0	ab
7	735,7	ab
23	729,3	ac
22	725,5	ac
19	683,4	bd
2	634,7	ce
3	632,6	ce
1	616,7	de
18	604,2	de
Gerek79	587,5	de
Bezostaja1	545,2	e
Ak702	376,8	f
Ortalama	**697,1**	

AÖF (0,05): 97,7

4.2. Tane Fiziksel Özellikleri

Islah edilecek çeşidin kalitesinin, ekmek, bisküvi, yufka, makarna vb. ürünleri işlemeye uygun olması yanında, buğdayı öğüten değirmenciyi tatmin edecek fiziksel özelliklere de sahip olması gerekmektedir (Atlı 2000).

Çizelge 4.5'de kuru koşullarda ve Çizelge 4.6'da sulu koşullarda örneklerin ortalama 1000 tane ağırlığı, hektolitre ağırlığı, soyma sayısı, tane iriliği ve renk değerleri ile minimum ve maksimum değerler birlikte verilmiştir.

Çizelge 4.5. Kuru koşullarda 1000 tane ağırlığı, hektolitre ağırlığı, soyma sayısı, renk ve tane iriliği değerleri

Örnek no	1000 tane ağırlığı (g)*	Hektolitre ağırlığı (kg/hL)	Soyma sayısı %	Renk değerleri			Tane iriliği (%)		
				L*	a*	b*	2.8 mm elek üstü	2.5 mm elek üstü	2.2 mm elek üstü
1	30,7	77,1	27,5	62,0	7,9	28,9	21,5	59,4	17,4
2	30,0	78,0	29,1	60,5	8,8	30,0	23,9	51,6	21,8
3	29,5	78,8	31,8	60,9	9,1	30,8	35,2	47,4	16,1
4	24,1	74,3	30,8	61,2	8,5	29,5	3,0	36,8	47,3
Gerek79	26,1	78,4	29,6	60,9	9,2	31,5	9,8	46,7	36,8
6	24,7	74,5	33,3	61,1	8,7	30,0	4,2	36,4	46,7
7	29,4	79,0	24,5	62,7	8,0	29,1	23,5	52,5	22,0
8	31,6	75,8	32,7	62,0	8,9	31,1	34,9	42,0	19,7
9	33,5	75,7	34,3	61,6	8,9	31,1	37,0	41,6	18,7
Yıldız98	24,1	72,8	29,9	61,9	8,3	29,9	7,7	41,3	40,5
11	28,2	73,9	32,6	62,1	8,6	30,4	12,1	45,5	33,9
12	33,2	77,4	33,3	60,2	9,0	30,6	37,5	41,7	18,6
13	23,9	71,1	28,3	62,0	8,5	29,4	3,1	38,3	45,1
14	28,9	74,1	39,5	62,2	8,9	30,9	19,0	46,3	28,0
Ak702	25,0	78,1	27,7	61,4	8,8	30,4	4,6	46,6	41,9
16	23,0	72,8	28,3	60,9	9,0	30,4	1,2	34,0	49,2
17	24,5	72,6	26,5	60,0	9,1	30,6	4,5	36,5	44,6
18	24,4	76,9	28,0	60,8	8,8	29,8	1,3	33,0	53,6
19	25,4	73,8	28,8	61,1	8,6	29,9	8,7	39,6	41,7
Bezostaja1	30,0	80,6	20,1	50,6	10,1	24,4	20,6	49,2	26,2
21	23,8	73,4	30,0	61,4	8,7	29,7	6,7	44,2	38,9
22	24,9	75,0	32,1	60,3	8,8	29,9	8,6	43,0	35,8
23	26,5	75,1	33,6	55,4	10,9	27,6	17,3	44,9	31,2
Çetinel2000	26,3	74,1	29,0	60,6	8,6	29,6	4,5	38,1	47,1
Minimum	**23,0**	**71,1**	**20,1**	**50,6**	**7,9**	**24,4**	**1,2**	**33,0**	**16,1**
Maksimum	**33,5**	**80,6**	**39,5**	**62,7**	**10,9**	**31,5**	**37,5**	**59,4**	**53,6**

*Kuru madde üzerinden verilmiştir

Çizelge 4.6. Sulu koşullarda örneklerin 1000 tane ağırlığı, hektolitre ağırlığı, soyma sayısı, renk ve tane iriliği değerleri

Örnek no	1000 tane ağırlığı (g)*	Hektolitre ağırlığı (kg/hL)	Soyma sayısı %	Renk değerleri			Tane iriliği (%)		
				L*	a*	b*	2.8 mm elek üstü	2.5 mm elek üstü	2.2 mm elek üstü
1	38,6	79,8	31,6	59,7	8,1	29,0	66,5	25,2	6,7
2	36,7	79,2	33,2	58,5	8,9	29,5	45,0	41,7	11,9
3	41,5	80,1	36,0	59,4	9,1	29,6	82,0	13,9	3,0
4	34,7	79,0	35,7	59,5	8,9	30,2	36,1	46,0	15,3
Gerek79	33,5	76,5	33,9	60,1	8,8	30,2	44,8	38,5	13,8
6	34,8	78,0	37,4	60,3	8,7	30,6	31,5	49,8	15,4
7	37,5	80,3	28,3	61,5	8,0	29,6	65,7	28,3	4,9
8	44,3	78,7	36,5	62,3	8,5	31,1	69,4	23,2	5,2
9	42,6	78,3	37,5	61,6	8,4	30,8	62,9	28,7	6,3
Yıldız98	33,8	76,6	35,2	61,5	8,4	30,5	44,9	39,0	14,1
11	39,6	77,3	36,4	60,9	8,9	30,9	50,4	34,3	11,1
12	41,6	78,9	36,8	58,5	9,1	30,3	72,3	22,0	4,2
13	36,1	76,3	34,6	61,3	8,8	30,1	46,4	37,9	13,6
14	42,7	78,9	36,8	60,2	8,9	30,3	64,9	26,5	7,6
Ak702	26,5	77,4	30,3	58,3	9,4	29,1	9,9	46,3	36,9
16	35,4	77,6	35,5	60,8	8,9	31,5	38,3	43,6	16,8
17	38,3	78,4	37,3	61,0	8,8	32,2	59,0	28,9	10,4
18	33,0	79,0	33,8	60,0	9,2	31,0	28,6	50,8	17,1
19	35,3	77,0	34,5	61,1	8,5	30,1	43,1	37,8	14,7
Bezostaja1	42,1	82,4	28,1	50,3	10,2	24,5	78,0	18,0	3,3
21	35,7	78,8	35,0	61,0	8,6	30,5	47,7	40,3	10,1
22	37,7	79,9	33,9	57,9	9,3	30,4	64,6	24,3	8,0
23	39,6	79,5	35,8	54,3	11,6	28,5	74,9	19,9	4,1
Çetinel2000	41,1	78,3	34,8	61,2	8,2	30,3	47,3	41,3	9,8
Minimum	**26,5**	**76,3**	**28,1**	**50,3**	**8,0**	**24,5**	**9,9**	**13,9**	**3,0**
Maksimum	**44,3**	**82,4**	**37,5**	**62,3**	**11,6**	**32,2**	**82,0**	**50,8**	**36,9**

* Kuru madde üzerinden verilmiştir

4.2.1. 1000 tane ağırlığı

1000 tane ağırlığı buğdayın öğütme yeteneği ve un randımanı ile pozitif ilişkili kriter olup, ıslah programlarında yaygın bir şekilde kullanılmaktadırlar (Pomeranz 1971, Atlı 1985). 1000 tane ağırlığının tanenin yoğunluk ve büyüklüğü etkiler (Tipples 1992, Özkaya ve Özkaya 2005). Tane dolgunluğunun çevre şartlarından etkilenmesi nedeni ile 1000 tane ağırlığı çevre şartlarından etkilenmektedir (Atlı 2000). Fakat hektolitre ağırlığına göre 1000 tane ağırlığı daha çok genotipe bağlıdır (Atlı 1987). 1000 tane ağırlığı değerlendirmesi buğday ıslah programlarında materyal sayısının fazla miktarının az olduğu erken generasyonda kullanılmaktadır (Anonim. 2012). Yumuşak buğdayda yerli ve yabancı üreticiler tarafından istenilen 1000 tane ağırlığının >27,0 g olması gerektiği ifade edilmiştir (Souza ve Kweon 2010).

Kuru koşullarda örnekler arasında 1000 tane ağırlığı yönünden önemli istatistiki farklılık bulunmuştur. Kuru koşullarda örneklerin 1000 tane ağırlığı ait varyans analiz sonuçları Çizelge 4.7'de, ortalama değerler ve önemlilik grupları ise Çizelge 4.8'de verilmiştir. 9 no'lu hat en yüksek 1000 tane ağırlığına sahiptir. 1, 2, 3, 7, 8, 11, 12, 14, no'lu hatlar ve Bezostaja1 çeşidi 30,0 g'ın üzerinde 1000 tane ağırlığı ile öne çıkan diğer genotiplerdir.

Çizelge 4.7. Kuru koşullarda örneklerin 1000 tane ağırlığı değerlerine ait varyans analiz sonuçları

Varyasyon kaynakları	SD	KT	KO	F değeri
Tekerrür	2	29,86922	14,93461	2,8177
Çeşit	23	877,8156	38,1659	7,2006**
Hata	46	243,8161	5,3004	
Toplam	71	1151,501		

D.K.: % 7,5 ** : % 1 düzeyinde önemli

Çizelge 4.8. Kuru koşullarda örneklerin 1000 tane ağırlığına ait ortalamalar ve önemlilik grupları

Örnek no	1000 tane ağırlığı (g)	
9	37,8	a
12	36,8	ab
8	35,7	ac
1	34,7	ad
Bezostaja1	33,9	bd
2	33,9	bd
3	33,4	be
7	33,3	be
14	32,6	cf
11	31,9	dg
23	29,9	eh
Çetinel2000	29,7	eı
Gerek79	29,5	fı
19	28,6	gı
Ak702	28,2	gı
22	28,1	gı
6	27,9	hı
17	27,6	hı
18	27,6	hı
4	27,2	hı
Yıldız98	27,1	hı
13	27,0	hı
21	26,8	hı
16	25,9	ı
Ortalama	**30,6**	

A.Ö.F. (0,05): 3,78

Kuru koşullarda incelenen kalite özellikleri arasında yapılan korelasyon analizine göre 1000 tane ağırlığı ile önemli korelasyon değeri veren bazı kalite kriterleri Çizelge 4.9'da verilmiştir. Kuru koşullarda 1000 tane ağırlğı artışı ile un verimi de artış gösterirken (Şekil 4.1); tanede artan 1000 tane ağırlığı ile nişasta birikimine bağlı olarak hem kırma hem de unda oransal olarak protein miktarı düşmüştür. Yapılan çalışmada kuru koşullarda 1000 tane ağırlığının artışı ile artan nişastaya bağlı olarak nişasta jelatinizasyonu ile ilişkili bulunan miksolab C3 ve C3-C2 farkında artış da dikkati çekmiştir.

Çizelge 4.9. Kuru koşullarda 1000 tane ağırlığı ile önemli korelasyon değeri veren bazı kalite kriterleri

Kalite kriteri	Korelasyon katsayısı	n
KIR-PROT	-0,7021**	24
MLAB-C3	0,5890**	22
MLAB-C3-C2	0,6151**	22
ÖĞ-B1	0,5764**	24
ÖĞ-B3	-0,4823*	24
ÖĞ-KKEP	-0,5135*	24
ÖĞ-UNV	0,4713*	24
STK-LAK	-0,4938*	24
UN-PROT	-0,6764**	24
UN-ZSED	-0,4359*	24

** : % 1 düzeyinde önemli *: % 5 düzeyinde önemli

Sulu koşullarda örnekler arasında 1000 tane ağırlığı yönünden önemli istatistiki farklılık bulunmuştur. Sulu koşullarda örneklerin 1000 tane ağırlığı ait varyans analiz sonuçları Çizelge 4.10'da, ortalama değerler ve önemlilik grupları ise Çizelge 4.11'de verilmiştir. Sulu koşullarda 8 no'lu hat en yüksek olmak üzere (44,3 g) 14, 9, 12, 3, Bezostaja1 ve Çetinel2000 aynı grupta ve 40,0 g'ın üzerinde 1000 tane ağırlığı değeri ile öne çıkmışlardır.

Sulu koşullarda incelenen kalite özellikleri arasında yapılan korelasyon analizine göre 1000 tane ağırlığı ile önemli korelasyon değeri veren kalite kriterleri Çizelge 4.12'de verilmiştir. Sulu koşullarda da kuru koşullarda olduğu gibi 1000 tane ağırlığı artışı ile un verimi artış gösterirken (Şekil 4.1) kırma ve un protein miktarları düşmüştür.

Çizelge 4.10. Sulu koşullarda örneklerin 1000 tane ağırlığı değerlerine ait varyans analiz sonuçları

Varyasyon kaynakları	SD	KT	KO	F değeri
Tekerrür	2	54,2338	27,11691	4,0295*
Çeşit	23	1444,213	62,79189	9,3307**
Hata	46	309,5615	6,7296	
Toplam	71	1808,009		

D.K.: % 6,1 ** : % 1 düzeyinde önemli * : % 5 düzeyinde önemli

Çizelge 4.11. Sulu koşullarda örneklerin 1000 tane ağırlığına ait ortalamalar ve önemlilik grupları

Örnek no	1000 tane ağırlığı (g)	
8	49,8	a
14	48,1	ab
9	48,0	ab
Bezostaja1	47,4	ac
12	46,9	ad
3	46,8	ad
Çetinel2000	46,3	ae
11	44,5	bf
23	44,5	bf
1	43,6	cg
17	43,1	dh
22	42,4	eh
7	42,2	eı
2	41,4	fj
13	40,6	fj
21	40,1	gj
19	39,6	gj
16	39,6	gj
6	39,1	hj
4	39,0	hj
Yıldız98	38,0	ıj
Gerek79	37,6	j
18	37,1	j
Ak702	29,9	k
Ortalama	**42,3**	

A.Ö.F. (0,05): 4,26

Çizelge 4.12. Sulu koşullarda 1000 tane ağırlığı ile önemli korelasyon değeri veren kalite kriterleri

Kalite kriteri	Korelasyon katsayısı	n
ASTK	0,5901**	24
KIR-PROT	-0,5544**	24
ÖĞ-İKEP	-0,4418*	24
ÖĞ-KKEP	-0,6943**	24
ÖĞ-TUN	0,4789*	24
ÖĞ-UNV	0,6337**	24
STK-SKAR	0,5421**	24
STK-SU	0,5443**	24
UN-KG	-0,5175**	24
UN-PROT	-0,5594**	24
UN-ZEDN	0,4195*	24

** : % 1 düzeyinde önemli *: % 5 düzeyinde önemli

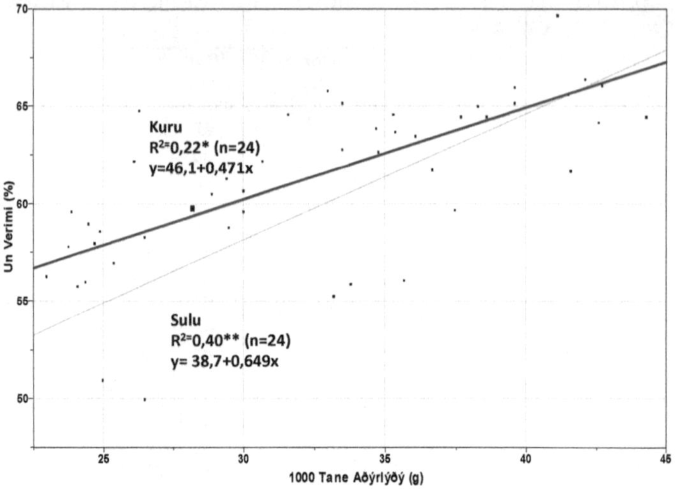

Şekil 4.1. Kuru ve sulu koşullarda un verimi ile 1000 tane ağırlığı arasındaki ilişki

4.2.2. Hektolitre ağırlığı

Hektolitre ağırlığı buğdayın öğütme yeteneği ve un randımanı ile pozitif ilişkili bir kriter olup, ıslah programlarında yaygın bir şekilde kullanılmaktadırlar (Pomeranz 1971, Atlı 1985). Hektolitre ağırlığı genelde çevre koşullarında etkilenirken, 1000 tane ağırlığı daha çok genotipe bağlıdır (Atlı 1987). Hektolitre ağırlığı genetik yapı, çevre şartları ve kültürel uygulamalara göre değişmektedir (Atlı vd. 1999). Buğdayın hektolitre ağırlığına tanenin şekli, yoğunluğu ve tekdüzeliği etki eder. Buğdayın hektolitre ağırlığı ile un verimi arasında önemli pozitif bir ilişki belirtilmiştir (Marshall vd. 1986, Ünal 1991, Atlı 2000, Özkaya ve Özkaya 2005). Hektolitre ağırlığı ticari anlamda en önemli kriterlerden birisidir. Buğday standartlarında yer alan hektolitre ağırlığının birim fiyat oluşumunda önemli etkisi bulunmaktadır (Atlı 2000).

Kuru koşullarda örnekler arasında hektolitre ağırlığı yönünden önemli istatistiki farklılık bulunmuştur. Kuru koşullarda örneklerin hektolitre ağırlığına ait varyans analiz sonuçları Çizelge 4.13'de, ortalama değerler ve önemlilik grupları ise Çizelge 4.14'de verilmiştir. Kuru koşullarda Bezostaja1 çeşidinde hektolitre ağırlığı 80,0 kg'ın üzerine çıkmıştır. 7 no'lu hatta Bezostaja1 ile aynı grupta yer almıştır. 2, 3 no'lu hatlar ile Gerek79 ve Ak702 çeşitleri hektolitre ağırlığı bakımından aynı gruba giren ve iyi değere sahip örneklerdir. Kuru koşullarda genel olarak bakıldığında hat ve çeşitlerin hektolitre ağırlıkları iyi durumdadır. Bisküvilik ve pasta yapım özellikleri iyi olan ve tescil ettirilip üretime sunulan kırmızı kışlık yumuşak buğdaylardan Merl çeşidinde hektolitre ağırlığı 3 yılda ortalamaya göre 76,4 kg (Griffey vd. 2011a) ve SW049029104 çeşidinde ise 25 lokasyon ortalamasına göre 73,2 kg olmuştur (Griffey vd. 2011b).

Çizelge 4.13. Kuru koşullarda örneklerin hektolitre ağırlığı değerlerine ait varyans analiz sonuçları

Varyasyon kaynakları	SD	KT	KO	F değeri
Tekerrür	2	6,34229	3,17115	2,8533
Çeşit	23	407,2995	17,70867	15,9337**
Hata	46	51,12423	1,1114	
Toplam	71	464,766		

D.K.: % 1,4 ** : % 1 düzeyinde önemli

Çizelge 4.14. Kuru koşullarda örneklerin hektolitre ağırlığına ait ortalamalar ve önemlilik grupları

Örnek no	Hektolitre ağırlığı (kg)	
Bezostaja1	80,6	a
7	79,0	ab
3	78,8	bc
Gerek79	78,4	bd
2	78,3	bd
Ak702	78,1	bd
1	77,2	ce
12	77,1	de
18	76,9	de
8	75,8	ef
9	75,7	ef
23	75,1	fg
14	75,1	fg
22	75,0	fg
6	74,5	fh
4	74,3	fı
Çetinel2000	74,1	fı
11	73,9	gı
19	73,8	gı
21	73,4	gı
16	72,8	hj
Yıldız98	72,8	hj
17	72,6	ıj
13	71,1	j
Ortalama	**75,6**	

A.Ö.F. (0,05): 1,73

Kuru koşullarda incelenen kalite özellikleri arasında yapılan korelasyon analizine göre hektolitre ağırlığı ile önemli korelasyon değeri veren bazı kalite kriterleri Çizelge 4.15'de verilmiştir. Hektolitre ağırlığı ile irmik unu verimi-C2 valsi arasında pozitif korelasyon bulunmuştur.

Çizelge 4.15. Kuru koşullarda hektolitre ağırlığı ile önemli korelasyon değeri veren kalite kriterleri

Kalite kriteri	Korelasyon katsayısı	n
DANE-2,2	-0,5678**	24
DANE-2,5	0,6022**	24
DANE-2,8	0,526**	24
DANE-BDA	0,5608**	24
MLAB-C3	0,7013**	22
MLAB-C3-C2	0,6885**	22
MLAB-C4-C3	-0,6694**	22
ÖĞ-B2	-0,6777**	24
ÖĞ-B3	-0,7763**	24
ÖĞ-C2	0,5167**	24
UN-ZEDN	0,4176*	24

** : % 1 düzeyinde önemli *: % 5 düzeyinde önemli

Sulu koşullarda örnekler arasında hektolitre ağırlığı yönünden önemli istatistiki farklılık bulunmuştur. Sulu koşullarda örneklerin hektolitre ağırlığına ait varyans analiz sonuçları Çizelge 4.16'da, ortalama değerler ve önemlilik grupları ise Çizelge 4.17'de verilmiştir. Sulu koşullarda Bezostaja1 çeşidi kuru koşullarda olduğu gibi en yüksek hektolitre ağırlığına sahiptir. Kuru koşullarda iyi hektolitre ağırlığına sahip 7, 3 ve 2 no'lu hatlar ile 22, 1 ve 23 no'lu hatların sulu koşullarda da hektolitre ağırlığı değerleri yüksek olup aynı grupta yer almışlardır.

Çizelge 4.16. Sulu koşullarda örneklerin hektolitre ağırlığı değerlerine ait varyans analiz sonuçları

Varyasyon kaynakları	SD	KT	KO	F değeri
Tekerrür	2	4,10241	2,051206	3,4669*
Çeşit	23	136,2539	5,924084	10,0128**
Hata	46	27,21593	0,59165	
Toplam	71	167,5723		

D.K.: % 0,98 ** : % 1 düzeyinde önemli * : % 5 düzeyinde önemli

Çizelge 4.17. Sulu koşullarda örneklerin hektolitre ağırlığına ait ortalamalar ve önemlilik grupları

Örnek no	Hektolitre ağırlığı (kg)	
Bezostaja1	82,4	a
7	80,3	b
3	80,1	bc
22	79,8	bd
1	79,7	bd
23	79,5	be
2	79,4	be
4	79,0	cf
18	79,0	cf
14	78,9	dg
21	78,8	dg
12	78,7	dg
8	78,7	dg
17	78,4	eh
Çetinel2000	78,3	eh
9	78,3	eh
6	78,0	fı
16	77,6	gı
Ak702	77,4	hk
11	77,3	hk
19	76,9	ık
Yıldız98	76,6	jk
Gerek79	76,5	jk
13	76,3	k
Ortalama	**78,6**	

A.Ö.F. (0,05): 1,26

Sulu koşullarda incelenen kalite özellikleri arasında yapılan korelasyon analizine göre hektolitre ağırlığı ile önemli korelasyon veren kalite kriterleri Çizelge 4.18'de verilmiştir. Hektolitre ağırlığı artışı ile kuru koşullarda C2 valsi ve sulu koşullarda C3 valsi irmik unu verimi artmıştır. Değirmende unun büyük çoğunluğunun irmik unu olduğu düşünüldüğünde hektolitre ağırlığı artışı ile un verimi arasındaki ilişkinin önemli olduğu görülmüştür. Kırma valsi unundaki artış bisküvilik buğdaylardan aranan bir özelliktir. Hektolitre ağırlığındaki artışı ile kırma unu veriminin düşmesi (kuru koşullarda B2 ve B3 kırma valsi unu) daha çok ekmeklik kırmızı-sert çeşit Bezostaja1 ve diğer hatlara göre daha sert tane yapısına sahip 7 no'lu hattın hektolitre ağırlıklarının yüksek olmasından kaynaklanmıştır. Yine sert tane yapısına sahip örneklerin hektolitre ağırlığının daha yüksek olması nedeniyle artan hektolitre ağırlığı ile hem kuru hem de sulu koşullarda zedelenmiş nişasta miktarında artış gözlenmiştir (Şekil 4.2).

Çizelge 4.18. Sulu koşullarda hektolitre ağırlığı ile önemli korelasyon değeri veren kalite kriterleri

Kalite kriteri	Korelasyon katsayısı	n
DANE-BDA	0,4631*	24
DANE-SOYS	-0,4318*	24
KIR-CSDS	0,4162*	24
KIR-MSDS	0,5669**	24
KIR-PSI	-0,7123**	24
ÖĞ-C3	0,5386**	24
UN-ZEDN	0,4773*	24

** : % 1 düzeyinde önemli * : % 5 düzeyinde önemli

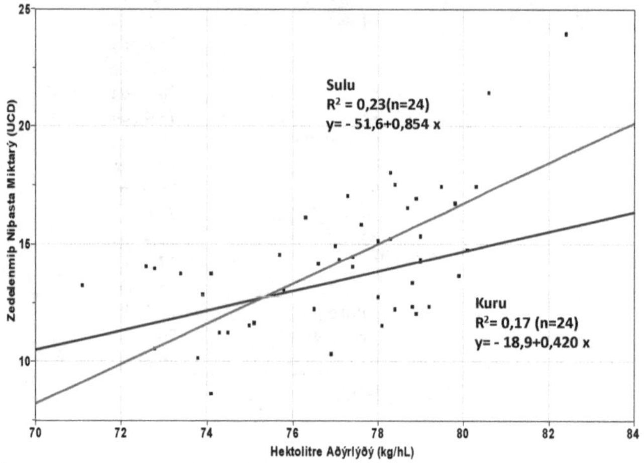

Şekil 4.2. Kuru ve sulu koşullarda zedelenmiş nişasta miktarı ile hektolitre ağırlığı arasındaki ilişki

4.2.3. Tane iriliği

Tane iriliği özelliklerinden 2.8 mm ve 2.5 mm elek üstü değerleri değerlendirilmiştir. 12, 9, 3 ve 8 no'lu hatlar kuru koşullarda en yüksek 2.8 mm elek üstü değeri ile vermişlerdir. Kuru koşullarda 1000 tane ağırlığı iyi olan örneklerin 2,8 mm elek üstü değerleri de yüksek bulunmuştur. Sulu koşullarda 3, 23, 12 ve 8 no'lu hatlar ile Bezostajal çeşidi en yüksek 2.8 mm elek üstü değeri ile dikkati çekmiştir. 22 no'lu hat dışında bu örneklerin kuru koşullarda da 2.8 mm elek üstü değerleri yüksektir. Yalnızca sulu koşullarda 2.8 mm elek üstü ile un verimi arasındaki önemli pozitif ilişki vardır (Şekil 4.3). Kuru koşullarda 1, 7, 2, 3 ve Bezostajal 2.5 mm elek üstü değerleri bakımından yüksek değere sahiplerdir. Sulu koşullarda 18, 6, 4, 16 ve Ak702'nin 2.5 mm elek üstü değeri yüksek bulunmuştur. Kuru koşullarda 2.5 mm elek üstü değeri ile kırma unu verimi-B1 valsi arasındaki ilişki Şekil 4.4'de verilmiştir.

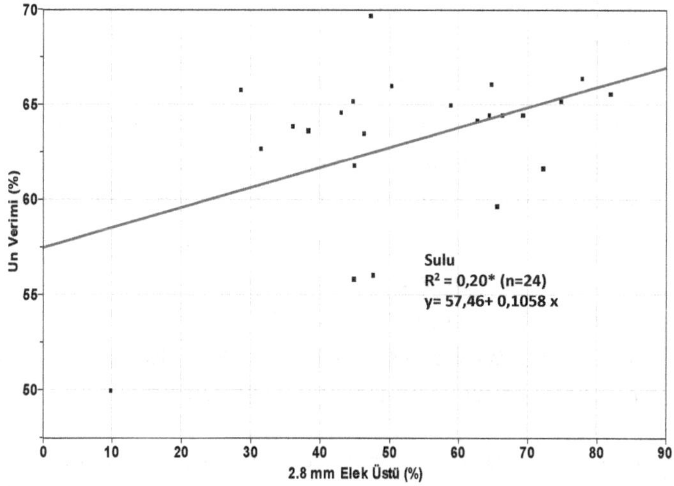

Şekil 4.3. Sulu koşullarda un verimi ile 2.8 mm elek üstü arasındaki ilişki

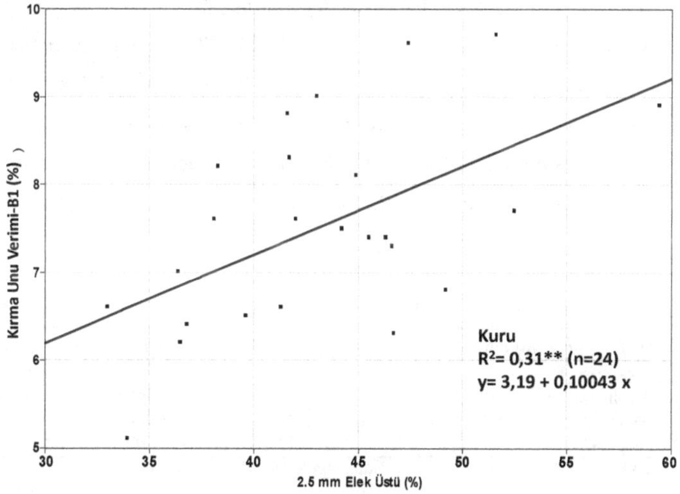

Şekil 4.4. Kuru koşullarda kırma unu verimi-B1 ile 2.5 mm elek üstü arasındaki ilişki

4.2.4. Soyma sayısı değeri

Tane sertliği buğdayın öğütme, pişirme ve son kullanım kalitesini etkilyen önemli bir faktördür (Morris 2002, Giroux ve Morris 1998). Tane sertliği öğütme enerjisi, un partikül büyüklüğü, un verimi, nişasta zedelenmesi, unun su absorpsiyonu, hamurun gelişme süresi ve uzama yeteneğini etkiler (Morris 2002). Yumuşak buğdaylar kek ve pastacılık ürünleri için uygundurlar (Morris ve Rose 1996). Sertlik tayininde en çok kullanılan yöntemler PSI sertlik, soyma sayısı, NIR (Near Infrared Reflectance) spektroskopisi testlerdir (Pomeranz ve Williams 1990, Özkaya ve Özkaya 2005). Soyma sayısı değerleri 10,0-21,0 olanlar çok sert, 22,0-26,0 olanlar sert, 27,0-31,0 olanlar az yumuşak, 32,0-37,0 olanlar yumuşak ve > 37,0 olanlar ise çok yumuşak olarak değerlendirilmektedir (Özkaya ve Özkaya 2005). Düşük protein ve zayıf gluten miktarına sahip yumuşak buğdayların bisküvi yapımı için tercih edildiği belirtilmektedir (Pomeranz ve Williams 1990, Souza vd. 1994, Slade ve Levine 1994, Yamomato vd. 1996, Lin ve Czuchjowska 1997, Özkan vd. 2009).

Kuru koşullarda örnekler arasında soyma sayısı değeri yönünden önemli istatistiki farklılık bulunmuştur. Kuru koşullarda örneklerin soyma sayısı değerine ait varyans analiz sonuçları Çizelge 4.19'da, ortalama değerler ve önemlilik grupları ise Çizelge 4.20'de verilmiştir. Soyma sayısı değerlerine göre 14 no'lu hat çok yumuşak olarak ayrı bir grupta yer almıştır. 3, 6, 8, 9, 11, 12, 22 ve 23 no'lu hatlar yumuşak ve aynı gruptadırlar. 4, 21, 2, 19, 13, 16, 18, 1, Yıldız98, Çetinel2000, Gerek79 ve Ak702 az yumuşak; Bezostaja1 çok sert ve 7 ve 17 no'lu hatlar ise sert olarak değerlendirilebilir. Kuru koşullarda bisküvi yayılma faktörünü açıklamak amacıyla yapılan stepwise analize göre kullanılabilecek Denklem 3, Denklem 5, Denklem 7 ve Denklem 9'da soyma sayısı değeri yer almıştır.

Çizelge 4.19. Kuru koşullarda örneklerin soyma sayısı değerlerine ait varyans analiz sonuçları

Varyasyon kaynakları	SD	KT	KO	F değeri
Tekerrür	2	18,93271	9,46635	1,4101
Çeşit	23	992,3654	43,14632	6,4272**
Hata	46	308,8006	6,7131	
Toplam	71	1320,099		

D.K.: % 8,6   ** : % 1 düzeyinde önemli

Çizelge 4.20. Kuru koşullarda örneklerin soyma sayısı değerine ait ortalamalar ve önemlilik grupları

Örnek no	Soyma sayısı (%)	
14	39,5	a
9	34,3	b
23	33,6	bc
12	33,3	bd
6	33,3	be
8	32,7	bf
11	32,6	bf
22	32,1	bg
3	31,8	bh
4	30,8	bı
21	30,0	bı
Yıldız98	29,9	cı
Gerek79	29,6	cı
2	29,1	dı
Çetinel2000	29,0	eı
19	28,8	fı
13	28,3	gj
16	28,3	gj
18	28,0	gj
Ak702	27,7	hj
1	27,5	hj
17	26,5	ıj
7	24,5	j
Bezostaja1	20,1	k
Ortalama	**30,1**	

A.Ö.F. (0,05): 4.26

Kuru koşullarda incelenen kalite özellikleri arasında yapılan korelasyon analizine göre soyma sayısı önemli korelasyon veren kalite kriterleri Çizelge 4.21'de verilmiştir. Tane yumuşaklığı arttıkça bisküvi kalınlığı ve zedelenmiş nişasta miktarı azalmıştır (Şekil 4.5). Soyma sayısı değerlerinin artışı ile PSI sertlik değeri ve kırma unu verimi artmış; C-SDS sedimentasyon değeri ve farinograf su absorpsiyonu azalmıştır. Kuru koşullarda bisküvi yayılma faktörünü açıklamak amacıyla yapılan stepwise analize göre kullanılabilcek Denklem 3, Denklem 5, Denklem 7 ve Denklem 9'da soyma sayısı değeri yer almıştır.

Çizelge 4.21. Kuru koşullarda soyma sayısı ile önemli korelasyon değeri veren kalite kriterleri

Kalite kriteri	Korelasyon katsayısı	n
BİS-KAL	-0,4126*	24
FARİ-GS	-0,5518**	24
FARİ-SA	-0,5077*	24
FARİ-STAB	-0,4061*	24
FARİ-YD	0,4544*	24
FARİ-YT	0,5257**	24
KIR-CSDS	-0,6651**	24
KIR-MSDS	-0,6223**	24
KIR-PSI	0,7984**	24
MLAB-C5	0,4667*	22
MLAB-C5-C4	0,5211*	22
ÖĞ-B2	0,4157*	24
ÖĞ-B3	0,4379*	24
ÖĞ-KUNU	0,4681*	24
RVA-PV/SV	0,4044*	24
UN-YG	-0,4492*	24
UN-ZEDN	-0,6509**	24

** : % 1 düzeyinde önemli * : % 5 düzeyinde önemli

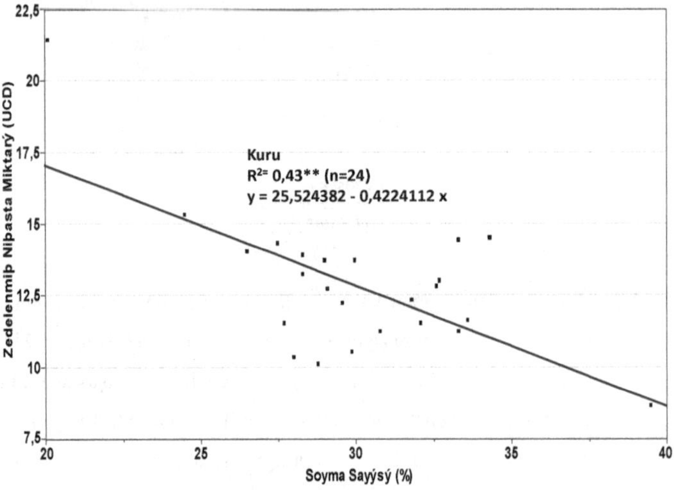

Şekil 4.5. Kuru koşullarda zedelenmiş nişasta miktarı ile soyma sayısı arasındaki ilişki

Sulu koşullarda örnekler arasında soyma sayısı değeri yönünden önemli istatistiki farklılık bulunmuştur. Sulu koşullarda örneklerin soyma sayısı değerine ait varyans analiz sonuçları Çizelge 4.22'de, ortalama değerler ve önemlilik grupları ise Çizelge 4.23'de verilmiştir. Sulu koşullarda soyma sayısı değerlerine bakıldığında tüm hat ve çeşitlerin % 27,0'ın üzerinde yumuşak tane yapısı verdiği görülmüştür. 6 ve 9 no'lu hatlar ile kuru koşullarda sert tane yapısı olan 17 no'lu hat çok yumuşak tane yapısına sahip örnekler olarak aynı gruba girmişlerdir. 14, 12, 8, 11, 3 ve 23 no'lu örneklerinde soyma sayısı değerleri yüksektir. Kuru koşullarda olduğu gibi sulu koşullarda da Bezostaja1 ve 7 no'lu hattın soyma sayısı değerleri en düşük olmuştur. Sulu koşullarda bisküvi yayılma faktörünü açıklamak amacıyla yapılan stepwise analize göre kullanılabilcek Denklem 6, Denklem 8 ve Denklem 11 ve Denklem 12'de soyma sayısı değeri yer almıştır.

Sulu koşullarda incelenen kalite özellikleri arasında yapılan korelasyon analizine göre soyma sayısı ile önemli korelasyon veren kalite kriterleri Çizelge 4.24'te verilmiştir. Buna göre soyma sayısı değeri artışı ile un ve kırma protein miktarı azalmıştır. Kuru koşullarda olduğu gibi sulu koşullarda da soyma sayısı değerlerinin artışı ile Şekil 4.6'da PSI sertlik değeri ve Şekil 4.7'de kırma unu verimi artışı; Şekil 4.8'de CIMMYT SDS sedimentasyon değeri ve Şekil 4.9'da farinograf su absorpsiyonu azalışı görülmektedir. PSI sertlik değeri ile pozitif önemli korelasyon soyma sayısının tane sertliğinin taneden hızlı bir şekilde belirlenmesinde önemli avantajlar sağlayacağını göstermektedir. Ayrıca tane yumuşaklığını artması ile öğütme sırasında kırma valslerinde daha ince granül yapısına sahip un elde edilmekte bu da kolaylıkla eleklerden geçebilmektedir. Bunun sonucunda yumuşak buğdaylarda daha az nişasta zedelenmesi ile kırma unu verimi yükselmektedir. Nişasta zedelenmesinin azalması su absorpisyonunu azaltmakta bu da istenilen bisküvi yapısının oluşmasına yardımcı olmaktadır. Yine miksolab C3-C2 farkı ve C2-C1 farkı ile soyma sayısı arasında çok önemli pozitif korelasyon dikkati çekmiştir. Nişasta jelatinizasyon viskozitesi ilgili olan C3-C2 farkındaki artış nişasta zedelenmesinin yumuşak buğdaylarda daha az olmasından kaynaklanmıştır.

Çizelge 4.22. Sulu koşullarda örneklerin soyma sayısı değerlerine ait varyans analiz sonuçları

Varyasyon kaynakları	SD	KT	KO	F değeri
Tekerrür	2	47,03299	23,51649	2,0955
Çeşit	23	480,8399	20,90608	1,8629*
Hata	46	516,2253	11,2223	
Toplam	46	516,2253	11,2223	

D.K.: % 9,70   * : % 5 düzeyinde önemli

Çizelge 4.23. Sulu koşullarda örneklerin soyma sayısı değerine ait ortalamalar ve önemlilik grupları

Örnek no	Soyma sayısı (%)	
9	37,5	a
6	37,4	a
17	37,3	a
12	36,8	ab
14	36,8	ab
8	36,5	ab
11	36,4	ab
3	36,0	ab
23	35,8	ab
4	35,7	ac
16	35,5	ac
Yıldız98	35,2	ac
21	35,0	ac
Çetinel2000	34,8	ac
13	34,6	ac
19	34,5	ac
Gerek79	33,9	ac
22	33,9	ac
18	33,8	ac
2	33,2	ad
1	31,6	bd
Ak702	30,3	cd
7	28,3	d
Bezostaja1	28,1	d
Ortalama	**34,5**	

A.Ö.F. (0,05): 5,51

Çizelge 4.24. Sulu koşullarda soyma sayısı ile önemli korelasyon değeri veren kalite kriterleri

Kalite kriteri	Korelasyon katsayısı	n
ALVEO-Wa	-0,5412**	24
BİS-ÇAP	0,4919*	24
BİS-YFAK	0,4154*	24
DANE-HL	-0,4318*	24
FARİ-GS	-0,4831*	24
FARİ-SA	-0,5447**	24
FARİ-STAB	-0,4437*	24
KIR-CSDS	-0,6205**	24
KIR-MSDS	-0,6051**	24
KIR-PROT	-0,6062**	24
KIR-PSI	0,6423**	24
MLAB C1	-0,6095**	24
MLAB C2	-0,5467**	24
MLAB C2-C1	0,5995**	24
MLAB C3-C2	0,5403**	24
ÖĞ-B1	0,4787*	24
ÖĞ-B2	0,4609*	24
ÖĞ-B3	0,4104*	24
ÖĞ-C3	-0,5476**	24
ÖĞ-KUNU	0,5683**	24
STK-SAK	-0,5568**	24
UN-PROT	-0,5458**	24
UN-YG	-0,4597*	24
UN-ZSED	-0,5514**	24

** : % 1 düzeyinde önemli * : % 5 düzeyinde önemli

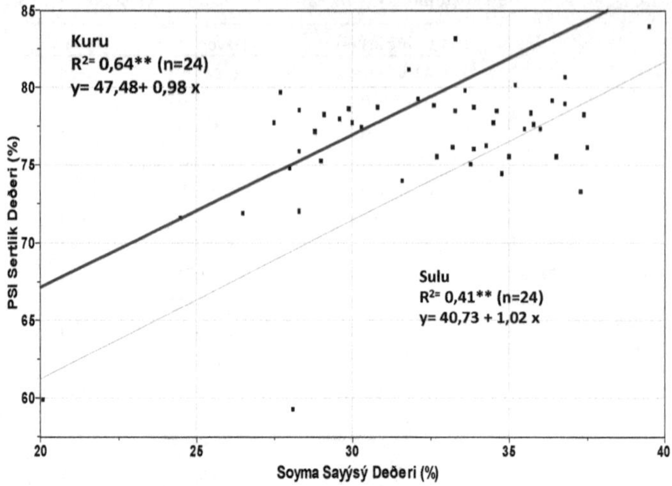

Şekil 4.6. Kuru ve sulu koşullarda PSI sertlik değeri ile soyma sayısı arasındaki ilişki

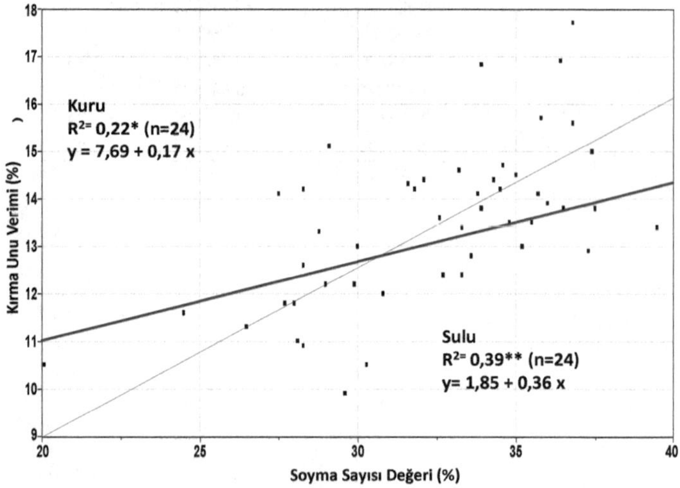

Şekil 4.7. Kuru ve sulu koşullarda kırma un verimi ile soyma sayısı arasındaki ilişki

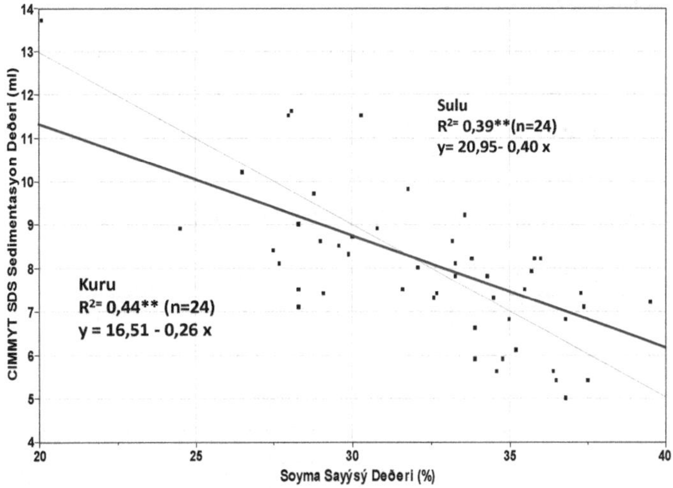

Şekil 4.8. Kuru ve sulu koşullarda CIMMYT SDS sedimentasyon değeri ile soyma sayısı arasındaki ilişki

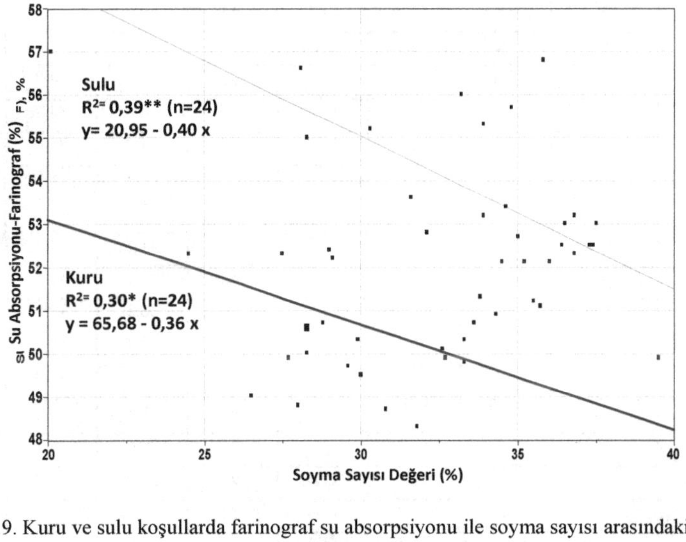

Şekil 4.9. Kuru ve sulu koşullarda farinograf su absorpsiyonu ile soyma sayısı arasındaki ilişki

4.3. Kırma Analizleri

Kırma özelliklerinin yumuşak buğday seleksiyonunda erken generasyonda kullanılabileceği belirtilmiştir (Knott vd. 2009). Araştırmacılar kırma STK-sodyum karbonat değeri ile un STK-sakkaroz (r=0.37), un STK-karbonat (r=0.46) ve un STK-su (r=0.47) arasında pozitif korelasyon bulmuşlardır. Çizelge 4.25'de kuru koşullarda ve Çizelge 4.26'da sulu koşullarda kırma analiz sonuçları verilmiştir.

Çizelge 4.25. Kuru koşullarda kırma analiz sonuçları

Örnek no	C-SDS değeri ml	Protein miktarı (%)*	Nem miktarı (%)	PSI sertlik (%)	M-SDS değeri (ml)	Renk değerleri		
						L*	a*	b*
1	8,4	10,0	11,7	77,7	29,0	88,7	1,7	11,4
2	7,4	10,1	11,6	78,2	29,4	88,7	1,7	10,8
3	9,8	9,8	11,7	81,1	30,5	89,0	1,8	11,1
4	8,9	11,3	11,4	78,7	31,3	88,4	2,0	11,7
Gerek79	8,5	9,9	11,5	77,9	29,3	88,7	1,9	11,9
6	8,1	10,8	11,4	78,4	29,9	87,9	1,9	11,5
7	8,9	10,3	11,5	71,5	32,0	88,6	1,9	11,7
8	7,4	10,0	11,5	75,5	27,6	88,6	2,0	12,3
9	7,8	9,9	11,4	76,2	27,6	88,8	1,9	12,0
Yıldız98	8,3	10,8	11,2	78,6	26,8	88,8	1,9	11,2
11	7,3	9,9	11,5	78,8	30,0	88,7	1,9	11,6
12	7,8	9,7	11,5	83,1	24,9	89,0	1,7	11,0
13	7,5	10,0	11,4	78,5	27,7	88,0	2,1	11,7
14	7,2	10,3	11,4	83,9	29,8	89,0	1,8	11,1
Ak702	8,1	10,5	11,2	79,6	31,3	84,5	2,8	16,6
16	9,0	11,7	11,3	75,8	31,7	87,9	2,2	12,8
17	10,2	11,2	11,2	71,8	30,1	87,8	2,1	13,7
18	11,5	11,2	11,4	74,8	32,1	88,5	2,1	12,6
19	9,7	11,3	11,3	77,1	31,6	87,9	2,1	12,0
Bezostaja1	13,7	11,0	11,5	59,8	39,3	83,4	3,3	13,5
21	8,7	11,2	11,4	77,7	30,4	88,1	2,1	12,1
22	8,0	11,1	11,3	79,2	29,7	88,2	1,9	11,6
23	9,2	11,2	11,4	79,7	30,1	87,3	2,4	10,8
Çetinel2000	8,6	11,3	11,5	75,2	31,9	88,2	2,0	12,6
Minimum	**7,2**	**9,7**	**11,2**	**59,8**	**24,9**	**83,4**	**1,7**	**10,8**
Maksimum	**13,7**	**11,7**	**11,7**	**83,9**	**39,3**	**89**	**3,3**	**16,6**

* N x 5,7 faktör ile hesaplanmış ve kuru madde üzerinden verilmiştir

Çizelge 4.26. Sulu koşullarda kırma analiz sonuçları

Örnek no	C-SDS değeri ml	Protein miktarı (%)*	nem miktarı (%)	PSI sertlik (%)	M-SDS değeri (ml)	Renk değerleri		
						L*	a*	b*
1	7,5	10,3	11,4	73,9	31,9	88,6	1,6	11,0
2	8,6	10,7	11,3	76,1	33,3	88,6	1,7	10,5
3	8,2	10,1	11,3	77,3	33,9	88,9	1,7	10,5
4	7,9	10,3	11,2	78,3	31,5	88,8	1,7	10,6
Gerek79	6,6	9,7	11,1	78,7	29,5	88,5	1,7	10,9
6	7,1	9,9	11,1	78,2	31,3	88,8	1,7	10,6
7	7,1	9,9	11,1	72,0	33,3	88,6	1,8	11,1
8	5,4	8,7	11,1	75,5	28,1	89,4	1,7	11,0
9	5,4	8,8	11,1	76,1	28,6	89,3	1,7	10,8
Yıldız98	6,1	9,2	10,9	80,1	27,3	89,2	1,6	10,2
11	5,6	8,3	11,2	79,1	30,4	89,0	1,6	10,3
12	5,0	8,7	11,2	78,9	28,1	88,3	1,6	10,6
13	5,6	8,7	11,1	78,4	28,0	88,4	1,8	10,3
14	6,8	9,7	11,2	80,6	32,7	89,1	1,6	10,3
Ak702	11,5	12,9	10,8	77,4	37,5	84,7	2,5	14,9
16	7,5	9,8	11,2	77,3	32,6	88,8	1,8	11,4
17	7,4	9,6	11,2	73,2	34,3	88,8	1,7	12,2
18	8,2	10,1	11,1	75,0	34,9	88,6	1,9	12,1
19	7,3	9,7	11,1	77,7	31,2	88,5	1,8	10,9
Bezostaja1	11,6	11,0	11,2	59,2	43,1	84,2	3,0	12,3
21	6,8	9,6	11,2	75,5	31,2	88,8	1,8	10,6
22	5,9	9,4	11,1	76,0	28,4	88,6	1,7	10,7
23	8,2	9,9	11,1	77,6	31,9	87,6	2,2	9,9
Çetinel2000	5,9	9,2	11,4	74,4	31,1	89,0	1,6	11,1
Minimum	**5,0**	**8,3**	**10,8**	**59,2**	**27,3**	**84,2**	**1,6**	**9,9**
Maksimum	**11,6**	**12,9**	**11,4**	**80,6**	**43,1**	**89,4**	**3,0**	**14,9**

* N x 5,7 faktör ile hesaplanmış ve kuru madde üzerinden verilmiştir

4.3.1. Protein miktarı

Buğdayın hangi amaçla kullanılacağı belirlemede protein miktarı temel faktördür (Wesley vd. 2001). Protein miktarı kalıtsal faktörler ve toprak azotu ve iklim koşulları gibi çevresel faktörlere bağlıdır (Bushuk 1988) ve protein miktarı ve kompozisyonundaki değişimler buğday kalitesini önemli miktarda değiştirmektedir (Rousset vd. 1985, Bietz 1988, Borghi vd. 1995). İnce tekstürlü geniş yayılmaya sahip bisküvi üretilmesini sağlayan düşük proteinli, küçük partikül iriliğine sahip yumuşak buğday unları bisküvilik için iyi kalitede un olarak görülmektedir (Yamazaki 1959, Hooseney vd. 1988, Finney 1989, Gainess 1993, Karaduman vd. 2005). Yine düşük protein ve zayıf gluten miktarına sahip yumuşak buğdayların bisküvi yapımı için tercih edildiği belirtilmektedir (Slade ve Levine 1994, Souza vd. 1994). Yumuşak buğdayda yerli ve yabancı üreticiler tarafından istenilen tane protein miktarının % 9,0-11,5 arasında olması önerilmiştir (Quijun vd. 2005, Souza ve Kweon 2010). NIR spektroskopisi protein miktarının belirlenmesinde hızlı düşük maliyetli, mateyal miktarının az ve sayısının çok olduğu durumlarda oldukça verimli bir şekilde kullanılabilmektedir (Pasha vd. 2009). Pedersen vd. (2004) yumuşak bisküvilik buğdaylarda tanede protein miktarının % 10,7-11,3 arasında değiştiğini belirtmişlerdir.

Kuru koşullarda örnekler arasında protein miktarı yönünden önemli istatistiki farklılık bulunmamıştır. Kuru koşullarda örneklerin protein miktarına ait varyans analiz sonuçları Çizelge 4.27'de, ortalama değerler ise Çizelge 4.28'de verilmiştir. 12, 3, 11, 9, 13, 8, 1 no'lu hatlar ve Gerek79 çeşidi % 10,0 ve altında protein miktarı ile dikkati çekmişlerdir.

Sulu koşullarda örnekler arasında protein miktarı yönünden önemli istatistiki farklılık bulunmuştur. Sulu koşullarda örneklerin protein miktarına ait varyans analiz sonuçları Çizelge 4.29'da, ortalama değerler ve önemlilik grupları ise Çizelge 4.30'da verilmiştir. Sulu koşullarda kırma örneklerinde 11, 8, 13, 12 ve 9 no'lu hatlar % 9,0'ın altında protein miktarı ile dikkati çekmişlerdir. Standartlardan Çetinel2000, Yıldız98'de düşük protein miktarına sahiplerdir. Bu hatlar ve standartlar aynı grupta yer almışlardır. Bu hatlardan 12, 11, 9, 13 ve 8'in kuru koşullarda da protein miktarı diğer örneklerden daha düşüktür. Ak702 düşük 1000 tane ağırlığına bağlı olarak sulu koşullarda yüksek protein miktarı vermiştir. Bezostaja1, 2, 1, 4, 3 ve 18 no'lu örneklerin protein miktarları yüksek ve aynı grupta yer almaktadırlar. Bu örneklerden de 4, 18 ve Bezostaja1'in kuru koşullarda da protein miktarları yüksek bulunmuştur.

Çizelge 4.27. Kuru koşullarda örneklerin protein miktarı değerlerine ait varyans analiz sonuçları

Varyasyon kaynakları	SD	KT	KO	F değeri
Tekerrür	2	1,781887	0,890944	0,7496
Çeşit	23	26,67338	1,159712	0,9758
Hata	46	54,67169	1,18851	
Toplam	71	83,12695		

D.K.: % 10,3

Çizelge 4.28. Kuru koşullarda örneklerin protein miktarı değerine ait ortalamalar

Örnek no	Protein miktarı (%)
16	11,7
19	11,3
4	11,3
Çetinel2000	11,3
17	11,2
21	11,2
18	11,2
23	11,1
22	11,1
Bezostaja1	11,0
6	10,8
Yıldız98	10,8
Ak702	10,5
7	10,3
14	10,3
2	10,1
1	10,0
8	10,0
13	10,0
11	9,9
Gerek79	9,9
9	9,9
3	9,8
12	9,7
Ortalama	**10.6**

A.Ö.F. (0,05): Ö.D.

Çizelge 4.29. Sulu koşullarda örneklerin protein miktarı değerlerine ait varyans analiz sonuçları

Varyasyon kaynakları	SD	KT	KO	F değeri
Tekerrür	2	9,317918	4,658959	11,4898**
Çeşit	23	64,08382	2,786253	6,8714**
Hata	46	18,65246	0,40549	
Toplam	71	92,0542		

D.K.: % 6,5 ** : % 1 düzeyinde önemli

Çizelge 4.30. Sulu koşullarda örneklerin protein miktarına ait ortalamalar ve önemlilik grupları

Örnek no	Protein miktarı (%)	
Ak702	13,0	a
Bezostaja1	11,0	b
2	10,7	bc
1	10,3	bd
4	10,3	bd
3	10,1	be
18	10,1	be
6	9,9	ce
23	9,9	ce
7	9,9	ce
16	9,8	ce
Gerek79	9,7	df
14	9,7	df
19	9,7	df
21	9,6	df
17	9,6	df
22	9,4	df
Yıldız98	9,2	eg
Çetinel2000	9,2	eg
9	8,8	fg
12	8,7	fg
13	8,7	fg
8	8,7	fg
11	8,3	g
Ortalama	**9,8**	

A.Ö.F. (0,05): 1.05

Kuru koşullarda incelenen kalite özellikleri arasında yapılan korelasyon analizine göre kırma protein miktarı ile önemli korelasyon veren kalite kriterleri Çizelge 4.31'de verilmiştir.

Çizelge 4.31. Kuru koşullarda kırma protein miktarı ile önemli korelasyon değeri veren kalite kriterleri

Kalite kriteri	Korelasyon katsayısı	n
ALVEO-A	0,4437*	24
ALVEO-EX	0,4281*	24
ALVEO-Wa	0,4048*	24
DSC-JBS	0,5403**	24
DSC-JPS	0,5432**	24
FARİ-GS	0,5494**	24
KIR-CSDS	0,4655*	24
KIR-MSDS	0,500*	24
MLAB-C3	-0,5086*	22
MLAB-C3-C2	-0,5532**	22
MLAB-C4-C3	0,5839**	22
MLAB-STAB	0,5894**	22
ÖĞ-B1	-0,5832**	24
ÖĞ-KUNU	-0,4082*	24
RVA-KD	-0,4778*	24
RVA-PZ	0,5616**	24
STK-LAK	0,5016*	24
UN-KG	0,4850*	24
UN-PROT	0,9687**	24
UN-YG	0,5792**	24
UN-ZSED	0,6873**	24

** : % 1 düzeyinde önemli   * : % 5 düzeyinde önemli

Sulu koşullarda incelenen kalite özellikleri arasında yapılan korelasyon analizine göre önemli korelasyon veren kalite kriterleri ise Çizelge 4.32'de verilmiştir. Sulu ve kuru koşullarda bisküvi fiziksel özellikleri ile kırma protein miktarı arasında önemli ilişki bulunmamıştır. Sulu ve kuru koşullarda kırma protein miktarı artışı ile öğütme özelliklerinden kırma unu veriminde azalma görülmüştür (Şekil 4.10). Kırma unu verimi yüksek unların tercih edilmesi bisküvilik buğdaylarda istenilen düşük protein miktarının da bir göstergesi olmaktadır. Protein miktarı artışı ile gluten kuvvetini arttıran proteinlerde arttığından beklendiği gibi alveo-konsistograf uzayabilirlik ve uzama kabiliyeti (Şekil 4.11), enerji, elastkiyet indeksi, gelişme süresi, su absorpisyonu; CIMMYT, makro SDS ve Zeleny sedimentasyon değerleri, farinograf ve miksolab stabilite; ekstensograf enerji ve uzama yeteneği gibi bisküvilik kalite için düşük olması istenilen değerlerde artışa neden olmuştur. Gluten kalitesinin indikatörü olan ve fonksiyonel proteinler (glutenin) ile ilgili bilgiler sağlayan STK-laktik asit (Slade ve

Levine 1994, Gaines 2000, Guttieri vd. 2001) ile kırma protein miktarı arasındaki pozitif korelasyon da dikkati çekmiştir.

Çizelge 4.32. Sulu koşullarda kırma protein miktarı ile önemli korelasyon değeri veren kalite kriterleri

Kalite kriteri	Korelasyon katsayısı	n
ALVEO-Fb	0,4388*	24
ALVEO-Iec	0,4150*	23
ALVEO-Ex	0,5425**	24
ALVEO-TPrmaks	0,4900*	24
ALVEO-A	0,5216**	24
DSC-JBS	0,4548*	24
DSC-JPS	0,5166**	24
EX-A45'	0,4698*	23
EX-E45'	0,4346*	23
FARİ-STAB	0,5200**	24
KIR-CSDS	0,9187**	24
KIR-MSDS	0,7437**	24
MLAB C3	-0,4204*	24
MLAB C3-C2	-0,5728**	24
ÖĞ-B1	-0,5391**	24
ÖĞ-B2	-0,4075*	24
ÖĞ-C1	-0,4036*	24
ÖĞ-KUNU	-0,5676**	24
ÖĞ-UNV	-0,4560*	24
RVA-PZ	0,5852**	24
STK-LAK	0,5589**	24
UN-KG	0,9007**	24
UN-PROT	0,9854**	24
UN-YG	0,8877**	24
UN-ZSED	0,7228**	24

** : % 1 düzeyinde önemli   * : % 5 düzeyinde önemli

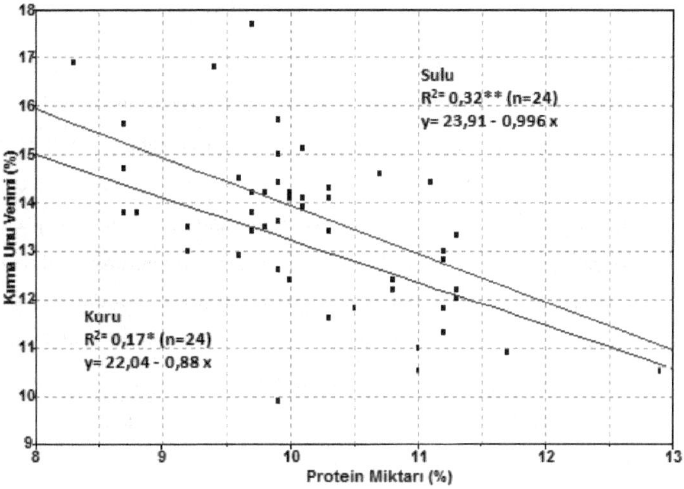

Şekil 4.10. Kuru ve sulu koşullarda kırma unu verimi ile protein miktarı -kırma arasındaki ilişki

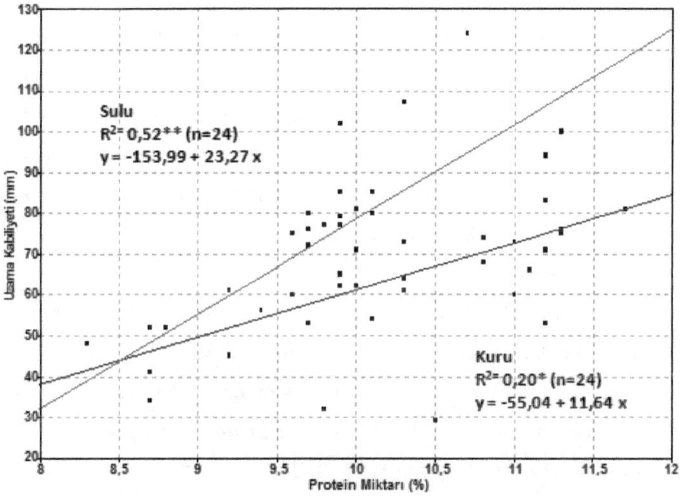

Şekil 4.11. Kuru ve sulu koşullarda uzama kabiliyeti-alveo konsistograf ile protein miktarı-kırma arasındaki ilişki

4.3.2. PSI (Partikül irilik indeksi) sertlik değeri

Tane sertliğinin genetik yapıya bağlı olduğu ve tane endospermindeki proteinler ve nişasta arasındaki bağlantının sonucu olarak ortaya çıktığına inanılmaktadır. Buğday sertliği buğdayın hangi amaçla kullanılacağını gösteren önemli bir veridir (Özkaya ve Özkaya 2005). Nişasta ile proteinler arasındaki bağın özellikleri tam olarak bilinmemektedir. İmmunofloresans konusunda yapılan çalışmalar, protein-nişasta birleşme yüzeyinde sert buğdayların özel bir çözünen protein ihtiva ettiği fakat bunun yumuşak buğdaylarda bulunmadığını göstermiştir (Barlow vd. 1973, Pomeranz ve Williams 1990). Ayrıca yumuşak buğdaylarda endospermdeki nişasta granüllerinin yüzeyinde yapışkanlık özelliği olmayan "friabilin" adlı düşük molekül ağırlıklı bir proteinin bulunduğu, nişasta granüllerinin protein matriksinden kolayca ayrılmasını sağladığı ve protein-nişasta arasındaki bağı zayıflattığı ifade edilmektedir. Bu protein sert buğdaylarda çok azdır, makarnalık buğdaylarda ise hiç yoktur (Nelson ve Lowing 1963, Greenwell ve Schofield 1986, Bettge vd. 1995). Friabilin Puroindoline A ve B'den oluşur. Eğer bu proteinleri sentezleyen genler mutasyon ile kaybolur veya etkisiz olur ise tane sertliği artar (Giraux ve Morris 1998, Lillemo ve Morris 2000, Morris vd. 2001, Morris 2002). Puroindolineler bu yüzden tane sertliğini belirlerler ve un verimi, nişasta zedelenmesi ve su absorpsiyonu üzerinde oldukça yüksek etkileri vardır (Giraux ve Morris 1998, Cane vd. 2004, Hogg vd. 2005). Sertlik tayininde en çok kullanılan yöntemler PSI (partikül irilik indeksi) tespiti (belli miktar buğdayın standardize edilmiş değirmenden öğütülüp elenmesi sonucu alta geçen materyal esas alınmıştır), PI (soyma sayısı), NIR (Near Infrared Reflectance) spektroskopisi testi (farklı irilikteki un taneciklerinin farklı near infrared reflectance özellik göstermeleri esasına dayanır) vb. testlerdir (Pomeranz ve Williams 1990, Özkaya ve Özkaya, 2005). Yüksek PSI sertlik değerleri bisküvi ve kek üretimine uygunluğu göstermektedir (Nelson ve Lowing 1963, Pomeranz ve Williams 1990, Slade ve Levine 1994, Souza vd. 1994, Yamomato vd. 1996, Lin ve Czuchjowska 1997, Özkan vd. 2009).

Kuru ve sulu koşullarda örnekler arasında PSI sertlik değeri yönünden önemli istatistiki farklılık bulunmuştur. Kuru koşullarda örneklerin PSI sertlik değerine ait varyans analiz sonuçları Çizelge 4.33'de, ortalama değerler ve önemlilik grupları ise Çizelge 4.34'de verilmiştir. Sulu koşullarda ise Çizelge 4.35 ve Çizelge 4.36'da verilmiştir.

Kuru koşullarda PSI sertlik değerlerine bakıldığında 14 ve 12 no'lu hatlar en yumuşak hatlar olarak dikkati çekmektedir. 3, 23, 22, 11, 4, 13, 6 no'lu hatlar ile Ak702 ve Yıldız98 PSI sertlik değeri açısından yüksek ve aynı gruba girmişlerdir. Bezostaja1 çeşidinin sertlik değeri oldukça yüksek bulunmuştur. Yine 7 ve 17 no'lu hatlarında Bezostaja1 kadar olmasa da PSI sertlik değeri kuru koşullarda diğer hat ve çeşitlerden düşük olmuştur.

Çizelge 4.33. Kuru koşullarda örneklerin PSI sertlik değerlerine ait varyans analiz sonuçları

Varyasyon kaynakları	SD	KT	KO	F değeri
Tekerrür	2	6,0503	3,02515	1,127
Çeşit	23	1512,582	65,76442	24,5001**
Hata	46	123,4758	2,6843	
Toplam	71	1642,108		

D.K.: % 2,1 ** : % 1 düzeyinde önemli

Çizelge 4.34. Kuru koşullarda örneklerin PSI sertlik değerine ait ortalamalar ve önemlilik grupları

Örnek no	PSI (%)	
14	83,8	a
12	83,1	ab
3	81,1	bc
23	79,7	cd
Ak702	79,6	cd
22	79,2	cd
11	78,8	ce
4	78,7	ce
Yıldız98	78,6	ce
13	78,5	ce
6	78,4	cf
2	78,2	df
Gerek79	77,9	dg
21	77,7	dh
1	77,7	dh
19	77,1	dı
9	76,2	eı
16	75,8	fı
8	75,4	gı
Çetinel2000	75,2	hı
18	74,8	ı
17	71,8	j
7	71,5	j
Bezostaja1	59,8	k
Ortalama	**77,0**	

A.Ö.F. (0,05): 2,69

Sulu koşullarda PSI değerleri açısından 14 no'lu hat kuru koşullarda oldu gibi sulu koşullarda da en yumuşak hat olarak görülmüştür, 11,12, 13, 4, 6 hatları ile Yıldız98 ve Gerek79 çeşitlerinin PSI sertlik değerleri bakımından aynı grupta yer almışlardır. Bezotaja çeşidi kuru koşullarda olduğu gibi çok sert tane yapısına sahiptir. Yine kuru koşullardaki gibi 7, 17, 1 ve Çetinel2000'nin sertlik değeri yüksek olup sulu koşullarda aynı grupta yer almaktadırlar.

Çizelge 4.35. Sulu koşullarda örneklerin PSI sertlik değerlerine ait varyans analiz sonuçları

Varyasyon kaynakları	SD	KT	KO	F değeri
Tekerrür	2	14,5083	7,25414	2,3515
Çeşit	23	1211,404	52,66974	17,0731**
Hata	46	141,9082	3,085	
Toplam	71	1367,821		

D.K.: % 2,31 ** : % 1 düzeyinde önemli

Çizelge 4.36. Sulu koşullarda örneklerin PSI sertlik değerine ait ortalamalar ve önemlilik grupları

Örnek no	PSI (%)	
14	80,6	a
Yıldız98	80,1	ab
11	79,1	ab
12	78,9	ac
Gerek79	78,6	ad
13	78,4	ad
4	78,3	ae
6	78,2	ae
19	77,7	bf
23	77,6	bf
Ak702	77,4	bf
16	77,3	bf
3	77,3	bf
2	76,1	cg
9	76,0	dh
22	76,0	dh
21	75,5	eh
8	75,5	eh
18	75,0	fh
Çetinel2000	74,4	gı
1	73,9	gı
17	73,2	hı
7	72,0	ı
Bezostaja1	59,2	j
Ortalama	**76,1**	

A.Ö.F. (0,05): 2,89

Sulu koşullarda bisküvi yayılma faktörünü açıklamak amacıyla yapılan stepwise analize göre kullanılabilecek Denklem 2, 4, 10 ve 12'de PSI sertlik değeri yer almıştır. Tek başına kırma PSI sertlik değeri bisküvi yayılma faktöründeki varyasyonun yaklaşık % 40'ını açıklamıştır. NIR cihazı ile hızlı ve pratik bir şekilde tane sertliğini gösteren PSI sertlik değeri bu nedenle bisküvilik kalite değerlendirmesinde önemli bilgiler sağlamaktadır.

Kuru koşullarda incelenen kalite özellikleri arasında yapılan korelasyon analizine göre kırma PSI sertlik değeri ile önemli korelasyon veren kalite kriterleri Çizelge 4.37'de ve sulu koşullarda Çizelge 4.38'de verilmiştir. Moiraghi vd. (2011) yaptıkları çalışmada Partikül iriliği ile yayılma faktörü arasında negatif önemli korelasyon ifade edilmiştir (r=-0.43) ve partikül irilik indeksinin de dahil olduğu formülasyon bisküvi çapındaki % 68 varyasyonu açıklamıştır. Yine JinBao vd. (2010) tarafından bisküvi çapı ile un partikül iriliği arasında (r=-0.5667, P<0.01) negatif önemli korelasyon bildirilmiştir. Guttieri vd. (2000) tarafından NIR PSI sertlik değeri ile STK-sakkaroz, sodyum karbonat ve laktik asit arasında önemli korelasyon bildirilmiştir (sırasıyla r=-0.70**; r=-0.57**; r=-0.43*).

Bu çalışmada da PSI sertlik değeri ile sulu ve kuru koşullarda bisküvi yayılma faktörü ve çapı ile pozitif, kalınlığı ile negatif önemli ilişki bulunmuştur. Kuru ve sulu koşullarda alveo-konsistograf su absorpsiyonu, farinograf stabilite, gelişme süresi ve su absorpsiyonu, zedelenmiş nişasta miktarı (Şekil 4.12) ile PSI sertlik değerleri arasında negatif korelasyon elde edilmiştir. Soyma sayısı değerlerinde olduğu gibi artan yumuşaklık ile birlikte nişasta zedelenmesi azalmış ve buna bağlı olarak su absorpsiyonu düşmüştür. Kırma unu verimi ve farinograf yoğurma tolerans değeri ile pozitif korelasyon dikkati çekmiştir. Yumuşaklık artışı ile kırma valslerinde un partikül iriliği azaldığından kırma unu veriminde artışı olmaktadır.

Kuru koşullarda miksolab C2-C1 farkı ile negatif sulu koşullarda ise pozitif korelasyon bulunmuştur. Ayrıca kuru koşullarda bisküvi toplam duyusal puan, miksolab C5 değeri, C5-C4 farkı, RVA pik viskozite/son viskozite oranı ile pozitif ilişki elde edilmiştir. Miksolab cihazında retrogradasyonun bir göstergesi olan C5-C4 farkı ile yumuşaklık arasındaki pozitif korelasyon bisküvilik kalite değerlendirilmesinde retrogradasyonun etkisinin görülmesi bakımından önemli olduğu düşünülmektedir. Retrogradasyondaki bu artış, azalan zedelenmiş nişasta miktarı ve buna paralel azalan su absorpsiyonundan kaynaklanmış olabilir.

Sulu koşullarda ise alveo-konsistograf su absorpsiyonu ve 4 cm'deki enerji değeri, ekstensograf maksimum uzama direnci (90.' ve 135.') ve 5.' uzama direnci (45.', 90.' ve 135.'), miksolab C1, C2 değerleri ve un Zeleny sedimentasyon değeri ile negatif; farinograf yumuşama değeri ve miksolab C3-C2 farkı ile pozitif korelasyon dikkati çekmiştir. STK-sakkaroz, STK-sodyum karbonat, STK-su ve ASTK değerleri ise PSI sertlik değeri artışı ile düşmüştür. Bu durum STK testlerinin bisküvilik buğday ıslah programlarında ayırt edici özelliklerini doğrulamaktadır.

Çizelge 4.37. Kuru koşullarda kırma PSI sertlik değeri ile önemli korelasyon değeri veren kalite kriterleri

Kalite kriteri	Korelasyon katsayısı	n
ALVEO-Wa	-0,5293**	24
BİS-KAL	-0,4400*	24
BİS-ÇAP	0,5247**	24
BİS-DPUAN	0,4235*	24
BİS-KÖ	0,4497*	24
BİS-YFAK	0,4485*	24
DSC-JE	0,4131*	24
FARİ-GS	-0,5965**	24
FARİ-SA	-0,6486**	24
FARİ-STAB	-0,4042*	24
FARİ-YT	0,4336*	24
KIR-CSDS	-0,7523**	24
KIR-MSDS	-0,742**	24
MLAB-C2-C1	-0,4269*	22
MLAB-C5	0,5852**	22
MLAB-C5-C4	0,7273**	22
ÖĞ-İUNU	-0,4581*	24
ÖĞ-KUNU	0,5176**	24
RVA-PV/SV	0,4169*	24
RVA-PZ	-0,4923*	24
UN-KG	-0,4548*	24
UN-YG	-0,5136**	24
UN-ZEDN	-0,7751**	24

** : % 1 düzeyinde önemli * : % 5 düzeyinde önemli

Çizelge 4.38. Sulu koşullarda kırma PSI sertlik değeri ile önemli korelasyon değeri veren kalite kriterleri

Kalite kriteri	Korelasyon katsayısı	n
ALVEO-T	-0,4888*	24
ALVEO-Fb(40)	-0,4788*	23
ALVEO-Wa	-0,6377**	24
ASTK	-0,597**	24
BİS-ÇAP	0,5303**	24
BİS-KAL	-0,5874**	24
BİS-YFAK	0,5812**	24
DSC-JE	0,5344**	24
EX- Rm135'	-0,4887*	23
EX-R5135'	-0,5774**	23
EX-R545'	-0,4462*	23
EX-R590'	-0,6109**	24
EX-Rm90'	-0,5613**	24
FARİ-GS	-0,57**	24
FARİ-SA	-0,4805*	24
FARİ-STAB	-0,6044**	24
FARİ-YD	0,4684*	24
FARİ-YT	0,4423*	24
KIR-CSDS	-0,5227**	24
KIR-MSDS	-0,7108**	24
MLAB C1	-0,7547**	24
MLAB C2	-0,7257**	24
MLAB C2-C1	0,7106**	24
MLAB C3-C2	0,5522**	24
ÖĞ-İUNU	-0,4265*	24
ÖĞ-KUNU	0,540**	24
STK-SAK	-0,6837**	24
STK-SKAR	-0,4558*	24
STK-SU	-0,6624**	24
UN-ZEDN	-0,7602**	24
UN-ZSED	-0,4319*	24

** : % 1 düzeyinde önemli * : % 5 düzeyinde önemli

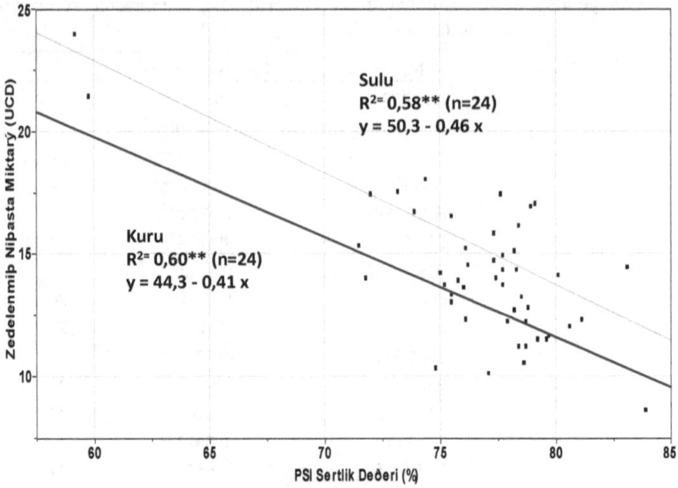

Şekil 4.12. Kuru ve sulu koşullarda zedelenmiş nişasta miktarı ile PSI sertlik değeri arasındaki ilişki

4.3.3. C-SDS (CIMMYT-sodyum dodesil sülfat) sedimentasyon değeri

Elektroforetik ve enstrümental analiz gerektiren glutenin proteinini belirlemeye göre daha pratik olan SDS ve Zeleny sedimentasyon testleri (Axford vd. 1979) bir çok araştırma kuruluşu tarafından, glutenin miktarının, ya da dolaylı olarak gluten kuvvetinin yarı kantitatif tahmininde kullanılmaktadır. SDS sedimentasyon değeri protein miktarının yanında protein kalitesi hakkında bilgiler sağlamaktadır. SDS sedimentasyon değeri gluten polimerinin laktik asit ve sodyum dodesil sülfat (SDS) ortamındaki hidrasyon kabiliyetinin ölçüsüdür. SDS sedimentasyon değeri hamur gelişme süresi ve ekmek hacmi ile önemli oranda korelasyon vermektedir. Dolayısıyla gluten kuvvetinin ve hamur uzama yeteneğinin tahminlenmesini sağlamaktadır. SDS sedimentasyon değeri/protein miktarının ıslah programların gluten kuvvetinin belirlenmesindeki önemi belirtilmiştir (Pena 2012). Yüksek SDS sedimentasyon değeri kuvvetli gluten ve iyi ekmeklik kaliteyi göstermektedir (Axford vd. 1978, 1979, Blackman ve Gill 1979, Dexter vd. 1980, Preston vd. 1982, Dick ve Quick 1983, Lorenzo ve Kronstad 1987, Ayoub vd. 1993). SDS sedimentasyon testi Zeleny sedimentasyon testinin bir modifikasyonudur, az miktarda kırma unu değerlendirilir, basit ve tekrarlanabilir bir testtir. Islah programlarında gluten kuvvetinin tahmin edilmesinde kullanılmaktadır. SDS sedimentasyon testlerinin çevreden çok kalıtımın etkisinde olduğu değişik araştırıcılar tarafından belirlenmiştir (Zeleny 1971, Atlı 1987). C-SDS sedimentasyon metodu ıslah programlarında yaygın bir şekilde kullanılmaktadır (Pena 2012). Yumuşak buğday ve topbaş buğday ıslah programlarında da son ürün kalitesinin tahminlenmesinde de başarılı bir şekilde kullanılabileceği; yumuşak ve club buğdaylar zayıf gluten yapılarından dolayı düşük SDS sedimentasyon değerine sahip olmaları gerektiği belirtilmiştir (Carter vd. 1999). SDS sedimentasyon değeri ve kırma STK-sodyum karbonat bu yüzden farklı karakterleri değerlendirmek için kullanılabilir. Bu 2 testin (SDS sedimentasyon değeri ve kırma STK-sodyum karbonat) yüksek un verimine sahip, çapı daha geniş bisküvi eldesini sağlayan yumuşak buğday seleksiyonunda hedefe ulaşmada etkili kriterler olabileceği de ifade edilmiştir (Guttieri vd. 2004).

Kuru koşullarda örnekler arasında C-SDS sedimentasyon değeri yönünden önemli istatistiki farklılık bulunmuştur. Kuru koşullarda örneklerin C-SDS sedimentasyon değerine ait varyans analiz sonuçları Çizelge 4.39'da, ortalama değerler ve önemlilik grupları ise Çizelge 4.40'da verilmiştir. Kuru koşullarda C-SDS sedimentasyon değeri açısından 14, 11, 8, 9, 2, 13 ve 12 hatlar denemede en düşük değer vermişlerdir. Bezostaja1, 17 ve 18'in ise C-SDS sedimentasyon değeri yüksektir.

Sulu koşullarda örnekler arasında C-SDS sedimentasyon değeri yönünden önemli istatistiki farklılık bulunmuştur. Kuru koşullarda örneklerin C-SDS sedimentasyon değerine ait varyans analiz sonuçları Çizelge 4.41'de, ortalama değerler ve önemlilik grupları ise Çizelge 4.42'de verilmiştir. Sulu koşullarda C-SDS sedimentasyon değeri 8, 9, 11, 12, 13, 22 hatlarda ve Yıldız98 ve Çetinel2000 çeşitlerinde düşük ve aynı grupta bulunmuştur. Bezostaja1 kuru koşullarda olduğu gibi sulu koşullarda da yüksek C-SDS sedimentasyon değerine sahiptir.

Çizelge 4.39. Kuru koşullarda örneklerin C-SDS sedimentasyon değerlerine ait varyans analiz sonuçları

Varyasyon kaynakları	SD	KT	KO	F değeri
Tekerrür	2	4,83423	2,417116	0,9842
Çeşit	23	147,9646	6,433244	2,6195**
Hata	46	112,9728	2,45593	
Toplam	71	265,7716		

D.K.: % 17,9 ** : % 1 düzeyinde önemli

Çizelge 4.40. Kuru koşullarda örneklerin C-SDS sedimentasyon değerine ait ortalamalar ve önemlilik grupları

Örnek no	C-SDS değeri (ml)	
Bezostaja1	13,7	a
18	11,5	ab
17	10,2	bc
3	9,7	bd
19	9,4	bd
23	9,4	bd
4	8,9	bd
16	8,9	cd
7	8,8	cd
21	8,7	cd
Çetinel2000	8,6	cd
Gerek79	8,5	cd
1	8,3	cd
Yıldız98	8,3	cd
Ak702	8,1	cd
6	8,1	cd
22	8,0	cd
9	7,8	cd
12	7,7	d
13	7,5	d
2	7,4	d
8	7,4	d
14	7,3	d
11	7,3	d
Ortalama	**8,7**	

A.Ö.F. (0,05): 2,58

Çizelge 4.41. Sulu koşullarda örneklerin C-SDS sedimentasyon değerlerine ait varyans analiz sonuçları

Varyasyon kaynakları	SD	KT	KO	F değeri
Tekerrür	2	12,77753	6,388764	8,4974**
Çeşit	23	197,9769	8,607692	11,4488**
Hata	46	34,58487	0,75184	
Toplam	71	245,3393		

D.K.: % 12,0 ** : % 1 düzeyinde önemli

Çizelge 4.42. Sulu koşullarda örneklerin C-SDS sedimentasyon değerine ait ortalamalar ve önemlilik grupları

Örnek no	C-SDS değeri (ml)	
Bezostaja1	11,6	a
Ak702	11,5	a
2	8,7	b
23	8,4	bc
3	8,3	bc
18	8,2	bd
4	7,8	be
1	7,5	bf
16	7,5	bf
17	7,4	bf
19	7,3	bg
6	7,0	ch
7	7,0	ch
21	6,8	dı
14	6,8	ej
Gerek79	6,6	ej
Yıldız98	6,1	fk
Çetinel2000	5,9	gk
22	5,8	hk
13	5,6	hk
11	5,6	ık
8	5,4	jk
9	5,4	jk
12	5,0	k
Ortalama	**7,2**	

A.Ö.F. (0,05): 1,43

Çalışmada incelenen kalite özellikleri arasında yapılan korelasyon analizine göre kırma C-SDS sedimentasyon değeri ile önemli korelasyon veren kalite kriterleri kuru koşullarda Çizelge 4.43'de ve sulu koşullarda 4.44'de verilmiştir. Kuru ve sulu koşullarda bisküvi yayılma faktörü ile C-SDS sedimentasyon değeri arasında ilişki bulunmamıştır. Kuru ve sulu koşullarda kırma C-SDS sedimentasyon değeri ile gluten kuvvetinin bir ölçüsü olan solvent tutma kapasitesi laktik asit arasında önemli pozitif korelasyon bulunmuştur. STK-laktik asit testi ıslah programlarında materyal sayısının fazla miktarının az olduğu kademelerde kullanılabilir. Knott vd. (2009) kırma sedimentasyon değeri ile STK-laktik arasında önemli korelasyon bulmuşlardır (r=0.37). Yine kırma SDS sedimentasyon değeri ile un proteini, STK-sakkaroz ve STK-laktik asit arasında çok önemli pozitif korelasyon Guttieri vd. (2000) tarafından bildirilmiştir (sırasıyla r=0.54**; r=0.63** ve r=0.85**). Guttieri vd. (2004) yaptıkları çalışmada kırma SDS sedimentasyon değeri ile un STK-laktik arasında önemli korelasyon bulmuşlardır (r=0.74–0.93). Sulu ve kuru koşullarda kırma C-SDS sedimentasyon değeri ile kırma makro-SDS ve Zeleny sedimentasyon değerleri (Şekil 4.13) ve protein, yaş ve kuru gluten miktarları arasında çok önemli pozitif korelasyon dikkati çekmiştir. Yine hem kuru hem sulu koşullarda C-SDS sedimentasyon değeri ile hamur reolojik özelliklerinden alveo-konsistograf enerji değeri (Şekil 4.14), farinograf gelişme süresi ve stabilite değeri pozitif; farinograf yumuşama ve yoğurma tolerans değeri negatif korelasyon vermiştir. Sulu koşullarda ekstensograf maksimum, 5.' uzama direnci ve enerji değeri; kuru koşullarda miksolab C2-C1 ve stabilite ile pozitif korelasyon görülmüştür. Gluten kuvvetin göstergesi olan hamur reolojik özellikleri analiz sonuçlarına göre kırmadan çok az örnek miktarı ile (1 g) kalite hakkında bilgiler sağlayan C-SDS sedimentasyon değeri analizi ıslah programlarında oldukça yarayışlı görülmüştür.

Çizelge 4.43. Kuru koşullarda kırma C-SDS değeri ile önemli korelasyon değeri veren kalite kriterleri

Kalite kriteri	Korelasyon katsayısı	n
ALVEO-Fb	0,5319**	24
ALVEO-Iec	0,5214*	22
FARİ-GS	0,598**	24
FARİ-STAB	0,7918**	24
FARİ-YD	-0,7033**	24
FARİ-YT	-0,7444**	24
KIR-MSDS	0,7836**	24
KIR-PROT	0,4655*	24
KIR-PSI	-0,7523**	24
MLAB-C2-C1	0,4225*	22
MLAB-C5	-0,4405*	22
MLAB-C5-C4	-0,5003*	22
MLAB-STAB	0,5583**	22
ÖĞ-KUNU	-0,5087*	24
RVA-PZ	0,5297**	24
STK-LAK	0,4865*	24
UN-KG	0,5456**	24
UN-PROT	0,5189**	24
UN-YG	0,6165**	24
UN-ZEDN	0,4835*	24
UN-ZSED	0,6914**	24

** : % 1 düzeyinde önemli * : % 5 düzeyinde önemli

Çizelge 4.44. Sulu koşullarda kırma C-SDS sedimentasyon değeri ile önemli korelasyon değeri veren kalite kriterleri

Kalite kriteri	Korelasyon katsayısı	n
ALVEO-A	0,4614*	24
ALVEO-Ex	0,4819*	24
ALVEO-Fb	0,5759**	24
ALVEO-Iec	0,5447**	23
ALVEO-Fb(40)	0,4205*	23
ALVEO-Tprmaks	0,4582*	24
DSC-JBS	0,4421*	24
DSC-JPS	0,5522**	24
EX-Rm135'	0,5335**	23
EX-A45'	0,5345**	23
EX-R5135'	0,525*	23
EX-R590'	0,4821*	24
EX-Rm45'	0,4765*	23
EX-Rm90'	0,5012*	24
FARİ-GS	0,488*	24
FARİ-STAB	0,7055**	24
FARİ-YD	-0,5092*	24
FARİ-YT	-0,5496**	24
KIR-MSDS	0,9073**	24
KIR-PROT	0,9187**	24
KIR-PSI	-0,5227**	24
MLAB C1	0,4816*	24
MLAB C2	0,5362**	24
MLAB C2-C1	-0,4059*	24
MLAB C3-C2	-0,5856**	24
ÖĞ-B1	-0,4968*	24
ÖĞ-B2	-0,4806*	24
ÖĞ-B3	-0,4728*	24
ÖĞ-C3	0,4730*	24
ÖĞ-KUNU	-0,5925**	24
RVA-PZ	0,6495**	24
STK-LAK	0,6912**	24
UN-KG	0,8315**	24
UN-PROT	0,8991**	24
UN-YG	0,9419**	24
UN-ZSED	0,7741**	24

** : % 1 düzeyinde önemli * : % 5 düzeyinde önemli

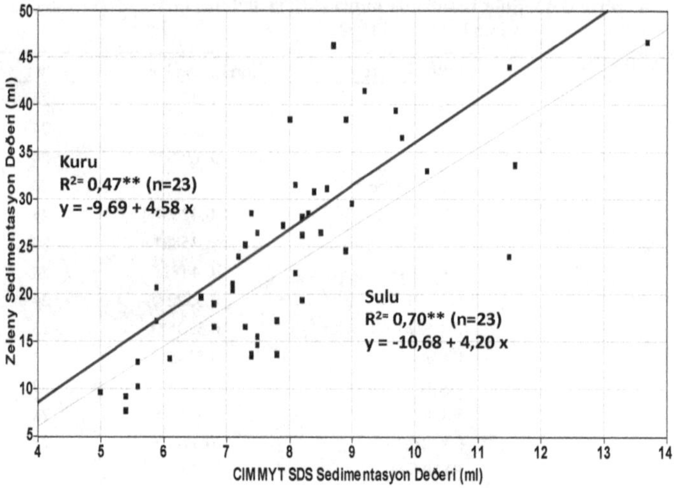

Şekil 4.13. Kuru ve sulu koşullarda Zeleny sedimentasyon değeri ile C-SDS sedimentasyon değeri arasındaki ilişki

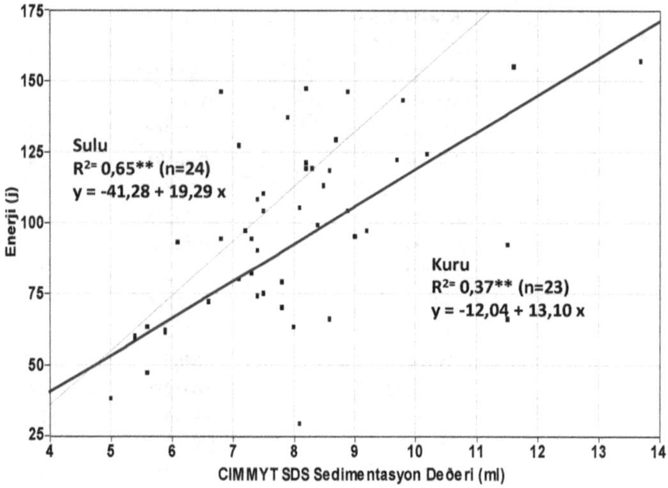

Şekil 4.14. Kuru ve sulu koşullarda enerji-alveo-konsistograf ile C-SDS sedimentasyon değeri arasındaki ilişki

4.3.4. M-SDS (makro-sodyum dodesil sülfat) sedimentasyon değeri

Sedimentasyon analizi (Zeleny testi) seyreltik laktik asitte un süspansiyonunun hacmini ölçülerek elde edilen çökme miktarı gluteninlerin şişmesi ile ilişkilidir (Eckert vd. 1993). Zeleny sedimentasyon testinin modifikasyonu olan SDS sedimentasyon analizinde SDS-laktik asit solusyonu kullanılır ve Zeleny sedimentasyonla aynı prensiple çalışmaktadır (Anonymous 2000b). SDS sedimentasyon analizi unun ekmeklik özelliklerinin değerlendirilmesi için uygun bir indikatördür (Axford vd.1979, Dick ve Quick 1983) ve ıslah programlarında seleksiyon için uygun bir araçtır (Carter vd. 1999). Yüksek SDS sedimentasyon değeri kuvvetli gluten ve iyi ekmeklik kaliteyi gösterir (Axford vd. 1978, 1979, Blackman ve Gill 1980, Dexter vd. 1980, Preston vd. 1982, Dick ve Quick 1983, Lorenzo ve Kronstad 1987, Ayoub vd. 1993). Yumuşak ve topbaş buğdaylar zayıf gluten yapılarından dolayı düşük SDS sedimentasyon değerine sahip olmalıdırlar (Carter vd. 1999).

Kuru koşullarda örnekler arasında M-SDS sedimentasyon değeri yönünden önemli istatistiki farklılık bulunmuştur. Kuru koşullarda örneklerin M-SDS sedimentasyon değerine ait varyans analiz sonuçları Çizelge 4.45'de, ortalama değerler ve önemlilik grupları ise Çizelge 4.46'da verilmiştir. Kuru koşullarda 12, 8, 9, 13 ve Yıldız98 düşük M-SDS sedimentasyon değeri ile aynı grupta yer almışlardır. 1, 2, 22, 14, 6 ve Gerek79'un da M-SDS değeri 30,0 ml'nin altındadır. Bu hatların C-SDS sedimentasyon değerleri de kuru koşullarda düşüktür.

Sulu koşullarda örnekler arasında M-SDS sedimentasyon değeri yönünden önemli istatistiki farklılık bulunmuştur. Sulu koşullarda örneklerin M-SDS sedimentasyon değerine ait varyans analiz sonuçları Çizelge 4.47'de, ortalama değerler ve önemlilik grupları ise Çizelge 4.48'de verilmiştir. Sulu koşullarda M-SDS sedimentasyon değerlerinin 8, 9, 12, 13, 22 hatlarda ve Yıldız98 ve Gerek79 çeşitlerinde düşük ve aynı gruptadır. Bu hatların ve çeşitlerin kuru koşullarda da M-SDS sedimentasyon değerleri düşüktür.

Çizelge 4.45. Kuru koşullarda örneklerin M-SDS sedimentasyon değerlerine ait varyans analiz sonuçları

Varyasyon kaynakları	SD	KT	KO	F değeri
Tekerrür	2	4,40615	2,20308	0,3534
Çeşit	23	485,0377	21,0886	3,3832**
Hata	46	286,7366	6,2334	
Toplam	71	776,1804		

D.K.: % 8,3 ** : % 1 düzeyinde önemli

Çizelge 4.46. Kuru koşullarda örneklerin M-SDS sedimentasyon değerine ait ortalamalar ve önemlilik grupları

Örnek no	M-SDS sedimentasyon değeri (ml)	
Bezostaja1	39,3	a
18	32,1	b
7	32,0	b
Çetinel2000	31,9	b
16	31,7	bc
19	31,6	bd
4	31,3	bd
Ak702	31,2	bd
3	30,5	be
21	30,4	be
17	30,1	be
23	30,1	be
11	30,0	be
6	29,9	be
14	29,8	be
22	29,7	be
2	29,4	be
Gerek79	29,3	be
1	29,0	be
13	27,7	cf
9	27,6	df
8	27,6	df
Yıldız98	26,8	ef
12	24,9	f
Ortalama	**30,2**	

A.Ö.F. (0,05): 4,1

Çizelge 4.47. Sulu koşullarda örneklerin M-SDS sedimentasyon değerlerine ait varyans analiz sonuçları

Varyasyon kaynakları	SD	KT	KO	F değeri
Tekerrür	2	23,57791	11,78896	3,62*
Çeşit	23	835,5766	36,32942	11,1555**
Hata	46	149,8055	3,2566	
Toplam	71	1008,96		

D.K.: % 5,7 ** : % 1 düzeyinde önemli * : % 5 düzeyinde önemli

Çizelge 4.48. Sulu koşullarda örneklerin M-SDS sedimentasyon değerine ait ortalamalar ve önemlilik grupları

Örnek no	M-SDS sedimentasyon değeri (ml)	
Bezostaja1	43,1	a
Ak702	37,5	b
18	34,9	bc
17	34,3	cd
3	33,9	ce
2	33,3	cf
7	33,3	cf
14	32,7	cf
16	32,6	cf
23	31,9	dg
1	31,9	dg
4	31,5	dh
6	31,3	dı
21	31,2	eı
19	31,2	eı
Çetinel2000	31,1	eı
11	30,4	fj
Gerek79	29,5	gk
9	28,6	hk
22	28,4	ık
8	28,1	jk
12	28,1	jk
13	27,9	jk
Yıldız98	27,3	k
Ortalama	**31,8**	

A.Ö.F. (0,05): 2,97

Araştırmada incelenen kalite özellikleri arasında yapılan korelasyon analizine göre kırma MSDS değeri ile önemli korelasyon veren kalite kriterleri kuru koşullarda Çizelge 4.49'da ve sulu koşullarda 4.50'de verilmiştir. Yalnız sulu koşullarda M-SDS sedimentasyon değeri ile bisküvi yayılma faktörü arasında ve yalnız kuru koşullarda bisküvi toplam duyusal puan ile M-SDS sedimentasyon değeri arasında negatif önemli korelasyon bulunmuştur. M-SDS değeri ile C-SDS sedimentasyon ve Zeleny sedimentasyon değeri arasında kuru ve sulu koşullarda çok önemli pozitif korelasyon bulunmuştur. NIR cihazı ile belirlenen M-SDS değeri bu anlamda hızlı seleksiyona uygun bir test olarak kullanılabileceğini göstermektedir. Kuru ve sulu koşullarda M-SDS sedimentasyon değeri artışı ile kırma ve un protein miktarı artmıştır. Kuru ve sulu koşullarda hamur reolojik özelliklerinden alveo-konsistograf 4 cm'deki enerji ve elastkiyet indeksi, farinograf gelişme süresi ve stabilite değeri ile M-SDS sedimentasyon değeri arasında pozitif; farinograf yumuşama ve yoğurma tolerans sayısı arasında negatif korelasyon belirlenmiştir.

Çizelge 4.49. Kuru koşullarda kırma M-SDS değeri ile önemli korelasyon değeri veren kalite kriterleri

Kalite kriteri	Korelasyon katsayısı	n
ALVEO-D250	-0,4418*	24
ALVEO-Fb(40)	0,4411*	22
ALVEO-Iec	0,5113*	22
ALVEO-Tol	0,4695*	23
ALVEO-Wa	0,4255*	24
BİS-DPUAN	-0,6431**	24
BİS-KKUV	-0,4813*	24
BİS-KÖ	-0,5417**	24
BİS-TÖ	-0,5861**	24
BİS-YGÖ	-0,5649**	24
DSC-JPS	0,4038*	24
FARİ-GS	0,6691**	24
FARİ-SA	0,5341**	24
FARİ-STAB	0,5991**	24
FARİ-YD	-0,4957*	24
FARİ-YT	-0,5333**	24
KIR-CSDS	0,7836**	24
KIR-PROT	0,5000*	24
KIR-PSI	-0,742*	24
MLAB-C2-C1	0,4259*	22
MLAB-C5-C4	-0,5732**	22
MLAB-STAB	0,6289**	22
ÖĞ-C2	0,4176*	24
ÖĞ-KUNU	-0,4747*	24
RVA-PZ	0,7823**	24
UN-KG	0,6062**	24
UN-PROT	0,5234**	24
UN-YG	0,6567**	24
UN-ZEDN	0,4610*	24
UN-ZSED	0,6533**	24

** : % 1 düzeyinde önemli * : % 5 düzeyinde önemli

Çizelge 4.50. Sulu koşullarda kırma M-SDS değeri ile önemli korelasyon değeri veren kalite kriterleri

Kalite kriteri	Korelasyon katsayısı	n
ALVEO-Fb	0,5431**	24
ALVEO-Iec	0,4967*	23
ALVEO- Fb(40)	0,4498*	23
BİS-KAL	0,4096*	24
BİS-YFAK	-0,4062*	24
EX- Rm135'	0,593**	23
EX-R5135'	0,6504**	23
EX-R590'	0,6255**	24
EX-Rm45'	0,4608*	23
EX-Rm90'	0,6094**	24
FARİ-GS	0,5134*	24
FARİ-STAB	0,7486**	24
FARİ-YD	-0,5644**	24
FARİ-YT	-0,5646**	24
KIR-CSDS	0,9073**	24
KIR-PROT	0,7437**	24
KIR-PSI	-0,7108**	24
MLAB C1	0,5987**	24
MLAB C2	0,6446**	24
MLAB C2-C1	-0,5188**	24
MLAB C3-C2	-0,5735**	24
ÖĞ-B2	-0,561**	24
ÖĞ-B3	-0,4122*	24
ÖĞ-C3	0,5925**	24
ÖĞ-KUNU	-0,5373**	24
RVA-İD	-0,4378*	24
RVA-PZ	0,5424**	24
STK-LAK	0,6233**	24
STK-SAK	0,4703*	24
UN-KG	0,6576**	24
UN-PROT	0,7098**	24
UN-YG	0,8237**	24
UN-ZEDN	0,4447*	24
UN-ZSED	0,6965**	24

** : % 1 düzeyinde önemli * : % 5 düzeyinde öneml

4.4. Öğütme Denemesi

Çizelge 4.51'de kuru koşullarda ve Çizelge 4.52'de sulu koşullarda örneklere ait öğütme sonuçları, minimum maksimum değerleri ile birlikte verilmiştir. Yumuşak buğdayların endosperminde proteinler ile nişasta arasındaki bağ zayıf olduğundan kolay kırılabilir özelliktedir ve daha az basınç uygulamakla parçalanabilirler, nişasta granülleri fazla parçalanmaz (Harwood 1982, Hooseney vd. 1988, Faridi vd. 1994). Yumuşak buğday endosperminin kolay parçalanabilir olması kırma sisteminde fazla un oluşmasına neden olur. Yumuşak buğday değirmenlerinin kırma sisteminde sert buğdaylara göre daha fazla kırma unu ve daha az sınıflandırma materyali meydana geldiği belirtilmiştir (Posner ve Hibbs 1997).

Çizelge 4.51. Kuru koşullarda örneklere ait öğütme analiz sonuçları *

Örnek no	B1 %	B2 %	B3 %	Kırma unu %	Kaba kepek %	C1 %	C2 %	C3 %	İrmik unu %	İnce kepek %	Toplam un %	Un verimi %
1	8,9	3,7	1,5	14,1	21,4	18,9	16,9	8,6	44,4	14,8	58,5	62,1
2	9,7	3,8	1,5	15,1	23,1	17,9	14,9	8,0	40,7	15,6	55,8	59,5
3	9,6	3,2	1,4	14,2	21,4	17,2	12,9	8,1	38,2	16,7	52,4	58,7
4	6,4	3,9	1,7	12,0	23,9	17,1	13,3	8,2	38,6	17,9	50,6	55,7
Gerek79	6,3	2,2	1,4	9,9	19,7	19,2	17,4	7,7	44,3	14,1	54,1	62,1
6	7,0	3,8	1,6	12,4	23,3	16,3	13,5	8,7	38,5	15,4	51,0	57,9
7	7,7	2,7	1,2	11,6	22,6	18,5	18,4	8,8	45,6	14,2	57,2	61,2
8	7,6	3,5	1,4	12,4	21,0	17,2	14,8	10,9	43,0	14,8	55,4	64,5
9	8,8	4,0	1,7	14,4	20,8	18,1	15,2	7,9	41,2	13,0	55,7	62,7
Yıldız98	6,6	3,8	1,8	12,2	24,9	13,0	10,7	5,8	29,6	12,5	41,7	55,7
11	7,4	4,4	1,7	13,6	22,9	16,7	13,0	7,4	37,2	12,7	50,2	59,7
12	8,3	3,8	1,4	13,4	23,1	14,0	11,6	7,5	33,1	17,6	47,1	55,2
13	8,2	4,4	1,7	14,2	24,0	18,2	13,0	7,5	38,6	13,0	52,5	59,5
14	7,4	4,3	1,7	13,4	17,9	15,1	12,3	8,9	36,3	15,8	48,7	60,4
Ak702	7,3	3,1	1,4	11,8	28,0	13,1	12,8	6,7	32,6	18,6	45,8	50,9
16	5,1	3,9	1,9	10,9	24,2	16,2	13,8	8,9	38,8	16,0	49,0	56,2
17	6,2	3,7	1,5	11,3	22,4	10,2	7,4	18,7	36,2	13,3	48,1	58,9
18	6,6	3,6	1,7	11,8	23,2	17,8	14,5	8,7	41,0	19,2	52,4	55,9
19	6,5	4,8	2,0	13,3	23,6	17,2	14,2	9,2	40,5	17,6	53,1	56,9
Bezostaja1	6,8	2,8	0,9	10,5	20,3	15,0	18,1	10,9	44,0	16,1	54,5	60,6
21	7,5	3,7	1,8	13,0	23,1	15,1	11,9	7,2	34,2	15,0	47,2	57,7
22	9,0	3,8	1,6	14,4	23,8	17,6	15,1	8,6	41,3	17,1	55,7	58,5
23	8,1	3,3	1,5	12,8	21,8	17,9	14,4	7,7	40,0	14,9	52,8	58,2
Çetinel2000	7,6	3,1	1,5	12,2	22,2	20,6	19,3	7,7	47,6	10,6	59,8	64,7
Minimum	**5,1**	**2,2**	**0,9**	**9,9**	**17,9**	**10,2**	**7,4**	**5,8**	**29,6**	**10,6**	**41,7**	**50,9**
Maksimum	**9,7**	**4,8**	**2,0**	**15,1**	**28,0**	**20,6**	**19,3**	**18,7**	**47,6**	**19,2**	**59,8**	**64,7**
D.K. %	**16,9**	**17,2**	**18,4**	**12,1**	**15,7**	**18,9**	**21,1**	**35,1**	**16,2**	**31,6**	**14,3**	**10,5**
A.Ö.F. (0.05)	**2,1**	**1,0**	**0,5**	**2,5**	**5,9**	**5,1**	**4,9**	**5,0**	**10,5**	**8,0**	**12,2**	**10,2**

* Değerler 3 tekerrür ortalamasına göre verilmiştir

Çizelge 4.52. Sulu koşullarda örneklere ait öğütme analiz sonuçları*

Örnek no	B1 %	B2 %	B3 %	Kırma unu %	Kaba kepek %	C1 %	C2 %	C3 %	İrmik unu %	İnce kepek %	Toplam un %	Un verimi %
1	9,6	3,4	1,3	14,3	19,5	19,8	16,5	9,5	45,8	14,0	60,1	64,4
2	9,9	3,6	1,1	14,6	19,9	19,6	13,4	7,1	40,2	15,0	54,8	61,7
3	9,9	3,0	1,0	13,9	18,6	19,3	15,5	8,9	43,7	12,0	57,6	65,5
4	9,4	3,4	1,2	14,1	19,6	19,1	15,1	7,9	42,1	12,8	56,1	63,8
Gerek79	9,4	3,3	1,2	13,8	18,8	20,1	16,2	7,5	43,8	12,4	57,6	65,1
6	9,8	3,8	1,4	15,0	19,2	19,8	14,4	9,2	43,3	16,1	58,3	62,6
7	8,5	2,9	1,2	12,6	21,7	17,4	14,9	10,5	42,8	16,7	55,4	59,6
8	8,7	3,6	1,5	13,8	19,0	19,3	15,7	8,3	43,3	12,9	57,1	64,4
9	9,2	3,4	1,3	13,8	18,9	19,0	14,7	7,6	41,3	12,5	55,1	64,1
Yıldız98	7,9	3,7	1,4	13,0	21,7	17,0	12,7	8,6	38,3	20,2	51,3	55,8
11	11,1	4,4	1,5	16,9	21,5	21,1	16,4	7,8	45,3	10,7	62,2	65,9
12	8,7	4,1	2,8	15,6	19,9	19,5	13,8	8,1	41,4	16,1	57,0	61,6
13	9,8	3,4	1,4	14,7	20,7	21,0	15,3	8,2	44,5	13,9	59,1	63,4
14	10,6	4,4	2,7	17,7	18,9	22,2	13,1	7,0	42,3	12,1	60,0	66,0
Ak702	6,1	3,1	1,3	10,5	30,9	16,5	12,1	7,8	36,3	17,7	46,7	49,9
16	9,0	3,2	1,3	13,5	19,8	20,6	16,2	10,0	46,8	15,0	60,3	63,6
17	8,8	2,8	1,2	12,9	18,1	18,5	17,1	9,1	44,7	13,3	57,5	64,9
18	9,9	3,0	1,2	14,1	20,0	21,9	17,3	8,6	47,8	12,4	61,9	65,7
19	9,2	3,6	1,4	14,2	20,1	20,9	15,9	9,5	46,3	13,4	60,4	64,5
Bezostaja1	7,6	2,6	0,8	11,0	16,1	17,2	18,7	14,1	50,0	14,9	61,0	66,3
21	9,8	3,5	1,3	14,5	21,8	17,7	11,6	6,4	35,7	19,3	50,3	56,0
22	10,6	4,6	1,7	16,8	21,7	20,8	13,9	8,7	43,4	11,8	60,2	64,4
23	9,8	4,3	1,5	15,7	18,6	21,9	15,4	9,1	46,3	14,7	62,0	65,1
Çetinel2000	9,0	3,1	1,4	13,5	17,4	23,9	18,4	8,0	50,3	10,0	63,8	69,6
Minimum	**6,1**	**2,6**	**0,8**	**10,5**	**16,1**	**16,5**	**11,6**	**6,4**	**35,7**	**10,0**	**46,7**	**49,9**
Maksimum	**11,1**	**4,6**	**2,8**	**17,7**	**30,9**	**23,9**	**18,7**	**14,1**	**50,3**	**20,2**	**63,8**	**69,6**
D.K. %	**11,6**	**22,0**	**46,2**	**11,2**	**19,3**	**14,4**	**21,0**	**21,6**	**14,6**	**25,6**	**11,7**	**8,8**
A.Ö.F. (0.05)	**1,8**	**1,3**	**1,1**	**2,6**	**6,4**	**4,7**	**5,2**	**3,1**	**10,5**	**6,0**	**11,1**	**9,1**

* Değerler 3 tekerrür ortalamasına göre verilmiştir

4.4.1. Kırma unu verimi

Yumuşak buğday endosperminin kolay parçalanabilir olması kırma sisteminde fazla un oluşmasına neden olur. Yumuşak buğday değirmenlerinin kırma sisteminde sert buğdaylara göre daha fazla kırma unu ve daha az sınıflandırma materyali meydana geldiği belirtilmiştir (Posner ve Hibbs 1997). Yumuşak buğdayların sert buğdaylara göre kırma unu verimi daha yüksektir (Rogers vd. 1993, Labuschagne vd. 1997, Faridi vd. 2000). Bisküvilik ve pasta yapım özellikleri iyi olan ve tescil ettirilip üretime sunulan kırmızı kışlık yumuşak buğdaylardan 3434 çeşidinde Allis Chalmers değirmeninde kırma unu verimi % 31.4-32.7 Griffey vd. (2010a); Jamestown çeşidinde % 30.5-28.3 Griffey vd. (2010b); 'Shirley' çeşidinde % 32.3-32.8 Griffey vd. (2010c); USG 3555 çeşidinde % 30.5-28.3 Griffey vd. (2009a) olduğu belirtilmiştir. Kırma unu miktarı ile bisküvi çapı arasında r=0,53** ve yayılma faktörü arasında r=0,32** çok önemli pozitif korelasyon belirtilmiştir (Anonymous 2010). Gaines (1989) bisküvi çapı ile kırma unu verimi arasında önemli korelasyon bulmuştur (r=-0.47**). Zhang vd. (2007) yaptıkları çalışmada kırma unu verimi ile bisküvi yayılma faktörü ve bisküvi çapı arasında arasında önemli pozitif ilişki belirlemişlerdir (sırasıyla r=0.503 ve r=0.601). En geniş yüzey alanına sahip olan bisküviler patent fraksiyondan adı verilen ilk öğütme valslerinden alınmıştır (Fustier vd. 2009).

Kuru koşullarda örnekler arasında kırma unu verimi yönünden önemli istatistiki farklılık bulunmuştur. Kuru koşullarda örneklerin kırma unu verimi ait varyans analiz sonuçları Çizelge 4.53'de, ortalama değerler ve önemlilik grupları ise Çizelge 4.54'de verilmiştir. Kuru koşullarda örneklerde kırma unu verimi 2 no'lu hat en yüksek değere sahip olmuştur. 22, 9, 13, 3, 1, 11, 12, 21, 14, 19, 23 ve Çetinel2000'nin kırma unu verimi yüksek ve aynı gruptadır. Gerek79, Bezostaja1, Ak702 çeşitleri ile 16, 17, 7 ve 18 no'lu hatların kırma un verimi % 12,0'nin altında gerçekleşmiştir.

Sulu koşullarda örnekler arasında kırma unu verimi yönünden önemli istatistiki farklılık bulunmuştur. Sulu koşullarda örneklerin kırma unu verimi ait varyans analiz sonuçları Çizelge 4.55'de, ortalama değerler ve önemlilik grupları ise Çizelge 4.56'da verilmiştir. Sulu koşullarda 14, 22, 12, 11 ve 23 no'lu hatların kırma unu verimi yüksek ve aynı gruptadır. Ak702, Bezostaja1, Yıldız98 çeşitleri ile 7 ve 17 no'lu hatların ise düşüktür. Hem kuru koşullarda hem sulu koşullarda 2, 22, 11, 14, 12, 13, 1 ve 21 no'lu hatların diğer örneklerden kırma un verimi daha iyi durumdadır.

Çizelge 4.53. Kuru koşullarda örneklerin kırma unu verimlerine ait varyans analiz sonuçları

Varyasyon kaynakları	SD	KT	KO	F değeri
Tekerrür	2	17,90915	8,954577	3,7929*
Çeşit	23	118,9529	5,171863	2,1906*
Hata	40	94,43572	2,36089	
Toplam	65	225,0734		

D.K.: % 12,1 * : % 5 düzeyinde önemli

Çizelge 4.54. Kuru koşullarda örneklerin kırma unu verimlerine ait ortalamalar ve önemlilik grupları

Örnek no	Kırma unu verimi %	
2	15,0	a
22	14,8	ab
9	14,4	ab
13	14,2	ac
3	14,2	ac
1	14,1	ad
11	13,6	ae
12	13,4	ae
21	13,4	af
14	13,4	af
19	13,3	af
23	13,2	ag
Çetinel2000	12,5	ah
8	12,4	bh
6	12,4	bh
Yıldız98	12,2	bh
4	12,0	bh
18	11,8	ch
Ak702	11,8	ch
7	11,6	dh
17	11,2	eh
16	10,9	fh
Bezostaja1	10,5	gh
Gerek79	9,6	h
Ortalama	**12,7**	

A.Ö.F. (0,05):2,5

Çizelge 4.55. Sulu koşullarda örneklerin kırma unu verimlerine ait varyans analiz sonuçları

Varyasyon kaynakları	SD	KT	KO	F değeri
Tekerrür	2	7,01506	3,507529	1,3892
Çeşit	23	189,5061	8,239396	3,2634**
Hata	46	116,1407	2,5248	
Toplam	71	312,6619		

D.K.: % 11,2 ** : % 1 düzeyinde önemli

Çizelge 4.56. Sulu koşullarda örneklerin kırma unu verimlerine ait ortalamalar ve önemlilik grupları

Örnek no	Kırma unu verimi %	
14	17,7	a
11	16,9	ab
22	16,8	ab
23	15,7	ac
12	15,6	ac
6	15,0	bd
13	14,7	bd
2	14,6	bd
21	14,5	bd
1	14,3	bd
19	14,2	cd
18	14,1	cd
4	14,1	cd
3	13,9	cd
Gerek79	13,8	cd
9	13,8	cd
8	13,8	cd
16	13,5	ce
Çetinel2000	13,5	ce
Yıldız98	13,0	df
17	12,8	df
7	12,6	df
Bezostaja1	11,0	ef
Ak702	10,5	f
Ortalama	**14,2**	

A.Ö.F. (0,05): 2,6

Kuru koşullarda incelenen kalite özellikleri arasında yapılan korelasyon analizine göre kırma unu verimi ile önemli korelasyon veren kalite kriterleri Çizelge 4.57'de ve sulu koşullarda Çizelge 4.58'de verilmiştir. Bisküvi fiziksel özellikleri ile kırma unu verimi arasında önemli bir korelasyon bulunmamasına rağmen kuru koşullarda bisküvi yayılma faktörünü açıklamak amacıyla yapılan stepwise analize göre kullanılabilecek Denklem 1'de B2 valsi kırma unu verimi yer almıştır. Hem sulu hem de kuru koşullarda kuru gluten miktarı ile kırma unu verimi arasında negatif önemli korelasyon bulunmuştur. Kuru koşullarda kırma unu verimi ile hamur reolojik özelliklerinden alveo-konsistograf maksimum basınç ve ekstensograf 45. dak uzama kabiliyeti arasında negatif ve farinograf yumuşama değeri ve yoğurma tolerans sayısı arasında pozitif korelasyon bulunmuştur. Sulu koşullarda miksolab C2-C1 farkı ile kırma unu verimi arasında pozitif korelasyon vardır. Yine sulu koşullarda un protein miktarı ve kuru gluten miktarı ile kırma unu verimi arasında negatif korelasyon dikkati çekmiştir. Bu durum kırma unu veriminin yüksekliğinin bisküvilik kalite açısından önemini ortaya koymaktadır.

Çizelge 4.57. Kuru koşullarda kırma unu verimi ile önemli korelasyon değeri veren kalite kriterleri

Kalite kriteri	Korelasyon katsayısı	n
ALVEO-Prmaks	-0,4525*	24
DSC-JBS	-0,4709*	24
DSC-JPS	-0,4989*	24
EX-E90'	-0,5502*	20
FARİ-YD	0,4114*	24
FARİ-YT	0,4144*	24
ÖĞ-B1	0,8174**	24
ÖĞ-B2	0,5835**	24
UN-KG	-0,4235*	24

** : % 1 düzeyinde önemli * : % 5 düzeyinde önemli

Çizelge 4.58.Sulu koşullarda kırma unu verimi ile önemli korelasyon değeri veren kalite kriterleri

Kalite kriteri	Korelasyon katsayısı	n
MLAB C2-C1	0,4357*	24
ÖĞ-B1	0,8728**	24
ÖĞ-B2	0,8554**	24
ÖĞ-B3	0,6301**	24
UN-KG	-0,4109*	24
UN-PROT	-0,5319**	24
UN-YG	-0,4770*	24

** : % 1 düzeyinde önemli * : % 5 düzeyinde önemli

4.4.2. İrmik unu verimi

Yumuşak buğdaylarda sınıflandırma oranı sert buğdaylara ve durum buğdaylarına göre daha düşük çıkmaktadır (Posner ve Hibbs 1997). Kuru koşullarda ve sulu koşullarda örnekler arasında irmik unu verimi yönünden önemli istatistiki farklılık bulunmamıştır. Kuru koşullarda örneklerin irmik unu verimi ait varyans analiz sonuçları Çizelge 4.59'da, ortalama değerler ise Çizelge 4.60'da verilmiştir. Kuru koşullarda en yüksek irmik unu verimini Çetinel2000 çeşidi vermiştir. 1, 7, Gerek79 ve Bezostaja1 % 44,0 ve üzeri; 2, 8, 9, 18, 19 ve 22 no'lu hatlar ise % 40,0'ın üzerinde irmik unu verimine sahiplerdir. Yıldız98 çeşidinin irmik un verimi % 30,0'un altındadır. Yine Ak702'nin irmik un verimi de düşüktür.

Çizelge 4.59. Kuru koşullarda örneklerin irmik unu verimlerine ait varyans analiz sonuçları

Varyasyon kaynakları	SD	KT	KO	F değeri
Tekerrür	23	1175,373	51,10318	1,2592
Çeşit	2	6,9845	3,49224	0,086
Hata	40	1623,358	40,5839	
Toplam	65	2815,343		

D.K.: % 16,2

Çizelge 4.60. Kuru koşullarda örneklerin irmik unu verimlerine ait ortalamalar

Örnek no	İrmik unu verimi %
Çetinel2000	47,5
7	45,6
1	44,4
Gerek79	44,2
Bezostaja1	44,0
8	42,9
9	41,2
22	41,2
18	41,0
2	40,7
19	40,5
23	39,8
16	38,8
13	38,6
4	38,6
6	38,5
3	38,2
11	37,2
17	36,4
14	36,3
21	34,1
12	33,1
Ak702	32,6
Yıldız98	29,6
Ortalama	**39,4**

Ö.D.

Sulu koşullarda örneklerin irmik unu verimi ait varyans analiz sonuçları Çizelge 4.61'de, ortalama değerler ise Çizelge 4.62'de verilmiştir. İrmik unu verimi açısından ise Bezostaja1, Çetinel2000, 23, 19, 18, 16, 11 ve 1 no'lu örnekler % 45,0'ın üzerinde değer vermişlerdir. 21 no'lu hat ile Ak702 ve Yıldız98 çeşitlerinde ise irmik unu verimi düşüktür (< % 40,0). Bezostaja1, Çetinel2000, 18 ve 1 no'lu örneklerin genel olarak hem sulu hem de kuru koşullarda irmik unu verimi iyi düzeydedir.

Çizelge 4.61. Sulu koşullarda örneklerin irmik unu verimlerine ait varyans analiz sonuçları

Varyasyon kaynakları	SD	KT	KO	F değeri
Tekerrür	2	89,64122	44,82061	1,1022
Çeşit	23	925,2557	40,22851	0,9892
Hata	46	1870,621	40,6657	
Toplam	71	2885,518		

D..K.: % 14,6

Çizelge 4.62. Sulu koşullarda örneklerin irmik unu verimlerine ait ortalamalar

Örnek no	İrmik unu verimi %
Çetinel2000	50,3
Bezostaja1	50,0
18	47,8
16	46,8
23	46,3
19	46,2
1	45,8
11	45,3
17	44,7
13	44,5
Gerek79	43,8
3	43,7
22	43,4
6	43,3
8	43,3
7	42,7
14	42,3
4	42,1
12	41,4
9	41,3
2	40,2
Yıldız98	38,3
Ak702	36,3
21	35,7
Ortalama	**43,6**

Ö.D.

Çalışmada incelenen kalite özellikleri arasında yapılan korelasyon analizine göre irmik unu verimi ile önemli korelasyon veren kalite kriterleri kuru koşullarda Çizelge 4.63'de ve sulu koşullarda Çizelge 4.64'de verilmiştir. Kuru koşullarda bisküvi yayılma faktörünü açıklamak amacıyla yapılan stepwise analize göre kullanılabilecek Denklem 1'de C2 valsi irmik unu verimi yer almıştır. Sulu koşullarda ise irmik unu verimi ile zedelenmiş nişasta miktarı arasında pozitif korelasyon dikkati çekmiştir (Şekil 4.15). Öğütme valslerinde artan basınç zedelenmiş nişasta miktarını arttırmıştır.

Çizelge 4.63. Kuru koşullarda irmik unu verimi ile önemli korelasyon değeri veren kalite kriterleri

Kalite kriteri	Korelasyon katsayısı	n
BİS-DPUAN	-0,6018**	24
BİS-KKUV	-0,4700*	24
BİS-KÖ	-0,533**	24
BİS-TÖ	-0,5274**	24
BİS-YGÖ	-0,5163**	24
EX-A135'	0,4622*	24
EX-E45'	0,4230*	24
EX-R5135'	0,4128*	24
FARİ-SA	0,4873*	24
MLAB-STAB	0,4452*	22
ÖĞ-C1	0,7699**	24
ÖĞ-C2	0,8596**	24
ÖĞ-KKEP	-0,4592*	24
ÖĞ-TUN	0,9494**	24
ÖĞ-UNV	0,7332**	24

** : % 1 düzeyinde önemli * : % 5 düzeyinde önemli

Çizelge 4.64. Sulu koşullarda irmik unu verimi ile önemli korelasyon değeri veren kalite kriterleri

Kalite kriteri	Korelasyon katsayısı	n
ALVEO-D450	0,4232*	24
ALVEO-Prmaks	0,4336*	24
BİS-KKUV	-0,5547**	24
ÖĞ-C1	0,5936**	24
ÖĞ-C2	0,929**	24
ÖĞ-C3	0,5743**	24
ÖĞ-İKEP	-0,6304**	24
ÖĞ-KKEP	-0,6388**	24
ÖĞ-TUN	0,9118**	24
ÖĞ-UNV	0,8316**	24
UN-a*	0,6662**	24
UN-b*	0,4487*	24
UN-ZEDN	0,5949**	24

** : % 1 düzeyinde önemli * : % 5 düzeyinde önemli

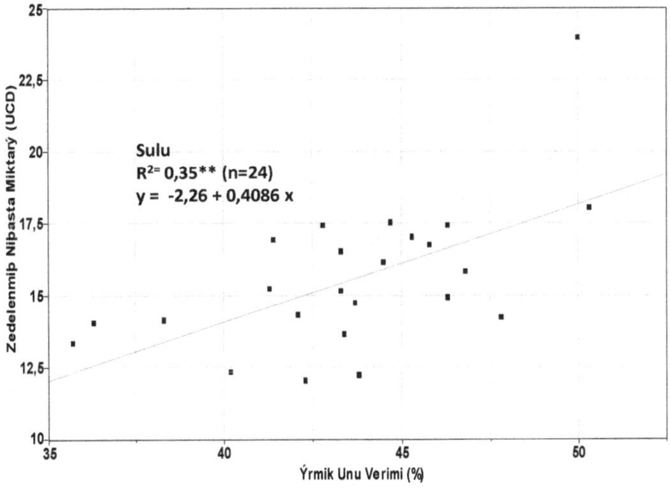

Şekil 4.15. Sulu koşullarda zedelenmiş nişasta miktarı ile irmik unu verimi arasındaki ilişki

4.4.3. Un verimi

Buğdayın kalitesinin değerlendirilmesinde göz önünde bulundurulacak en önemli faktörlerden birisinin ekmeklik buğdayda birim buğdaydan alınacak un miktarı olduğu ifade edilmektedir (Zeleny 1971). Bisküvilik ve pasta yapım özellikleri iyi olan ve tescil ettirilip üretime sunulan kırmızı kışlık yumuşak buğdaylardan Merl çeşidinde Allis Chalmers değirmeninde un verimi % 70,5-71,5 Griffey vd. (2011a), 3434 çeşidinde % 75.7-76.2 Griffey vd. (2010a), Shirley çeşidinde % 84.6-93.6 Griffey vd. (2010c) olduğu belirtilmiştir.

Kuru koşullarda ve sulu koşullarda örnekler arasında un verimi yönünden önemli istatistiki farklılık bulunmamıştır. Kuru koşullarda örneklerin un verimi ait varyans analiz sonuçları Çizelge 4.65'de, ortalama değerler ise Çizelge 4.66'da verilmiştir. Kuru koşullarda 8 no'lu hattın ve Çetinel2000 çeşidinin un verimi % 64,0'ün üzerinde yüksek olmuştur. 1, 7, 9 ve 14 no'lu hatlar ile Bezostaja1 ve Gerek79 çeşitleri % 60,0'ın üzerinde iyi un verimi vermişlerdir. Ak702 çeşidi % 50,9 ile en düşük; 12, 4, 18 ve Yıldız98'de % 56,0'nın altında düşük un verimine sahip olmuşlardır.

Sulu koşullarda örneklerin un verimi ait varyans analiz sonuçları Çizelge 4.67'de, ortalama değerler ise Çizelge 4.68'de verilmiştir. Sulu koşullarda en yüksek un verimi % 69,6 ile Çetinel2000 çeşidinden elde edilmiştir. 23, 18, 14, 11, 3 no'lu hatlar ile Gerek79 ve Bezostaja1 çeşitleri % 65,0'in üzerinde un verimine sahiplerdir. Ak702 oldukça düşük un verimi vermiştir. 21, 7 no'lu hatlar ile Yıldız98 çeşidinin de un verimi % 60,0'ın altında bulunmuştur. Çetinel2000'nin yanı sıra 14, 11, Gerek79 ve Bezostaja1 sulu koşullarda ve kuru koşullarda iyi un verimi ile dikkati çekmişlerdir.

Çizelge 4.65. Kuru koşullarda örneklerin unu verimlerine ait varyans analiz sonuçları

Varyasyon kaynakları	SD	KT	KO	F değeri
Tekerrür	2	129,3184	64,6592	1,6902
Çeşit	23	675,4171	29,36596	0,7676
Hata	43	1644,952	38,2547	
Toplam	68	2432,354		

D.K.: % 10,5

Çizelge 4.66. Kuru koşullarda örneklerin un verimlerine ait ortalamalar

Örnek no	Un verimi %
Çetinel2000	65,7
8	64,5
9	62,7
1	62,1
Gerek79	61,6
7	61,2
Bezostaja1	60,6
14	60,4
11	59,7
13	59,5
2	59,5
3	58,7
17	58,5
22	58,5
23	58,2
6	57,9
21	57,7
19	56,9
16	56,2
18	55,9
Yıldız98	55,7
4	55,7
12	55,2
Ak702	50,9
Ortalama	**58,9**

Ö.D.

Çizelge 4.67. Sulu koşullarda örneklerin un verimlerine ait varyans analiz sonuçları

Varyasyon kaynakları	SD	KT	KO	F değeri
Tekerrür	2	30,4822	15,24108	0,4939
Çeşit	23	1188,149	51,65866	1,674
Hata	46	1419,557	30,8599	
Toplam	71	2638,188		

D.K.: % 8,8

Çizelge 4.68. Sulu koşullarda örneklerin un verimlerine ait ortalamalar

Örnek no	Un verimi %
Çetinel2000	69,6
Bezostaja1	66,3
14	66,0
11	65,9
18	65,7
3	65,5
23	65,1
Gerek79	65,1
17	64,9
19	64,5
8	64,4
22	64,4
1	64,4
9	64,1
4	63,8
16	63,6
13	63,4
6	62,5
2	61,7
12	61,6
7	59,6
21	56,0
Yıldız98	55,8
Ak702	49,9
Ortalama	**63,1**

Ö.D.

Kuru koşullarda incelenen kalite özellikleri arasında yapılan korelasyon analizine göre un verimi ile önemli korelasyon veren kalite kriterleri Çizelge 4.69'da verilmiştir. Yine JinBao vd. (2010) bisküvi çapı ile un verimi arasında ($r=0.5548$, $P<0.01$) önemli korelasyon bildirilmiştir. Kuru ve sulu koşullarda bisküvi yayılma faktörü veya çapı ile un verimi arasında önemli bir ilişki bulunmamıştır. Kuru koşullarda nişasta çirişlenme özelliklerinden incelme değeri ile negatif ve 135. dakikada 5.' uzama direnci arasında pozitif ilişki dikkati çekmiştir. RVA incelme değerindeki azalma artan un verimine karşılık artan nişasta zedelenmesinden kaynaklanmıştır.

Çizelge 4.69. Kuru koşullarda un verimi ile önemli korelasyon değeri veren kalite kriterleri

Kalite kriteri	Korelasyon katsayısı	n
EX-R5135'	0,4047*	24
ÖĞ-C1	0,5509**	24
ÖĞ-C2	0,547**	24
ÖĞ-İKEP	-0,6452**	24
ÖĞ-İUNU	0,7332**	24
ÖĞ-KKEP	-0,7345**	24
ÖĞ-TUN	0,7355**	24
RVA-İD	-0,4477*	24

** : % 1 düzeyinde önemli * : % 5 düzeyinde önemli

Sulu koşullarda incelenen kalite özellikleri arasında yapılan korelasyon analizine göre un verimi ile önemli korelasyon veren kalite kriterleri Çizelge 4.70'de verilmiştir. Artan un verimine karşılık un protein miktarının artması beklenirken yüksek un verimine öğütme amacıyla kullanılan laboratuvar değirmeninde ulaşılamaması nedeni ile beklenen pozitif ilişki elde edilememiştir. Öğütmede artan un verimi ile kül miktarı artmış, ince ve kaba kepek miktarı azalmıştır.

Çizelge 4.70. Sulu koşullarda un verimi ile önemli korelasyon değeri veren kalite kriterleri

Kalite kriteri	Korelasyon katsayısı	n
ALVEO-D250	0,4166*	24
ALVEO-D450	0,4084*	24
ALVEO-TPrmaks	-0,4166*	24
BİS-KKUV	-0,4629*	24
ÖĞ-B1	0,5688**	24
ÖĞ-C1	0,7200**	24
ÖĞ-C2	0,7623**	24
ÖĞ-İKEP	-0,8375**	24
ÖĞ-İUNU	0,8316**	24
ÖĞ-KKEP	-0,8338**	24
ÖĞ-TUN	0,9112**	24
UN-KÜL	0,4200*	24
UN-PROT	-0,4657*	24

** : % 1 düzeyinde önemli * : % 5 düzeyinde önemli

4.5. Un Analizleri

Buğday unu hemen hemen tüm bisküvilerin temel bileşenidir (Hadinezhad ve Butler, 2009). Düşük proteinli zayıf buğday unları bisküvi ve kek yapımı için ideal unlardır (Kent 1983). Çizelge 4.71'de kuru koşullarda ve Çizelge 4.72'de sulu koşullarda örneklerin un analiz sonuçları minimum ve maksimum değerler ile birlikte verilmiştir.

Çizelge 4.71. Kuru koşullarda örneklerin un analiz sonuçları

Örnek no	Protein mik (%)*	Zel. sed ml***	Kül mik %	Zed nişasta (UCD)**	Nem mik (%)	Yaş gluten (%)	Gluten ind (%)	Kuru gluten (%)	Renk Değ		
									L*	a*	b*
1	9,1	30,7	0,443	14,3	13,3	25,3	90,3	8,2	95,1	0,06	7,3
2	9,1	28,4	0,433	12,7	13,2	25,0	95,3	8,1	95,0	-0,05	6,4
3	8,9	36,4	0,414	12,3	13,3	23,3	96,8	8,1	94,5	0,10	7,3
4	9,9	38,3	0,442	11,2	13,1	26,0	99,3	9,1	92,6	0,16	7,6
Gerek79	9,0	26,4	0,417	12,2	13,1	23,1	97,8	8,0	93,3	0,12	8,5
6	9,7	31,4	0,467	11,2	13,1	24,5	95,8	8,1	94,3	0,04	7,1
7	9,2	24,5	0,463	15,3	13,3	24,5	81,3	8,8	95,5	0,08	7,4
8	8,8	13,6	0,451	13,0	13,2	21,4	77,1	7,3	95,4	0,10	8,3
9	8,8	17,1	0,406	14,5	13,1	24,5	67,7	8,6	95,1	0,11	8,1
Yıldız98	9,7	28,4	0,450	10,5	13,1	24,0	98,8	8,1	95,4	0,10	7,1
11	9,0	25,1	0,441	12,8	13,2	24,8	86,8	8,7	96,1	0,13	7,4
12	8,6	13,6	0,422	14,4	13,3	20,0	84,9	6,7	94,9	0,06	7,2
13	8,8	14,5	0,430	13,2	13,1	23,3	66,6	7,7	94,9	0,08	7,0
14	9,1	23,8	0,413	8,6	13,2	24,2	93,1	8,5	93,6	0,12	7,5
Ak702	9,1	22,1	0,408	11,5	13,2	23,7	58,6	8,3	95,8	-0,03	8,1
16	10,1	29,4	0,430	13,9	13,0	27,9	94,1	9,8	93,3	0,14	8,4
17	10,0	32,9	0,438	14,0	13,0	26,7	84,8	9,2	94,4	0,05	8,9
18	10,0	43,8	0,443	10,3	13,0	27,3	99,5	9,6	95,1	0,17	8,8
19	10,0	39,3	0,431	10,1	13,1	27,6	97,8	9,1	95,0	0,14	7,9
Bezostaja1	9,9	46,5	0,432	21,4	13,0	27,8	94,8	9,2	94,5	0,21	9,5
21	10,0	46,2	0,412	13,7	13,1	22,2	99,7	7,1	92,7	0,20	7,6
22	10,1	38,3	0,427	11,5	13,1	22,3	99,4	7,4	92,5	0,08	7,2
23	10,0	41,3	0,407	11,6	13,1	25,7	98,3	8,4	94,1	0,20	7,6
Çetinel2000	10,0	31,0	0,425	13,7	13,1	24,2	54,9	8,2	95,5	0,14	8,3
Minimum	**8,6**	**13,6**	**0,406**	**8,6**	**13**	**20**	**54,9**	**6,7**	**92,5**	**-0,05**	**6,4**
Maksimum	**10,1**	**46,5**	**0,467**	**21,4**	**13,3**	**27,9**	**99,7**	**9,8**	**96,1**	**0,21**	**9,5**

* N x 5,7 faktör ile hesaplanmış ve kuru madde üzerinden verilmiştir
** UCD: Units of Chopin Dubois*** % 14 neme göre düzeltilmiştir

Çizelge 4.72. Sulu koşullarda örneklerin un analiz sonuçları

Örnek No	Protein mik (%)*	Zel sed ml ***	Nem mik (%)	Kül Mik %	Zed. nişasta (UCD)**	Yaş glu (%)	Glu ind (%)	Kuru glu (%)	Renk değ		
									L*	a*	b*
1	8,8	26,3	12,7	0,428	16,7	26,5	81,1	8,4	96,1	0,09	6,9
2	9,0	31,1	12,4	0,414	12,3	27,4	75,2	8,6	95,9	0,04	6,5
3	8,6	28,1	12,1	0,437	14,7	26,8	92,2	7,7	95,7	0,12	7,0
4	8,9	27,2	12,4	0,426	14,3	26,4	92,4	8,4	95,9	0,13	7,1
Gerek79	8,4	19,6	12,4	0,432	12,2	24,0	76,3	7,7	95,6	0,12	7,6
6	8,9	20,3	12,3	0,414	15,1	25,7	93,4	8,1	95,3	0,15	7,2
7	8,3	21,0	12,6	0,407	17,4	21,6	88,9	6,9	95,8	0,08	6,9
8	7,5	9,1	12,5	0,439	16,5	21,1	77,3	6,8	95,5	0,10	7,3
9	7,8	7,6	12,3	0,416	15,2	21,3	55,4	6,6	95,5	0,05	7,2
Yıldız98	8,1	13,1	12,4	0,406	14,1	22,1	98,2	7,1	95,5	0,09	6,6
11	7,3	12,7	12,3	0,428	17,0	21,0	81,4	6,8	95,8	0,11	7,1
12	7,6	9,5	12,2	0,411	16,9	18,5	78,4	5,9	95,9	0,08	6,9
13	7,4	10,1	12,4	0,418	16,1	19,3	67,4	6,2	95,6	0,14	6,6
14	8,4	18,9	12,3	0,437	12,0	24,6	76,4	7,9	95,7	0,13	7,1
Ak702	11,1	23,8	12,2	0,419	14,0	31,4	44,6	10,4	95,8	0,05	8,4
16	8,4	15,4	12,3	0,412	15,8	24,0	71,3	7,5	96,5	0,12	7,9
17	8,2	13,4	12,2	0,410	17,5	24,0	65,0	7,8	96,2	0,12	8,8
18	8,6	19,3	12,1	0,424	14,2	26,3	84,8	8,2	96,3	0,13	8,9
19	8,3	16,4	12,2	0,440	14,9	25,8	76,7	7,3	96,2	0,08	7,3
Bezostaja1	9,5	33,6	12,2	0,420	23,9	31,3	79,6	8,2	95,3	0,28	9,1
21	8,2	16,4	12,5	0,415	13,3	24,3	92,6	7,6	96,1	0,08	6,8
22	8,3	17,0	12,4	0,434	13,6	20,7	88,9	6,6	95,7	0,07	7,6
23	8,6	26,2	12,4	0,412	17,4	26,2	91,2	8,4	95,7	0,19	7,1
Çetinel2000	7,9	20,6	12,4	0,422	18,0	22,0	49,6	7,5	95,8	0,16	7,9
Minimum	**7,3**	**7,6**	**12,1**	**0,406**	**12**	**18,5**	**44,6**	**5,9**	**95,3**	**0,04**	**6,5**
Maksimum	**11,1**	**33,6**	**12,7**	**0,44**	**23,9**	**31,4**	**98,2**	**10,4**	**96,5**	**0,28**	**9,1**

* N x 5,7 faktör ile hesaplanmış ve kuru madde üzerinden verilmiştir
** UCD: Units of Chopin Dubois *** % 14 neme göre düzeltilmiştir

4.5.1. Protein miktarı

Buğdayın herhangi bir amaca uygunluğunu tayin etmede en önemli özelliği onun protein miktarıdır. Yumuşak buğdayların sert buğdaylara göre protein miktarı daha düşüktür (Kent 1983, Rogers vd. 1993, Labuschagne vd. 1997, Faridi vd. 2000). Kraker için unda % 10-11, bisküvi için % 9-11 ve pasta, kek ve kurabiye için % 8-10 protein miktarı istenmektedir (Ünal 1991, Özkaya ve Özkaya 2005). Yapılan bir çalışmada unda protein miktarının düşük olmasının bisküvi kalitesini olumlu etkilediği belirtilmiştir. Bununla birlikte, bazı iyi bisküvilik kalitedeki çeşitlerde protein miktarının düşük ve yüksek olması arasında fazla bir fark bulunmamıştır (Gaines 1985). 44 yumuşak buğday örneğiyle yapılan bir çalışmada protein miktarı ile bisküvi çapi arasında bulunan korelasyon önemsiz olmuştur (Abboud vd. 1985). Yumuşak buğdayda yerli ve yabancı üreticiler tarafından istenilen un protein miktarının % 8,0-10,0 arasında olması önerilmiştir (Souza ve Kweon 2010). NIR spektroskopisi protein miktarının belirlenmesinde hızlı düşük maliyetli, mateyal miktarının az ve sayısının çok olduğu durumlarda oldukça verimli bir şekilde kullanılabilmektedir (Pasha vd. 2009). Bisküvi ve pasta yapımına uygun olan tescil ettirilip üretime sunulan yumuşak kırmızı kışlık buğday çeşitlerinden Merl çeşidinin ununda protein miktarı % 7,5-8,7 (Griffey vd. 2011a), SW049029104 çeşidinin ununda protein miktarı % 8,55-8,66 (Griffey vd. 2011b), 3434 çeşidin ununda protein miktarı % 7,57-9,46 (Griffey vd. 2010a), Shirley çeşidin ununda protein miktarı % 7,62-8,65 (Griffey vd. 2010c) arasında değiştiği belirtilmiştir. Pedersen vd. (2004) yumuşak bisküvilik buğday unlarında protein miktarının % 8,7-9,4 arasında bulmuşlardır.

Kuru koşullarda unda örnekler arasında protein miktarı yönünden önemli istatistiki farklılık bulunmamıştır. Kuru koşullarda örneklerin protein miktarına ait varyans analiz sonuçları Çizelge 4.73'de, ortalama değerler ise Çizelge 4.74'de verilmiştir. Kuru koşullarda 12, 13, 3, 8, 9 no 'lu hatların protein miktarları % 9,0'un ve standartların altında elde edilmiştir. Gerek79 çeşidi standartlar içerisinden en düşük protein miktarına sahiptir (% 9,0). Un protein miktarı bakımından örneklerin istenilen düşük protein miktarına sahip oldukları görülmüştür.

Sulu koşullarda unda örnekler arasında protein miktarı yönünden önemli istatistiki farklılık bulunmuştur. Sulu koşullarda örneklerin protein miktarına ait varyans analiz sonuçları Çizelge 4.75'de, ortalama değerler ve önemlilik grupları ise Çizelge 4.76'da verilmiştir. Sulu koşullarda 1000 tane ağırlığı da düşük olan Ak702 hariç protein miktarı % 10,0'ın altında gerçekleşmiştir. 11, 13, 8, 12 ve 9 no'lu hatlar ile Çetinel2000'nin protein miktarı % 8,0'in altında bulunmuştur. Standartlardan Yıldız98, Gerek79, 17, 21, 22, 7, 19, 14 ve 16 no'lu örneklerinde protein miktarı düşük olup aynı gruba girmişlerdir. Un protein miktarı bakımından örneklerin istenilen düşük protein miktarına sahip oldukları görülmüştür.

Çizelge 4.73. Kuru koşullarda örneklerin protein miktarına ait varyans analiz sonuçları

Varyasyon kaynakları	SD	KT	KO	F değeri
Tekerrür	2	1,052573	0,526286	0,5311
Çeşit	23	19,03084	0,827428	0,8349
Hata	46	45,58564	0,990992	
Toplam	71	65,66905		

D.K.: % 10,6

Çizelge 4.74. Kuru koşullarda örneklerin protein miktarına ait ortalamalar

Örnek no	Protein miktarı %
16	10,1
22	10,1
21	10,0
18	10,0
19	10,0
23	10,0
17	10,0
Çetinel2000	9,9
Bezostaja1	9,9
4	9,9
6	9,7
Yıldız98	9,6
7	9,1
14	9,1
Ak702	9,1
1	9,1
2	9,1
11	9,0
Gerek79	9,0
3	8,9
8	8,8
9	8,8
13	8,7
12	8,6
Ortalama	**9,4**

Ö.D.

Çizelge 4.75. Sulu koşullarda örneklerin protein miktarına ait varyans analiz sonuçları

Varyasyon kaynakları	SD	KT	KO	F değeri
Tekerrür	2	8,147527	4,073763	11,1417**
Çeşit	23	41,03695	1,784215	4,8798**
Hata	46	16,8191	0,36563	
Toplam	71	66,00357		

D.K.: % 7,2   ** : % 1 düzeyinde önemli

Çizelge 4.76. Sulu koşullarda örneklerin protein miktarına ait ortalamalar ve önemlilik grupları

Örnek no	Protein miktarı %	
Ak702	11,0	a
Bezostaja1	9,5	b
2	9,0	bc
4	8,9	bc
6	8,9	bd
1	8,8	bd
23	8,6	be
18	8,6	be
3	8,6	be
16	8,4	cf
Gerek79	8,4	cg
14	8,4	cg
19	8,3	cg
7	8,3	ch
22	8,3	ch
21	8,2	ch
17	8,2	ch
Yıldız98	8,1	ch
Çetinel2000	7,9	dh
9	7,8	eh
12	7,6	fh
8	7,5	fh
13	7,4	gh
11	7,3	h
Ortalama	**8,4**	

A.Ö.F. (0,05): 0,99

Bettge ve Morris (2000), Guttieri vd. (2001) tarafından un protein miktarının bisküvi kalitesini etkileyen önemli bir karakter olduğu ifade edilmiştir. Yine JinBao vd. (2010) yaptıkları çalışmada bisküvi çapı ile un proteini arasında önemli korelasyon ($r=-0.3032$, $P<0.05$) bildirilmiştir. Yine birçok araştırmacı tarafından protein miktarı ile bisküvi çapı arasında negatif korelasyon bildirilmiştir (Gaines vd. 1988, Bettge vd. 1989, Kaldy vd. 1991, Faridi vd. 1994, Souza vd. 1994). Diğer taraftan yapılan bazı araştırmalarda da un protein miktarı ile bisküvi çap, kalınlık ve yayılma faktörü arasında önemli bir ilişki bulunmamış ve bunu nedeni de protein miktarlarının birbirine çok yakın olması olarak ifade etmişlerdir (Zhang vd. 2007). Moiraghi vd. (2011) yaptıkları çalışmada da protein ve gluten miktarı yalnızca bisküvi sertliğini etkilemiş, bisküvi yayılma faktörü, zedelenmiş nişasta miktarı ve pentozan miktarı ile belirgin bir korelasyon bulunmamıştır. Pedersen vd. (2004) yaptıkları çalışmada un protein miktarı ile bisküvi fiziksel özellikleri arasında çok zayıf etkileşim olduğunu belirtmişlerdir. Nemeth vd. (1994)'da Kanada yumuşak buğdaylarında un protein miktarı ile bisküvi çapı arasında herhangibir korelasyon bulamamışlardır.

Kuru koşullarda incelenen kalite özellikleri arasında yapılan korelasyon analizine göre un protein miktarı ile önemli korelasyon veren kalite kriterleri Çizelge 4.77'de verilmiştir.

Çizelge 4.77. Kuru koşullarda un protein miktarı ile önemli korelasyon değeri veren kalite kriterleri

Kalite kriteri	Korelasyon katsayısı	n
ALVEO-A	0,4546*	24
ALVEO-Ex	0,4455*	24
ALVEO-Iec	0,436*	22
BİS-TÖ	-0,4488*	24
DSC-JBS	0,5267**	24
DSC-JPS	0,5684**	24
FARİ-GS	0,5528**	24
FARİ-YT	-0,4391*	24
MLAB-C3	-0,5143*	22
MLAB-C3-C2	-0,5705**	22
MLAB-C4-C3	0,5564**	22
MLAB-STAB	0,6142**	22
ÖĞ-B1	-0,4978*	24
RVA-KD	-0,5319**	24
RVA-PZ	0,6030**	24
STK-LAK	0,5778**	24
UN-KG	0,448*	24
UN-YG	0,5734**	24
UN-ZSED	0,7985**	24

** : % 1 düzeyinde önemli * : % 5 düzeyinde önemli

Sulu koşullarda incelenen kalite özellikleri arasında yapılan korelasyon analizine göre un protein miktarı ile önemli korelasyon veren kalite kriterleri Çizelge 4.78'de verilmiştir.

Çizelge 4.78. Sulu koşullarda un protein miktarı ile önemli korelasyon değeri veren kalite kriterleri

Kalite kriteri	Korelasyon katsayısı	n
ALVEO-A	0,5087*	24
ALVEO-Ex	0,5306**	24
ALVEO-Fb	0,4287*	24
ALVEO-TPrmaks	0,5444**	24
DSC-JBS	0,466*	24
DSC-JPS	0,5165**	24
EX-A45'	0,5131*	23
EX-E45'	0,4182*	23
FARİ-STAB	0,5029*	24
MLAB C3	-0,4371*	24
MLAB C3-C2	-0,5889**	24
MLAB C4-C3	0,4121*	24
ÖĞ-B1	-0,5382**	24
ÖĞ-KKEP	0,4802*	24
RVA-İSV	0,4174*	24
RVA-PZ	0,6102**	24
STK-LAK	0,5524**	24
UN-KG	0,8983**	24
UN-YG	0,8818**	24
UN-ZSED	0,6923**	24

** : % 1 düzeyinde önemli * : % 5 düzeyinde önemli

Yapılan bu araştırmada Zhang vd. (2007) çalışmalarında olduğu gibi protein miktarlarının birbirlerine çok yakın olmasından dolayı un protein miktarı ile bisküvi çap, kalınlık ve yayılma faktörü arasında kuru ve sulu koşullarda önemli bir ilişki bulunmamıştır. Kuru koşullarda bisküvi tekstür özellikleri puanı ile un protein miktarı arasındaki negatif korelasyon Moiraghi vd. (2011) tarafından da belirtildiği gibi protein miktarı artışına ile bisküvi sertlik artışından kaynaklanmıştır.

Kuru ve sulu koşullarda Zeleny sedimentasyon değeri ile un protein miktarı arasında çok önemli pozitif korelasyon dikkati çekmiştir (Şekil 4.16). B1 valsi kırma unu verimi ise un protein miktarı artışı ile düşmüştür. Yine her iki koşulda da STK-laktik asit ile un protein miktarı arasında pozitif korelasyon Şekil 4.17'de verilmiştir. Gluten kalitesinin indikatörü olan ve fonksiyonel proteinler (glutenin) ile ilgili bilgiler sağlayan STK-laktik asit (Slade ve Levine 1994, Gaines 2000, Guttieri vd. 2001) ile kırma protein miktarı arasındaki pozitif korelasyonda dikkati çekmiştir. Sulu ve kuru koşullarda protein miktarı artışı ile gluten kuvvetini arttıran proteinlerde arttığından beklendiği gibi bisküvilik kalite için düşük olması istenilen değerlerde artışa neden olmuştur.

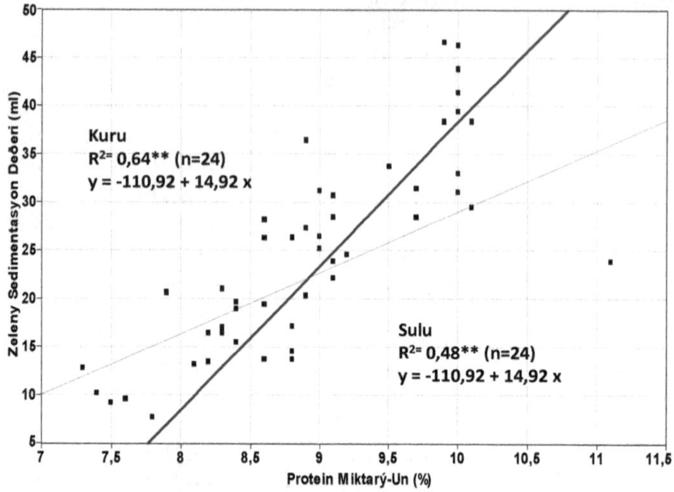

Şekil 4.16. Kuru ve sulu koşullarda Zeleny sedimentasyon değeri ile protein miktarı arasındaki ilişki

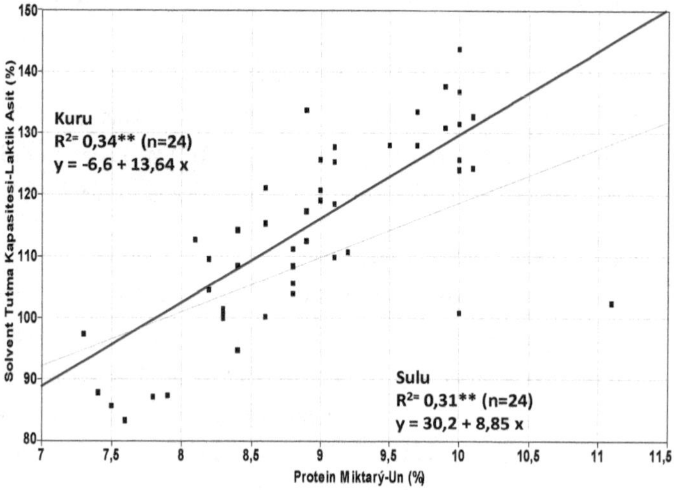

Şekil 4.17. Kuru ve sulu koşullarda STK-laktik asit ile protein miktarı arasındaki ilişki

4.5.2. Zeleny sedimentasyon değeri

Buğday kalitesini belirlemede kullanılan en önemli verilerden birisi belli randıman ve irilikteki un parçacıklarının sulu zayıf asitlerde, su alıp şişmesi ve belirli sürelerde çökmeleri sonucu oluşan hacmin ölçülmesi esasına dayanan Zeleny sedimentasyon testidir (Ünal 1991). Sedimentasyon değeri protein kalitesini belirleyen daha çok kalıtımın etkisi altında olan bir kriterdir (Zeleny 1971, Atlı 1987). Sedimentasyon değeri çevreye göre çeşitten daha fazla etkilenmektedir (Koçak vd.,1992). Zeleny sedimentasyon değeri 27,0 ml'nin altı ekmeklik bakımından zayıf kabul edilmektedir (Ünal 1991). Sedimentasyon indeksi (Zeleny testi) seyreltik laktik asitte un süspansiyonunun hacmini ölçer. Böylece elde edilen çökme miktarı unun ekmek yapım kalitesi ile yakından ilgili olan gluteninlerin şişmesi ile ilişkilidir (Eckert vd. 1993). Bisküvilik unlarda sedimentasyon değerinin düşük olması istenir (Özkaya 2008). Pedersen vd. (2004) yaptıkları çalışmada yumuşak bisküvilik buğday unlarında Zeleny sedimentasyon değerinin <10-29 ml arasında değiştiğini belirtmişlerdir.

Kuru koşullarda unda örnekler arasında Zeleny sedimentasyon değeri yönünden önemli istatistiki farklılık bulunmuştur. Kuru koşullarda örneklerin protein miktarına ait varyans analiz sonuçları Çizelge 4.79'da, ortalama değerler ve önemlilik grupları ise Çizelge 4.80'de verilmiştir. Kuru koşullarda 12, 8 ve 13 no'lu hatlar aynı grupta ve en düşük Zeleny sedimentasyon değerleri ile dikkati çekmişlerdir (< 15 ml). 9 no'lu hattında Zeleny sedimentasyon değeri 20,0 ml'nin altında bulunmuştur. 14, 7, 11 no'lu hatlar ile Gerek79 ve Ak702 çeşitlerinde değerler 27,0 ml'nin altında ve aynı gruptadır.

Çizelge 4.79. Kuru koşullarda örneklerin Zeleny sedimentasyon değerine ait varyans analiz sonuçları

Varyasyon kaynakları	SD	KT	KO	F değeri
Tekerrür	2	4	2	0,6389
Çeşit	23	6893,5	299,7174	95,7431**
Hata	46	144	3,13	
Toplam	71	7041,5		
Toplam	71	66,00357		

D.K.: % 5,8 ** : % 1 düzeyinde önemli

Çizelge 4.80. Kuru koşullarda Zeleny sedimentasyon değerine ait ortalamalar ve önemlilik grupları

Örnek no	Zeleny sedimentasyon değeri (%)	
Bezostaja1	47,0	a
21	46,7	a
18	44,3	ab
23	41,7	bc
19	39,7	cd
4	38,7	de
22	38,7	de
3	36,7	e
17	33,3	f
6	31,7	fg
Çetinel2000	31,3	fh
1	31,0	fh
16	29,7	gh
2	28,7	hı
Yıldız98	28,7	hı
Gerek79	26,7	ıj
11	25,3	j
7	24,7	jk
14	24,0	jk
Ak702	22,3	k
9	17,3	l
13	14,7	lm
8	13,7	m
12	13,7	m
Ortalama	**30,4**	

A.Ö.F. (0,05): 2,91

Sulu koşullarda unda örnekler arasında Zeleny sedimentasyon değeri yönünden önemli istatistiki farklılık bulunmuştur. Sulu koşullarda örneklerin protein miktarına ait varyans analiz sonuçları Çizelge 4.81'de, ortalama değerler ve önemlilik grupları ise Çizelge 4.82'de verilmiştir. Sulu koşullarda kuruya göre Zeleny sedimentasyon değerleri düşmüştür. Sulu koşullarda Zeleny sedimentasyon değeri 9, 8, 12 ve 13 11,0 ml nin altındadır ve aynı grupta yer almaktadırlar. 11, 17, 16, 19, 21, 22, 14 ve 18 no'lu hatlar ile Yıldız98 ve Gerek79 çeşitlerinde Zeleny sedimentasyon değeri 20,0 ml ve altında gerçekleşmiştir. Bezostaja1 ve 2 no'lu örneklerde 30,0 ml'nin üzerine çıkmıştır. 9, 8, 12, 13, 11, 14 ve Gerek79'un kuru koşullarda da Zeleny sedimentasyon değeri düşük elde edilmiştir.

Çizelge 4.81. Sulu koşullarda örneklerin Zeleny sedimentasyon değerine ait varyans analiz sonuçları

Varyasyon kaynakları	SD	KT	KO	F değeri
Tekerrür	2	3,5278	1,7639	1,4895
Çeşit	23	3677,111	159,8744	135,0087**
Hata	46	54,4722	1,184	
Toplam	71	3735,111		

D.K.: % 5,6 ** : % 1 düzeyinde önemli

Çizelge 4.82. Sulu koşullarda Zeleny sedimentasyon değerine ait ortalamalar ve önemlilik grupları

Örnek no	Zeleny sedimentasyon değeri (%)	
Bezostaja1	34,3	a
2	31,7	b
3	28,7	c
4	27,7	cd
1	26,7	d
23	26,7	d
Ak702	24,3	e
7	21,3	f
Çetinel2000	21,0	fg
6	20,7	fg
Gerek79	20,0	fg
18	19,7	fg
14	19,3	g
22	17,3	h
19	16,7	h
21	16,7	h
16	15,7	h
17	13,7	ı
Yıldız98	13,3	ı
11	13,0	ı
13	10,3	j
12	9,7	j
8	9,3	jk
9	7,7	k
Ortalama	**19,4**	

A.Ö.F. (0.05): 1,79

İncelenen kalite özellikleri arasında yapılan korelasyon analizine göre Zeleny sedimentasyon değeri ile önemli korelasyon veren kalite kriterleri kuru koşullarda Çizelge 4.83'de ve sulu koşullarda Çizelge 4.84'te verilmiştir.

Çalışmada sulu koşullarda bisküvi çapı ile Zeleny sedimentasyon değeri arasında önemli negatif korelasyon bulunmuştur. Kuru koşullarda ise bisküvi toplam duyusal puan Zeleny sedimentasyon değeri artışı ile düşmüştür. Öztürk vd. (2008) bisküvi çapı ile Zeleny sedimentasyon değeri arasında P=0.01 düzeyinde belirgin negatif korelasyon bildirmişlerdir. Zhang vd. (2007) yaptıkları çalışmada Zeleny sedimentasyon değeri ile bisküvi çap, kalınlık ve yayılma faktörü arasında bir ilişki bulamamışlardır. Pedersen vd. (2004) yaptıkları çalışmada ise yumuşak buğday ununda Zeleny sedimentasyon değeri ile bisküvi fiziksel özellikleri arasında ilişki bulmuşlardır.

Gluten kalitesini ve kuvvetini gösteren değerler ile sulu ve kuru koşullarda Zeleny sedimentasyon değeri ile pozitif korelasyon dikkati çekmiştir. Şekil 4.18'de alveokonsistograf enerji değeri ile ve Şekil 4.19'da farinograf stabilite değeri ile Zeleny sedimentasyon değeri arasındaki çok önemli pozitif korelasyon gösterilmiştir.

Çizelge 4.83. Kuru koşullarda Zeleny sedimentasyon değeri ile önemli korelasyon değeri veren kalite kriterleri

Kalite kriteri	Korelasyon katsayısı	n
ALVEO-D250	-0,5230**	24
ALVEO-Fb	0,5548**	24
ALVEO-Iec	0,6736**	22
ALVEO-Tol	0,5724**	23
BİS-DPUAN	-0,4437*	24
BİS-TÖ	-0,5253**	24
DSC-JPS	0,4872*	24
FARİ-GS	0,4721*	24
FARİ-STAB	0,6936**	24
FARİ-YD	-0,6346**	24
FARİ-YT	-0,6672**	24
MLAB-STAB	0,6778**	22
RVA-PZ	0,6265**	24
STK-LAK	0,7412**	24
UN-GI	0,6078**	24
UN-PROT	0,7985**	24
UN-YG	0,5277**	24

** : % 1 düzeyinde önemli * : % 5 düzeyinde önemli

Çizelge 4.84. Sulu koşullarda Zeleny sedimentasyon değeri ile önemli korelasyon değeri veren kalite kriterleri

Kalite kriteri	Korelasyon katsayısı	n
ALVEO-A	0,6593**	24
ALVEO-Ex	0,6661**	24
ALVEO-Fb	0,7179**	24
ALVEO-Iec	0,6763**	23
ALVEO-Fb(40)	0,4414*	23
ALVEO-Tol	0,4376*	24
ALVEO-TPrmaks	0,513*	24
ALVEO-Wa	0,4441*	24
BİS-ÇAP	-0,4381*	24
EX-A90'	0,4644*	24
EX- Rm135'	0,681**	23
EX-A135'	0,679**	23
EX-A45'	0,5017*	23
EX-E45'	0,5434**	23
EX-R5135'	0,6171**	23
EX-R590'	0,5001*	24
EX-Rm90'	0,5648**	24
FARİ-GS	0,5634**	24
FARİ-SA	0,444*	24
FARİ-STAB	0,7524**	24
FARİ-YD	-0,6325**	24
FARİ-YT	-0,6805**	24
MLAB C2	0,5003*	24
MLAB C3-C2	-0,4416*	24
ÖĞ-B3	-0,4269*	24
RVA-PZ	0,5459**	24
STK-LAK	0,7562**	24
UN-KG	0,7049**	24
UN-PROT	0,6923**	24
UN-YG	0,8043**	24

** : % 1 düzeyinde önemli * : % 5 düzeyinde önemli

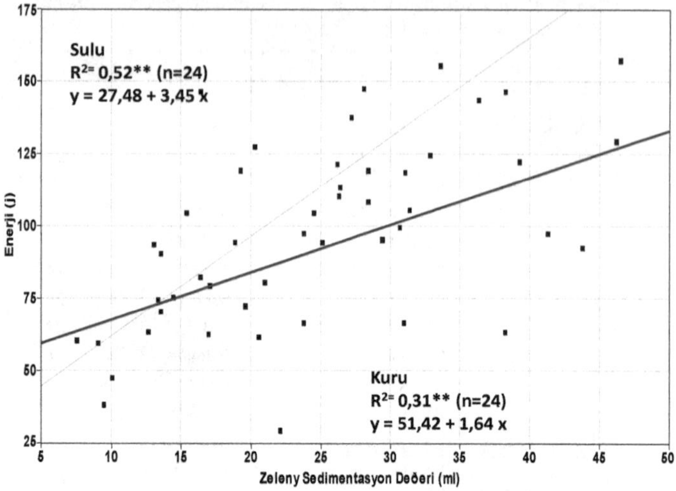

Şekil 4.18. Kuru ve sulu koşullarda enerji -alveo-konsistograf değeri ile Zeleny sedimentasyon değeri arasındaki ilişki

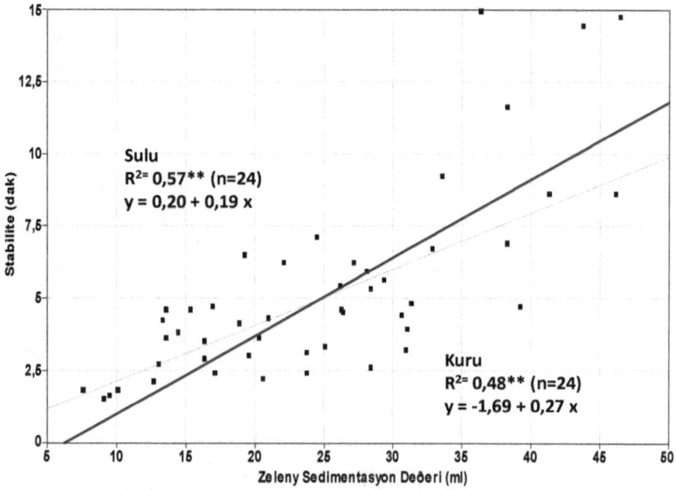

Şekil 4.19. Kuru ve sulu koşullarda stabilite-farinograf değeri ile Zeleny sedimentasyon değeri arasındaki ilişki

4.5.3. Kül miktarı

Değirmende un randımanı yaygın şekilde un kül konsantrasyonuna gore tanımlanmaktadır. Kül konsantrasyonuda merkezi endospermdeki mineral konsantrasyonu ve alöron tabakasndan karışan kısmın mineral konsantrasyonuna bağlıdır (Guttieri vd. 2010). Kül oranı yüksek olan unların bisküvinin rengini olumsuz yönde etkilediği için önemli olduğu belirtilmiştir (Doğan ve Uğur 2004).

Kuru koşullarda unda örnekler arasında kül miktarı yönünden önemli istatistiki farklılık bulunmuştur. Kuru koşullarda örneklerin kül miktarına ait varyans analiz sonuçları Çizelge 4.85'de, ortalama değerler ve önemlilik grupları ise Çizelge 4.86'da verilmiştir. Kuru koşullarda kül miktarı bakımından 9, 23, 21, 14, 3, Ak702 ve Gerek79 düşük ve aynı grupta yer almıştır. Kül miktarı 6, 7, 8 ve Yıldız98'de % 0,450 ve üzerinde daha yüksek bulunmuştur.

Sulu koşullarda unda örnekler arasında kül miktarı yönünden önemli istatistiki farklılık bulunmuştur. Sulu koşullarda örneklerin kül miktarına ait varyans analiz sonuçları Çizelge 4.87'de, ortalama değerler ve önemlilik grupları ise Çizelge 4.88'de verilmiştir. Sulu koşullarda kül miktarı 7, 17, 12, 16, 23, 2, 6, 21, 9, 13, Ak702 ve Yıldız98'de düşük ve aynı grupta bulunmuştur.

Kuru ve sulu koşullarda incelenen kalite özellikleri arasında yapılan korelasyon analizine göre kül miktarı ile diğer kalite kriterleri arasında önemli bir ilişki bulunmamıştır. Zhang vd. (2007) yaptıkları çalışmada bisküvi yayılma faktörü arasında önemli bir ilişki bulamamışlardır.

Çizelge 4.85. Kuru koşullarda örneklerin kül miktarına ait varyans analiz sonuçları

Varyasyon kaynakları	SD	KT	KO	F değeri
Tekerrür	2	0,00000075	0,0000004	0,004
Çeşit	23	0,020037	0,000871	9,3954**
Hata	46	0,004265	0,000093	
Toplam	71	0,024303		

D.K.: % 2,2 ** : % 1 düzeyinde önemli

Çizelge 4.86. Kuru koşullarda örneklerin kül miktarına ait ortalamalar ve önemlilik grupları

Örnek no	Kül miktarı %	
6	0,467	a
7	0,463	ab
8	0,451	bc
Yıldız98	0,450	bc
1	0,443	cd
18	0,443	cd
4	0,442	ce
11	0,441	ce
17	0,438	cf
2	0,433	dg
Bezostaja1	0,432	dh
19	0,431	dh
13	0,430	dh
16	0,430	dh
22	0,427	eı
Çetinel2000	0,425	fı
12	0,422	gj
Gerek79	0,417	hk
3	0,414	ık
14	0,413	ık
21	0,412	ık
Ak702	0,408	jk
23	0,407	jk
9	0,406	k
Ortalama	**0,431**	

A.Ö.F. (0,05): 0,016

Çizelge 4.87. Sulu koşullarda örneklerin kül miktarına ait varyans analiz sonuçları

Varyasyon kaynakları	SD	KT	KO	F değeri
Tekerrür	2	0,000108	0,000054	0,762**
Çeşit	23	0,007767	0,000338	4,7641
Hata	46	0,003261	0,000071	
Toplam	71	0,011136		

D.K.: % 2,0   ** : % 1 düzeyinde önemli

Çizelge 4.88. Sulu koşullarda örneklerin kül miktarına ait ortalamalar ve önemlilik grupları

Örnek no	Kül miktarı %	
19	0,440	a
8	0,439	ab
3	0,437	ac
14	0,437	ac
22	0,434	ad
Gerek79	0,432	ae
1	0,428	af
11	0,428	af
4	0,426	bg
18	0,424	ch
Çetinel2000	0,422	dı
Bezostaja1	0,420	ej
Ak702	0,418	ek
13	0,418	fk
9	0,416	fk
21	0,415	fk
2	0,414	gk
6	0,414	gk
16	0,412	hk
23	0,412	hk
12	0,411	hk
17	0,410	ık
7	0,407	jk
Yıldız98	0,406	k
Ortalama	**0,422**	

A.Ö.F. (0,05): 0,014

4.5.4. Zedelenmiş nişasta miktarı

Yumuşak ekmeklik buğdayların düşük proteine sahip olmaları ve yumuşak yapısı nedeni ile zedelenmiş nişasta miktarlarının çok düşük olmasından dolayı bisküvi ve kek yapımına uygun olduğu belirtilmiştir (Atlı 1999). Zedelenmiş nişasta miktarı bisküvide belirgin etkinliğe sahiptir (boyut, yoğunluk gibi) ve bu yüzden bisküvi pişirme sırasında zamanı kısaltmak için düşük zedelenmiş nişasta miktarına sahip unlar istenmektedir (Dubat 2004). Yumuşak buğdaylarda proteinin nişasta yüzeyini tamamen kaplamamış olduğu, kırılmış (zedelenmiş) nişasta granüllerinin olmadığı veya çok az olduğu bunun da nişasta ile protein arasındaki bağın zayıflığından dolayı kolayca kopmasından kaynaklandığı belirtilmiştir (Özkaya ve Özkaya 2005). Bir araştırmada Buhler değirmeninde farklı vals basıncı uygulayarak farklı seviyelerde nişasta zedelenmesi sağlanmıştır. Zedelenmiş nişasta su absorpsiyonunu, alveograf P ve P/L değerlerini etkilemiştir. Ayrıca jelatinizasyon entalpisinin nişasta zedelenmesi ile korelasyonu önemli bulunmuştur (Jovanovich ve Lupano 2003). Islah materyalinde hatların son kullanım kalitelerinin değerlendirilmesinde zedelenmiş nişasta miktarı önemli bilgiler sağlamaktadır (Krishnan vd. 2011). Abboud vd. (1985) 44 ticari yumuşak buğday ununda yaptıkları çalışmada bisküvi çapının yüksek oranda zedelenmiş nişasta miktarı ve su absorpsiyonuna bağlı olduğunu ifade etmişlerdir. Artan nişasta zedelenmesinin hamur yapışkanlığını arttırdığı bisküvi çapını düşürdüğü belirtilmiştir (Gaines vd. 1988). Donelson ve Gaines (1998) yaptıkları çalışmada artan zedelenmiş nişasta miktarı ile alkali su tutma kapasitesi artmış, bisküvi çapı düşmüştür. Barrera vd. (2007) yaptıkları çalışmada unun solvent tutma ve alkali su tutma kapasitesi belirgin şekilde zedelenmiş nişasta içeriği tarafından arttırılmıştır. Zedelenmiş nişasta içeriği arttıkça bisküvi kalitesi belirgin şekilde düşmüştür. Yumuşak buğdaylarda sert buğdaylara göre zedelenmiş nişasta miktarının daha düşük olduğu bildirilmiştir (Rogers vd. 1993, Labuschagne vd. 1997, Faridi vd. 2000).

Kuru koşullarda unda örnekler arasında zedelenmiş nişasta miktarı yönünden önemli istatistiki farklılık bulunmuştur. Kuru koşullarda örneklerin zedelenmiş nişasta miktarına ait varyans analiz sonuçları Çizelge 4.89'da, ortalama değerler ve önemlilik grupları ise Çizelge 4.90'da verilmiştir. Kuru koşullarda zedelenmiş nişasta miktarı bakımından 14 no'lu hat 10,0 UCD'in altında en düşük değer ile ayrı grupta yer almıştır. 19, 18 4, 6, 22, 23 no'lu hatlar ile Yıldız98 ve Ak702 çeşitlerinin de zedelenmiş nişasta miktarı 10,0-12,0 UCD arasında ve düşüktür. Yine 11, 2, 3 ve Gerek79 da ise 13,0 UCD'in altındadır. Sert ekmeklik çeşit Bezostaja1'in ise oldukça yüksek bulunmuştur (21,4 UCD). 7, 9, 12, 1, 17, 16 ve Çetinel2000 zedelenmiş nişasta miktarı bakımından diğer hatlardan daha yüksek değer vermişlerdir.

Çizelge 4.89. Kuru koşullarda örneklerin zedelenmiş nişasta miktarına ait varyans analiz sonuçları

Varyasyon kaynakları	SD	KT	KO	F değeri
Tekerrür	2	0,04861	0,02431	1,167
Çeşit	23	418,4661	18,19418	873,5738**
Hata	46	0,95806	0,0208	
Toplam	71	419,4728		

D.K.: % 1,1 ** : % 1 düzeyinde önemli

Çizelge 4.90. Kuru koşullarda örneklerin zedelenmiş nişasta miktarına ait ortalamalar ve önemlilik grupları

Örnek no	Zedelenmiş nişasta miktarı %	
Bezostaja1	21,4	a
7	15,3	b
9	14,5	c
12	14,4	c
1	14,3	c
17	14,0	d
16	13,9	de
21	13,7	e
Çetinel2000	13,7	e
13	13,2	f
8	13,0	fg
11	12,8	gh
2	12,7	h
3	12,3	ı
Gerek79	12,2	ı
23	11,6	j
Ak702	11,5	j
22	11,5	j
6	11,2	k
4	11,2	k
Yıldız98	10,5	l
18	10,3	lm
19	10,1	m
14	8,6	n
Ortalama	**12,8**	

A.Ö.F. (0,05): 0,24

Sulu koşullarda örnekler arasında zedelenmiş nişasta miktarı yönünden önemli istatistiki farklılık bulunmuştur. Sulu koşullarda örneklerin zedelenmiş nişasta miktarına ait varyans analiz sonuçları Çizelge 4.91'de, ortalama değerler ve önemlilik grupları ise Çizelge 4.92'de verilmiştir. Sulu koşullarda zedelenmiş nişasta miktarı kuruya göre daha yüksek bulunmuştur. Fakat genelde bisküvilik buğdaylar için istenilen 16,0 UCD'nin altındadır (Anonim 2011). Kuru koşullarda olduğu gibi 14 no'lu hat en düşük ve Bezostaja1 çeşidi en yüksek zedelenmiş nişasta miktarına sahip olmuştur. 2 ve Gerek79 13,0 UCD'nin altında zedelenmiş nişasta miktarı ile aynı grupta yer almışlardır. 21, 22, 18, 3, 4 ve 19 no'lu hatlar ile Yıldız98 ve Ak702 çeşitlerinde 15,0 UCD'in altında zedelenmiş nişasta miktarı elde edilmiştir. 17, 23, 7 ve 11 no'lu hatlar ile Çetinel2000 çeşidinin ise zedelenmiş nişasta miktarı 17,0 UCD'in üzerindedir.

Çizelge 4.91. Sulu koşullarda örneklerin zedelenmiş nişasta miktarına ait varyans analiz sonuçları

Varyasyon kaynakları	SD	KT	KO	F değeri
Tekerrür	23	436,4988	18,97821	539,9985
Çeşit	2	0,00333	0,00167	0,0474**
Hata	46	1,61667	0,0351	
Toplam	71	438,1188		

D.K.: % 1,21 ** : % 1 düzeyinde önemli

Çizelge 4.92. Sulu koşullarda örneklerin zedelenmiş nişasta miktarına ait ortalamalar ve önemlilik grupları

Örnek no	Zedelenmiş nişasta miktarı %	
Bezostaja1	23,9	a
Çetinel2000	18,0	b
17	17,5	c
7	17,4	c
23	17,4	c
11	17,0	d
12	16,9	d
1	16,7	de
8	16,5	e
13	16,1	f
16	15,8	f
9	15,2	g
6	15,1	g
19	14,9	gh
3	14,7	h
4	14,3	ı
18	14,2	ı
Yıldız98	14,1	ı
Ak702	14,0	ı
22	13,6	j
21	13,3	j
2	12,3	k
Gerek79	12,2	k
14	12,0	k
Ortalama	**15,5**	

A.Ö.F. (0,05): 0,31

Kuru koşullarda incelenen kalite özellikleri arasında yapılan korelasyon analizine göre zedelenmiş nişasta miktarı ile önemli korelasyon veren kalite kriterleri kuru koşullarda Çizelge 4.93'de ve sulu koşullarda Çizelge 4.94'de verilmiştir. Buna göre zedelenmiş nişasta miktarı ile bisküvi yayılma faktörü arasında hem kuru hem de sulu koşullarda çok önemli negatif korelasyon bulunmuştur (Şekil 4.20). Zedelenmiş nişasta miktarı ile bisküvi yayılma faktörü arasında negatif çok önemli korelayon ifade edilen (r=-0.67) çalışmada bisküvi yayılma faktörünü tahmin etmek için formülasyon belirlenmiştir. Bu formüle göre zedelenmiş nişasta miktarının da dahil olduğu formülasyon bisküvi çapındaki % 68 varyasyonu açıklayabilmektedir (Moiraghi vd. 2011). Bisküvi çapı ile zedelenmiş nişasta miktarı arasında P=0.001 düzeyinde belirgin negatif korelasyon bildirilmiştir (Öztürk vd. 2008). Bir çok araştırmacı tarafından zedelenmiş nişasta miktarı ile bisküvi çapı arasında negatif korelasyon bulunmuştur (Gaines vd. 1988, Bettge vd. 1989, Kaldy vd. 1991, Faridi vd. 1994, Souza vd.1994). Zedelenmiş nişasta içeriği arttıkça bisküvi kalitesi belirgin şekilde düştüğü belirtilen çalışmada sulu koşullarda zedelenmiş nişasta miktarı ile bisküvi toplam duyusal puan arasında negatif ilişki gözlenmiştir (Barrera vd. 2007). Kuru koşullarda bisküvi yayılma faktörünü açıklamak amacıyla yapılan stepwise analize göre kullanılabilecek Denklem 1'de zedelenmiş nişasta miktarı yer almıştır.

Çizelge 4.93. Kuru koşullarda zedelenmiş nişasta miktarı ile önemli korelasyon değeri veren kalite kriterleri

Kalite kriteri	Korelasyon katsayısı	n
ALVEO-Wa	0,4887*	24
ASTK	0,5453**	24
BİS-KAL	0,6762**	24
BİS-ÇAP	-0,5707**	24
BİS-KÖ	-0,4197*	24
BİS-YFAK	-0,696**	24
DSC-JBS	-0,4643*	24
FARİ-GS	0,5210**	24
FARİ-SA	0,6930**	24
MLAB-C3	0,4459*	22
MLAB-C5	-0,5426**	22
MLAB-C5-C4	-0,6557**	22
ÖĞ-B3	-0,6615**	24
RVA-İD	-0,5608**	24
RVA-JBS	-0,4534*	24
RVA-PV	-0,5405**	24
RVA-PV/SV	-0,6595**	24
STK-SU	0,4617*	24

** : % 1 düzeyinde önemli * : % 5 düzeyinde önemli

Çizelge 4.94. Sulu koşullarda zedelenmiş nişasta miktarı ile önemli korelasyon değeri veren kalite kriterleri

Kalite kriteri	Korelasyon katsayısı	n
ALVEO-Wa	0,4487*	24
ASTK	0,6018**	24
BİS-DPUAN	-0,4435*	24
BİS-KAL	0,6696**	24
BİS-YFAK	-0,5776**	24
EX-R545'	0,5379**	23
EX-R590'	0,4907*	24
EX-Rm45'	0,4551*	23
EX-Rm90'	0,4228*	24
FARİ-GS	0,4687*	24
MLAB C1	0,5524**	24
MLAB C2	0,4184*	24
MLAB C2-C1	-0,5936**	24
MLAB C3-C2	-0,4473*	24
MLAB C5-C4	-0,4295*	24
MLAB STAB	-0,4723*	24
ÖĞ-C2	0,6478**	24
ÖĞ-C3	0,790**	24
ÖĞ-İUNU	0,5949**	24
RVA-PV	-0,4234*	24
STK-SAK	0,6061**	24
STK-SKAR	0,4552*	24
STK-SU	0,7079**	24

** : % 1 düzeyinde önemli * : % 5 düzeyinde önemli

Öğütme irmik unu arttıkça sulu koşullarda zedelenmiş nişasta miktarı artmıştır. Bu durum artan öğütme valslerinde artan basınçtan kaynaklanmaktadır. Solvent tutma kapasitesi analizlerinden alkali su tutma kapasitesi ve STK-su (Şekil 4.21) ile hem kuru hem sulu koşullarda, STK-sodyum karbonat ve STK-sakkaroz ile yalnızca sulu koşullarda önemli pozitif korelasyon dikkati çekmiştir. Zedelenmiş nişasta miktarı ile STK-su ve STK-sodyum karbonat değerleri ile arasında yüksek linear pozitif korelasyon Duyvejonck vd. (2011) tarafından da ifade edilmiştir. Bu çalışmada da artan zedelenme ile birlikte nişastanın su absorpsiyonu arttığı için unun solvent tutma ve alkali su tutma kapasitesi belirgin şekilde zedelenmiş nişasta içeriği tarafından arttırılmıştır. Alveo-konsistograf ve farinograf su absorpisyon değerleri ile pozitif korelasyonda bunu doğrulamaktadır.

Çalışmada nişasta çirişlenme özelliklerinden pik viskozite değeri zedelenmiş nişasta miktarı ile düşüş göstermiştir (Şekil 4.22). Nişasta zedelenmesi artıkça artan absorpiyonla birlikte mekanik karıştırmanın devam ettiği düşünüldüğünde nişasta parçalanması daha kolay olmakta ve viskozite azalmaktadır. Ayrıca suyun nişastaya nüfuzu kolaylaştığından jelatinizasyon daha erken başlamaktadır. Soğutma sırasında molekül dışına çıkan amiloz ve/veya amilopektinin artan su ile birlikte daha az bağ oluşturacak ortam bulmakta böylece nişasta retrogradasyonu azalmaktadır. Miksolab C5-C4 farkındaki azalma bunu doğrulamaktadır.

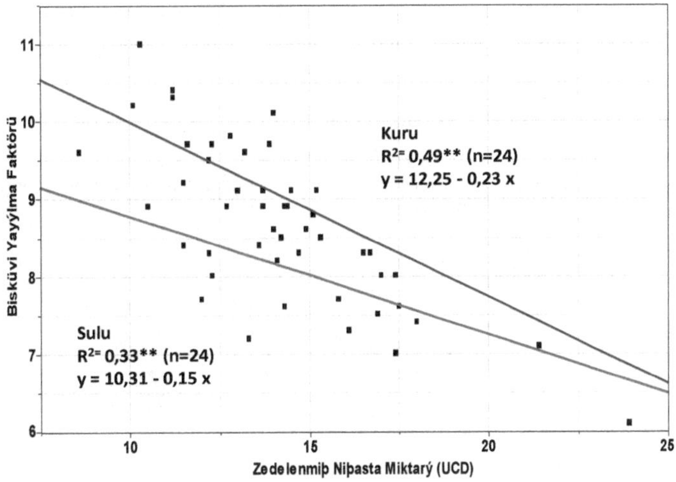

Şekil 4.20. Kuru ve sulu koşullarda bisküvi yayılma faktörü ile zedelenmiş nişasta miktarı arasındaki ilişki

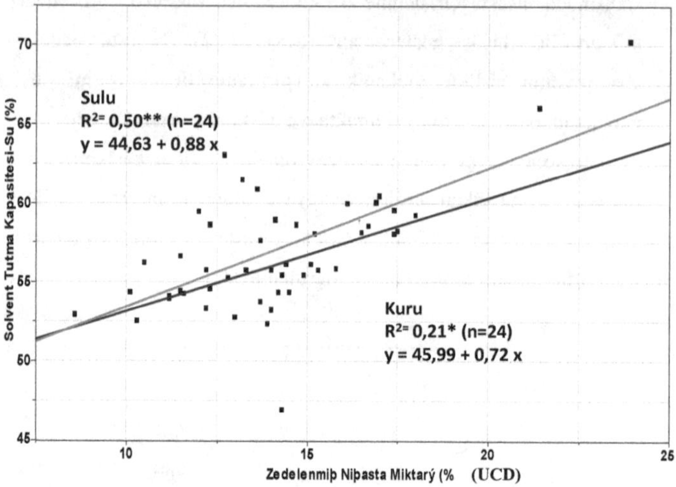

Şekil 4.21. Kuru ve sulu koşullarda solvent tutma kapasitesi-su ile zedelenmiş nişasta miktarı arasındaki ilişki

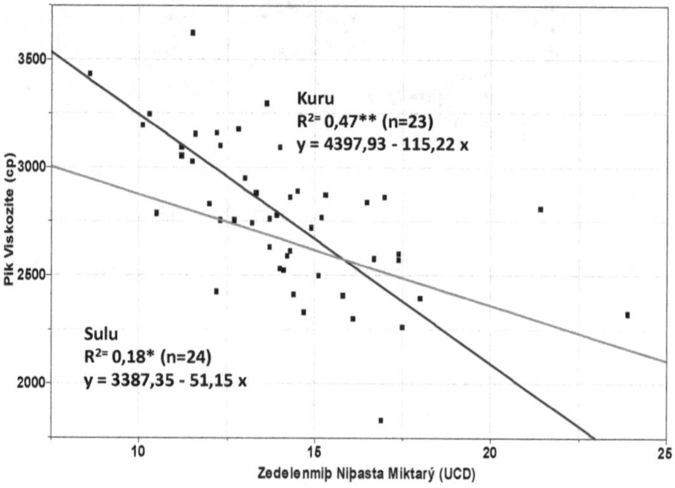

Şekil 4.22. Kuru ve sulu koşullarda pik viskozite-RVA ile zedelenmiş nişasta miktarı arasındaki ilişki

4.5.5. Yaş ve kuru gluten miktarı

Buğdaylarda proteinin % 80-85'ini gluten oluşturur ve protein miktarı ile ilişkilidir. Hamurun iskeletini meydana getirir. Ham protein miktarı unda bulunan toplam azot ile ilgili olduğu halde kalite glutenin karakteri ile ilgilidir (Ünal 1991). Undaki gluten miktarı ve kalitesi unun hangi ürün için kullanılacağının bir göstergesi olduğundan önemli bir faktördür. Bisküvi yapımında genelde düşük gluten içerikli zayıf unlar tercih edilir (Doğan ve Uğur 2004). Bisküvilik unlarda glutenin düşük oranda ve zayıf karakterde olması istenir. Bazı durumlarda gluten özellikleri değiştirmek (zayıflatmak) ve sürekli üretim tekniğine uydurabilmek için sülfit, sistein, glutation gibi indirgen maddeler, kükürt içeren aminoasitler, proteolitik enzimler ve mekaniksel etkiler kullanılır. Böylece hamur reolojik özellikleri değiştirilerek yumuşatılır ve elastikiyeti düşürülür (Özkaya ve Özkaya 1996). Elde edilen yaş özün belli süre bekletilmesi ve yayılma özelliklerinin değerlendirilmesinin de gluten kalitesinin değerlendirilmesinde kullanılabileceği ifade edilmiştir (Elgün 2008). Düşük protein ve zayıf gluten miktarına sahip yumuşak buğdayların bisküvi yapımı için tercih edildiği belirtilmektedir (Souza vd. 1994, Slade ve Levine 1994). Sagib vd. (2007) tarafından çeşitlerin kalite özellikleri üzerine yapılan çalışmada Sarsabz çeşidi % 26,8 yaş gluten miktarı ile bisküvilik olarak önerilmiştir. Pedersen vd. (2004) yumuşak bisküvilik buğday unlarında yaş gluten miktarını % 17,7-23,4 arasında bulmuşlardır.

Kuru koşullarda unda örnekler arasında yaş ve kuru gluten miktarı bakımından önemli istatistiki farklılık bulunmamıştır. Kuru koşullarda örneklerin yaş ve kuru gluten miktarına ait varyans analiz sonuçları Çizelge 4.95 ve Çizelge 4.96'da, ortalama değerler ise Çizelge 4.97 ve Çizelge 4.98'de verilmiştir. Kuru koşullarda protein miktarı en düşük olan 12 no'lu hattın yaş ve kuru gluten miktarı da en düşük olmuştur (% 20,0 ve % 6,7). 8, 21, 22, 3, 13 no'lu hatların ve Gerek79, Yıldız98 ve Çetinel2000'nin hem yaş hem kuru gluten miktarları düşük olarak elde edilmiştir.

Çizelge 4.95. Kuru koşullarda örneklerin yaş gluten miktarına ait varyans analiz sonuçları

Varyasyon kaynakları	SD	KT	KO	F değeri
Tekerrür	2	16,58524	8,29262	0,6973
Çeşit	23	263,0936	11,43885	0,9619
Hata	41	487,5902	11,8924	
Toplam	66	762,64		

D.K.: % 14,0

Çizelge 4.96. Kuru koşullarda örneklerin kuru gluten miktarına ait varyans analiz sonuçları

Varyasyon kaynakları	SD	KT	KO	F değeri
Tekerrür	2	0,938709	0,469355	0,3323
Çeşit	23	38,00815	1,652528	1,17
Hata	40	56,49462	1,41237	
Toplam	65	96,40364		

D.K.: % 14,1

Çizelge 4.97. Kuru koşullarda örneklerin yaş gluten miktarına ait ortalamalar

Örnek no	Yaş gluten miktarı %
16	27,9
Bezostaja1	27,8
19	27,6
18	27,3
17	26,7
4	26,0
23	25,3
1	25,3
2	25,0
11	24,8
6	24,5
9	24,5
7	24,5
14	24,2
Yıldız98	24,0
Çetinel2000	23,8
Gerek79	23,5
Ak702	23,5
13	23,3
3	23,3
22	22,0
21	21,8
8	21,5
12	20,0
Ortalama	**24,5**

Ö.D.

Çizelge 4.98. Kuru koşullarda örneklerin kuru gluten miktarına ait ortalamalar

Örnek no	Kuru gluten miktarı %
16	9,8
18	9,6
Bezostaja1	9,2
17	9,2
4	9,1
19	9,1
7	8,8
14	8,7
11	8,7
9	8,6
23	8,5
Ak702	8,3
2	8,3
Çetinel2000	8,2
1	8,2
Yıldız98	8,1
3	8,1
6	8,1
Gerek79	8,1
13	7,7
22	7,5
8	7,2
21	7,2
12	6,7
Ortalama	**8,4**
Ö.D.	

Sulu koşullarda unda örnekler arasında yaş ve kuru gluten miktarı bakımından önemli istatistiki farklılık bulunmuştur. Sulu koşullarda örneklerin yaş ve kuru gluten miktarına ait varyans analiz sonuçları Çizelge 4.99 ve Çizelge 4.100'de, ortalama değerler ve önemlilik grupları ise Çizelge 4.101 ve Çizelge 4.102'de verilmiştir. Sulu koşullarda 12, 13 no'lu hatlar denemede en düşük kuru ve yaş gluten miktarlarına sahiplerdir. Yine 9, 22, 8, 11 ve 7 no'lu hatların ve Yıldız98 ve Çetinel2000'nin hem kuru hem yaş gluten miktarları düşüktür. 12, 13, 8, 22, Yıldız98 ve Çetinel2000 genel olarak hem sulu hem de kuru koşullarda düşük yaş ve kuru gluten miktarı ile dikkati çekmişlerdir.

Çizelge 4.99. Sulu koşullarda örneklerin yaş gluten miktarına ait varyans analiz sonuçları

Varyasyon kaynakları	SD	KT	KO	F değeri
Tekerrür	2	101,3704	50,68519	8,8977**
Çeşit	23	745,2429	32,40186	5,6881**
Hata	43	244,9471	5,6964	
Toplam	68	1090,875		

D.K.: % 9,8 ** : % 1 düzeyinde önemli

Çizelge 4.100. Sulu koşullarda örneklerin kuru gluten miktarına ait varyans analiz sonuçları

Varyasyon kaynakları	SD	KT	KO	F değeri
Tekerrür	2	7,971959	3,98598	5,6552**
Çeşit	23	60,18305	2,616654	3,7125**
Hata	41	28,89804	0,70483	
Toplam	66	96,80142		

D.K.: % 11,0 ** : % 1 düzeyinde önemli

Çizelge 4.101. Sulu koşullarda örneklerin yaş gluten miktarına ait ortalamalar ve önemlilik grupları

Örnek no	Yaş gluten miktarı %	
Ak702	31,4	a
Bezostaja1	31,3	ab
2	27,4	bc
3	26,8	c
1	26,5	cd
4	26,4	cd
18	26,3	cd
23	26,2	cd
19	25,8	ce
6	25,7	cf
14	24,6	cg
21	24,3	ch
16	24,0	ch
17	24,0	ch
Gerek79	23,7	ch
7	22,3	dı
Çetinel2000	22,0	eı
Yıldız98	21,4	eı
9	21,3	fı
8	21,1	gı
11	21,0	gı
22	20,7	hı
13	19,3	ı
12	18,5	ı
Ortalama	**24,2**	

A.Ö.F. (0,05): 3,93

Çizelge 4.102. Sulu koşullarda örneklerin kuru gluten miktarına ait ortalamalar ve önemlilik grupları

Örnek no	Kuru gluten miktarı %	
Ak702	10,4	a
2	8,6	b
1	8,4	bc
Bezostaja1	8,4	bc
4	8,4	bc
23	8,4	bc
18	8,2	bd
6	8,1	be
14	7,9	bf
17	7,8	bf
3	7,7	bf
21	7,6	bf
Gerek79	7,6	bf
16	7,5	bg
19	7,5	bg
Çetinel2000	7,5	bg
7	7,1	bh
Yıldız98	6,9	ch
11	6,8	dh
8	6,8	dh
22	6,6	fh
9	6,6	fh
13	6,2	gh
12	5,9	h
Ortalama	**7,6**	

A.Ö.F. (0,05): 1,38

Çalışmada sulu koşullarda ve kuru koşullarda kuru ve yaş gluten miktarı ile bisküvi fiziksel özellikleri arasında bir ilişki gözlenmemiştir (Çizelge 4.103, 4.104, 4.105 ve 4.106). Pedersen vd. (2004) yaptıkları çalışmada yaş gluten miktarı ile bisküvi fiziksel özellikleri arasında çok zayıf etkileşim olduğunu belirtmişlerdir. Moiraghi vd. (2011) yaptıkları çalışmada protein ve gluten miktarı yalnızaca bisküvi sertliğini etkilemiş, bisküvi yayılma faktörü, zedelenmiş nişasta miktarı ve pentozan miktarı ile belirgin bir korelasyon bulunmamıştır. Yine aynı çalışmada zedelenmiş nişasta miktarı ve pentozan içeriğinin bir göstergesi olan STK-sakkaroz ile yaş ve kuru gluten miktarı arasında bir korelasyon elde edilmemiştir.

Kuru ve sulu koşullarda kırma unu verimi arttıkça gluten miktarı düşmüştür. Bu da bisküvilik unlar için aranan bir özelliktir. Düşük yaş ve kuru gluten miktarına sahip, yumuşak buğdayların kırma un verimi de yüksek olmaktadır. Sulu koşullarda yaş ve kuru gluten miktarı artışı ile gluten kuvvetini değerlerde artış olmuştur.

Kuru ve sulu koşullarda Şekil 4.23'de Zeleny sedimentasyon değeri ile yaş gluten miktarı arasındaki ilişki verilmiştir.

Çizelge 4.103. Kuru koşullarda yaş gluten miktarı değeri ile önemli korelasyon değeri veren kalite kriterleri

Kalite kriteri	Korelasyon katsayısı	n
ALVEO-Iec	0,5772**	22
ÖĞ-B1	-0,4848*	24
RVA-PZ	0,6424**	24
STK-LAK	0,594**	24
UN-KG	0,9347**	24
UN-PROT	0,5734**	24
UN-ZSED	0,5277**	24

** : % 1 düzeyinde önemli * : % 5 düzeyinde önemli

Çizelge 4.104. Kuru koşullarda kuru gluten miktarı değeri ile önemli korelasyon değeri veren kalite kriterleri

Kalite kriteri	Korelasyon katsayısı	n
ALVEO-Iec	0,4691*	22
ÖĞ-B1	-0,5543**	24
ÖĞ-KUNU	-0,4235*	24
RVA-PZ	0,5692**	24
STK-LAK	0,5203**	24
UN-PROT	0,448*	24

** : % 1 düzeyinde önemli * : % 5 düzeyinde önemli

Çizelge 4.105. Sulu koşullarda yaş gluten miktarı değeri ile önemli korelasyon değeri veren kalite kriterleri

Kalite kriteri	Korelasyon katsayısı	n
ALVEO-A	0,611**	24
ALVEO-Ex	0,6365**	24
ALVEO-Fb	0,6841**	24
ALVEO-Iec	0,6593**	23
ALVEO-Fb(40)	0,4576*	23
ALVEO-TPrmaks	0,4634*	24
DSC-JBS	0,4124*	24
DSC-JPS	0,5234**	24
EX- Rm135'	0,5912**	23
EX-A135'	0,4838*	23
EX-A45'	0,5434**	23
EX-R5135'	0,557**	23
EX-R590'	0,4891*	24
EX-Rm90'	0,523**	24
FARİ-GS	0,503*	24
FARİ-STAB	0,6727**	24
FARİ-YD	-0,5596**	24
FARİ-YT	-0,5855**	24
MLAB C2	0,4939*	24
MLAB C3-C2	-0,436*	24
ÖĞ-B3	-0,4695*	24
ÖĞ-KUNU	-0,477*	24
RVA-İD	-0,4186*	24
RVA-İSV	0,4188*	24
RVA-PZ	0,6905**	24
STK-LAK	0,7428**	24
UN-KG	0,9002**	24
UN-PROT	0,8818**	24
UN-ZSED	0,8043**	24

** : % 1 düzeyinde önemli * : % 5 düzeyinde önemli

Çizelge 4.106. Sulu koşullarda kuru gluten miktarı değeri ile önemli korelasyon değeri veren kalite kriterleri

Kalite kriteri	Korelasyon katsayısı	n
ALVEO-A	0,6592**	24
ALVEO-Ex	0,6826**	24
ALVEO-Fb	0,5011*	24
ALVEO-Iec	0,502*	23
ALVEO-T/A	-0,444*	24
ALVEO-TPrmaks	0,491*	24
DSC-JBS	0,4613*	24
DSC-JPS	0,528**	24
EX-E45'	0,4546*	23
FARİ-STAB	0,4552*	24
FARİ-YT	-0,4369*	24
MLAB C3-C2	-0,4153*	24
ÖĞ-KUNU	-0,4109*	24
RVA-İD	-0,4028*	24
RVA-İSV	0,5352**	24
RVA-PZ	0,7128**	24
STK-LAK	0,5861**	24
UN-PROT	0,8983**	24
UN-ZSED	0,7049**	24

** : % 1 düzeyinde önemli * : % 5 düzeyinde önemli

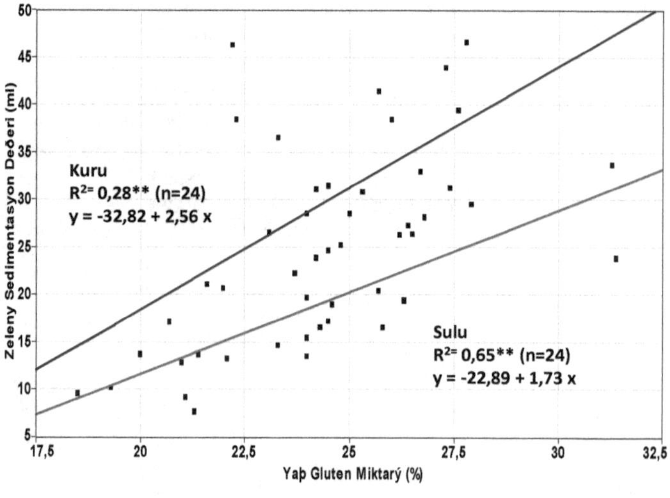

Şekil 4.23. Kuru ve sulu koşullarda Zeleny sedimentasyon değeri ile yaş gluten miktarı arasındaki ilişki

4.5.6. Gluten indeks değeri

Gluten indeks metodu doğrudan yaş glutende gluten proteinin kalitesinin belirlenmesinde kullanılmaktadır. Gluten indeks testinin temeli özün santrifüjüne dayanmaktadır. Aynı protein miktarına ya da yaş öz miktarına sahip unların gluten kalitelerindeki farklılıktan dolayı oldukça değişik davranış gösterdikleri bildirilmiştir (Perten 1990, Ünal 1991, Özer ve Ünal 1998). Bisküvilik unlarda glutenin düşük oranda ve zayıf karakterde olması istenir. Bazı durumlarda gluten özellikleri değiştirmek (zayıflatmak) ve sürekli üretim tekniğine uydurabilmek için sülfit, sistein, glutation gibi indirgen maddeler, kükürt içeren aminoasitler, proteolitik enzimler ve mekaniksel etkiler kullanılır. Böylece hamur reolojik özellikleri değiştirilerek yumuşatılır ve elastikiyeti düşürülür (Özkaya ve Özkaya 1996). Elde edilen yaş özün belli süre bekletilmesi ve yayılma özelliklerinin değerlendirilmesinin de gluten kalitesinin değerlendirilmesinde kullanılabileceği ifade edilmiştir (Elgün 2008). Zayıf gluten miktarına sahip yumuşak buğdayların bisküvi yapımı için tercih edildiği belirtilmektedir (Slade ve Levine 1994, Souza vd. 1994).

Kuru koşullarda unda örnekler arasında gluten indeks yönünden önemli istatistiki farklılık bulunmuştur. Kuru koşullarda örneklerin gluten indeks değerine ait varyans analiz sonuçları Çizelge 4.107, ortalama değerler ve önemlilik grupları ise Çizelge 4.108'de verilmiştir. Kuru koşullarda Çetinel2000 ve Ak702 çeşitleri ve 13, 9, 8 hatları en düşük gluten indeks değerine sahiptir. 7, 17, 12 ve 11 no'lu hatlarda % 90,0'ın altında gluten indeks değeri vermişlerdir. Diğer çeşit ve hatlarda % 90'nın üzerinde yüksek gluten indeks değerleri elde edilmiştir. Bisküvilik unların uzama kabiliyeti düşük, direnç değerleri yüksek olmaktadır. Bu yüzden çok sıkı gluten elde edilmekte ve santrifüj sırasında elekten dışarı çıkamamaktadır (Roberto Javier Pena ikili görüşme).

Sulu koşullarda unda örnekler arasında gluten indeks yönünden önemli istatistiki farklılık bulunmuştur. Sulu koşullarda örneklerin gluten indeks değerine ait varyans analiz sonuçları Çizelge 4.109, ortalama değerler ve önemlilik grupları ise Çizelge 4.110'da verilmiştir. Sulu koşullarda Ak702 ve Çetinel2000 çeşitlerinde gluten indeks değeri % 50,0'nin altında bulunmuştur. Bu çeşitler ve 9 no'lu hat aynı grupta yer almıştır. 17 ve 13 no'lu hatlarında % 70,0'in altında gluten indeksi değerleri düşüktür ve aynı gruba girmişlerdir. Aynı grupta yer alan 16, 2, 14, 19, 8 ve 12 no'lu hatlar diğer hatlardan ve % 80,0'den düşük gluten indeksine sahiplerdir. Çetinel2000 ve Ak702'nin yanı sıra 9, 13, 8, 12, 13 ve 17 no'lu hatlar hem sulu hem de kuru koşullarda düşük gluten indeksi ile dikkati çekmişlerdir. Fakat çalışmada beklendiği gibi düşük gluten indeks değerleri elde edilememiştir. Bisküvilik unların uzama kabiliyeti düşük direnç değerleri yüksek olmaktadır. Bu yüzden çok sıkı gluten elde edilmekte ve santrifüj sırasında elekten dışarı çıkamamaktadır (Roberto Javier Pena ikili görüşme).

Çizelge 4.107. Kuru koşullarda örneklerin gluten indeks değerine ait varyans analiz sonuçları

Varyasyon kaynakları	SD	KT	KO	F değeri
Tekerrür	2	5,483	2,7415	0,0296**
Çeşit	23	9321,978	405,3034	4,3832
Hata	41	3791,128	92,467	
Toplam	66	13130,07		

D.K.: % 10,8 ** : % 1 düzeyinde önemli

Çizelge 4.108. Kuru koşullarda örneklerin gluten indeks değerine ait ortalamalar ve önemlilik grupları

Örnek no	Gluten indeks değeri %	
6	99,7	a
21	99,6	a
18	99,5	a
22	99,4	a
4	99,3	a
Yıldız98	98,8	a
23	98,2	a
19	97,9	a
Gerek79	97,6	a
3	96,7	a
2	95,1	a
Bezostaja1	95,0	ab
16	94,3	ab
14	93,1	ab
1	90,9	ab
11	86,7	ab
17	86,7	ab
12	84,7	ac
7	84,5	ac
8	77,2	bd
9	69,6	ce
13	69,6	ce
Ak702	67,4	de
Çetinel2000	54,8	e
Ortalama	**89,0**	

A.Ö.F. (0,05): 15,86

Çizelge 4.109. Sulu koşullarda örneklerin gluten indeks değerine ait varyans analiz sonuçları

Varyasyon kaynakları	SD	KT	KO	F değeri
Tekerrür	2	2115,671	1057,835	8,4502**
Çeşit	23	12583,32	547,101	4,3703**
Hata	43	5382,959	125,185	
Toplam	68	19970,04		

D.K.: % 14,2 ** : % 1 düzeyinde önemli

Çizelge 4.110. Sulu koşullarda örneklerin gluten indeks değerine ait ortalamalar ve önemlilik grupları

Örnek no	Gluten indeks değeri %	
Yıldız98	100,0	a
6	93,8	ab
21	92,8	ac
4	92,7	ac
3	92,4	ac
23	91,4	ac
22	88,7	ac
7	85,9	ad
18	85,8	ad
11	83,3	ad
1	81,1	ad
Bezostaja1	80,2	bd
Gerek79	79,3	bd
12	78,5	be
8	78,4	be
19	76,9	be
14	76,5	be
2	75,7	be
16	75,1	ce
13	67,8	df
17	67,6	df
9	58,5	eg
Çetinel2000	49,6	fg
Ak702	42,7	g
Ortalama	**78,9**	

A.Ö.F. (0,05): 18,42

İncelenen kalite özellikleri arasında yapılan korelasyon analizine göre gluten indeks değeri ile önemli korelasyon veren kalite kriterleri kuru koşullarda Çizelge 4.111'de ve sulu koşullarda Çizelge 4.112'de verilmiştir. Sulu ve kuru koşullarda korelasyon değerleri birlikte değerlendirildiğinde gluten indeks değerinin gluten kuvvetinin bir göstergesi olduğu görülmektedir. Şekil 4.24'de alveo-konsistograf enerji değeri ile gluten indeks değeri arasındaki ilişki görülmektedir.

Çizelge 4.111. Kuru koşullarda gluten indeks değeri ile önemli korelasyon değeri veren kalite kriterleri

Kalite kriteri	Korelasyon katsayısı	n
ALVEO-D250	-0,5316**	24
ALVEO-Fb	0,6531**	24
ALVEO-Fb(40)	0,5022*	22
ALVEO-Iec	0,7445**	22
ALVEO-Tol	0,5911**	23
FARİ-STAB	0,4091*	24
FARİ-YD	-0,4832*	24
FARİ-YT	-0,4665*	24
MLAB C2	0,4994*	22
STK-LAK	0,8259**	24
UN-ZSED	0,6078**	24

** : % 1 düzeyinde önemli *: % 5 düzeyinde önemli

Çizelge 4.1112. Sulu koşullarda gluten indeks değeri ile önemli korelasyon değeri veren kalite kriterleri

Kalite kriteri	Korelasyon katsayısı	n
ALVEO-T	0,4793*	24
ALVEO-Fb	0,5415**	24
ALVEO-Iec	0,4445*	23
ALVEO-Fb(40)	0,5065*	23
ALVEO-Tol	0,550**	24
BİS-TÖ	-0,472*	24
EX-A90'	0,4168*	24
FARİ-YD	-0,4606*	24
FARİ-YT	-0,4997*	24
MLAB C3	0,4256*	24
MLAB STAB	0,4975*	24
STK-LAK	0,4908*	24

** : % 1 düzeyinde önemli *: % 5 düzeyinde önemli

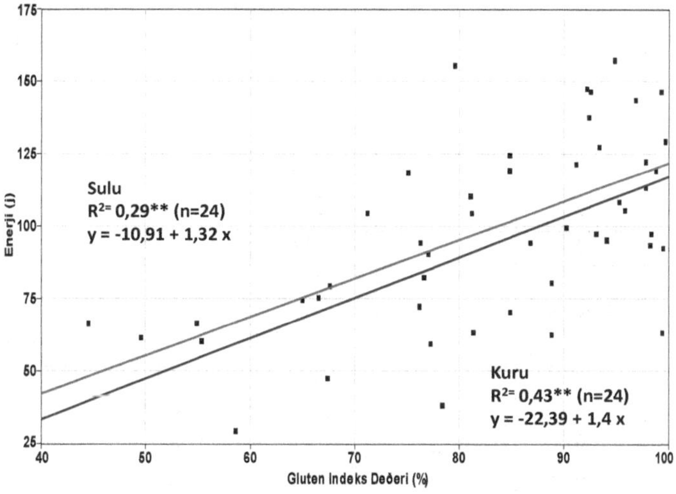

Şekil 4.24. Kuru ve sulu koşullarda enerji-alveo-konsistograf ile gluten indeks değeri arasındaki ilişki

4.6. Solvent Tutma Kapasitesi Analizleri

Bütün su tutma kapasitesi testlerinde bisküvilik kaliteyi ölçmek için gerekli olan un miktarı oldukça düşüktür (her bir test için yaklaşık olarak 20 g). Ölçüm oldukça hızlıdır ve bir günde oldukça fazla miktarda analiz yapılabilir. Solvent tutma kapasitesi analizleri ile farinograf ve miksograf analizleri arasında yüksek ilişki bulunmuştur (Ram vd. 2005). Solvent tutma kapasitesi testlerinin yumuşak buğday ürünlerinin kalitesinin belirlenmesinde kullanılabilirliği pek çok araştırmacı tarafından doğrulanmıştır (Guttieri vd. 2001, Bettge vd. 2002, Guttieri vd. 2004, Ram ve Sing 2004). Solvent tutma kapasitesi testleri ile pentozan miktarı ve alveograf parametreleri birbirleriyle ilişkilidir ve bu da yumuşak buğday kalitesi için önemli görünmektedir (Guttieri vd. 2001). Çizelge 4.113'de kuru koşullarda ve Çizelge 4.114'de sulu koşullarda örneklerin ununda alkali su tutma kapasitesi (ASTK), solvent tutma kapasitesi-su (STK-su), solvent tutma kapasitesi-sakkaroz (STK-sakkaroz), solvent tutma kapasitesi-laktik asit (STK-laktik asit) ve solvent tutma kapasitesi-sodyum karbonat (STK-sodyum karbonat) analiz sonuçları ile minimum ve maksimum değerler birlikte verilmiştir.

Çizelge 4.113. Kuru koşullarda solvent tutma kapasitesi analiz sonuçları *

Örnek no	ASTK %	STK su %	STK sakkaroz %	STK laktik asit %	STK sodyum karbonat %
1	60,7	46,9	88,5	118,3	75,9
2	61,5	63,0	85,5	125,2	73,7
3	60,9	54,6	83,0	133,6	69,9
4	59,4	53,9	86,5	137,4	79,2
Gerek79	58,6	53,3	87,3	125,5	74,1
6	59,2	54,1	83,2	127,9	77,5
7	61,6	55,7	87,5	110,5	72,9
8	60,4	52,7	87,6	105,5	77,2
9	61,2	54,3	89,2	103,7	78,3
Yıldız98	61,8	56,2	91,3	133,3	83,8
11	62,0	55,2	88,7	120,6	79,6
12	63,3	56,1	85,3	100,0	78,2
13	60,4	61,4	83,3	108,3	77,0
14	62,2	52,9	81,0	127,6	80,1
Ak702	58,0	54,4	82,7	109,7	70,8
16	59,3	52,3	80,7	132,6	75,4
17	59,0	53,2	82,8	125,5	78,1
18	57,2	52,5	82,8	143,5	74,0
19	58,3	54,3	82,7	131,3	78,7
Bezostaja1	68,9	66,0	92,0	130,7	83,6
21	61,5	57,6	84,7	123,9	79,0
22	66,7	56,6	90,0	124,2	83,2
23	60,1	54,2	90,7	136,5	77,7
Çetinel2000	58,8	53,7	80,8	100,6	76,4
Minimum	**57,2**	**46,9**	**80,7**	**100,0**	**69,9**
Maksimum	**68,9**	**66,0**	**92,0**	**143,5**	**83,8**

* 3 tekerrür ortalamasına göre

Çizelge 4.114. Sulu koşullarda solvent tutma kapasitesi analiz sonuçları*

Örnek no	ASTK %	STK su %	STK sakkaroz %	STK Laktik asit %	STK Sodyum Karbonat %
1	61,8	58,5	86,1	111,0	73,8
2	61,8	58,6	82,5	119,0	76,5
3	60,2	58,6	84,6	120,9	75,5
4	60,0	55,4	77,4	117,2	74,7
Gerek79	59,3	55,7	80,9	94,6	73,5
6	58,5	56,1	82,1	112,4	75,1
7	61,1	58,0	89,5	99,8	74,3
8	63,5	58,1	85,6	85,5	75,7
9	62,9	58,0	83,3	87,0	75,7
Yıldız98	62,9	58,9	79,6	112,5	77,5
11	62,9	60,4	84,9	97,1	77,1
12	61,0	60,0	83,5	83,2	73,5
13	62,9	59,9	84,2	87,8	75,3
14	64,8	59,4	85,2	108,3	78,4
Ak702	58,7	55,7	85,4	102,3	69,9
16	58,3	55,8	80,4	114,1	72,2
17	62,0	58,2	83,8	104,3	75,3
18	57,5	54,3	83,8	115,2	68,1
19	60,2	55,4	84,1	100,6	75,0
Bezostaja1	72,8	70,2	96,3	127,9	86,0
21	59,4	55,7	81,5	109,4	73,4
22	66,5	60,8	91,9	101,3	81,2
23	64,3	59,5	89,3	115,3	78,9
Çetinel2000	65,3	59,2	84,3	87,2	75,7
Minimum	**57,5**	**54,3**	**77,4**	**83,2**	**68,1**
Maksimum	**72,8**	**70,2**	**96,3**	**127,9**	**86,0**

* 3 tekerrür ortalamasına göre

4.6.1. Alkali su tutma kapasitesi (ASTK)

Alkali su tutma kapasitesi testi un örnekleri tarafından santrifüj sonrası tutulan sodyum karbonat solusyonu miktarını ortaya koyar. Bu test buğday unlarının bisküvilik kalitesini değerlendirmekte ve yumuşak ve sert buğday arasındaki ayırımı ortaya koymakta kullanılmaktadır. ASTK testi özellikle de sert ve yumuşak buğdayların bisküvi pişirme performansının tahminlenmesinde oldukça iyi sonuç vermektedir (Kittermann ve Rubenthaler 1971). Bisküvilik kalitenin belirlenmesinde ASTK testinin en güvenilir testlerden biri olduğu ifade edilmiştir (Demir 1994, Ozan ve Karababa 1997). Bisküvi yayılma faktörü ile ASTK arasındaki negatif önemli ilişki bir çok araştırmacı tarafından belirtilmiştir (Gaines 1989, Öztürk 1998, Doğan ve Uğur 2004, Karaduman vd. 2005, Avcıoğlu vd. 2008, Colombo vd. 2008, Perry 2008). İyi bir bisküvilik buğdayda ASTK değeri < % 59 olarak önerilmiştir (Quijun vd. 2005).

Kuru koşullarda örnekler arasında ASTK değeri yönünden önemli istatistiki farklılık bulunmuştur. Kuru koşullarda örneklerin ASTK değerine ait varyans analiz sonuçları Çizelge 4.115, ortalama değerler ve önemlilik grupları ise Çizelge 4.116'da verilmiştir. Kuru koşullarda ASTK açısından 18, 19, 17, 6, 16, 4, 23, Ak702, Gerek79 ve Çetinel2000 düşük ve aynı grupta yer alan değerler ile iyi durumdadırlar. Bezostaja1 ve 22 no'lu hattın ASTK değeri % 65,0'in üzerinde ve yüksek bulunmuştur.

Sulu koşullarda örnekler arasında ASTK değeri yönünden önemli istatistiki farklılık bulunmuştur. Sulu koşullarda örneklerin ASTK değerine ait varyans analiz sonuçları Çizelge 4.117, ortalama değerler ve önemlilik grupları ise Çizelge 4.118'de verilmiştir. Sulu koşullarda 18, 16, 6, 21, 4, 19, 3, 12, 7, Ak702 ve Gerek79 aynı grupta ve düşük ASTK değerine sahiplerdir. Bu hatların kuru koşullarda da ASTK değerleri genel olarak düşük ve iyi durumdadır. Kuru koşullarda olduğu gibi Bezostaja1 ve 22 no'lu hattın ASTK değerleri yüksektir.

Çizelge 4.115. Kuru koşullarda örneklerin ASTK değerine ait varyans analiz sonuçları

Varyasyon kaynakları	SD	KT	KO	F değeri
Tekerrür	2	5,52564	2,76282	0,8473
Çeşit	23	457,2291	19,87953	6,0968**
Hata	42	136,9475	3,2607	
Toplam	67	599,3509		

D.K.: % 3,0 ** : % 1 düzeyinde önemli

Çizelge 4.116. Kuru koşullarda örneklerin ASTK değerine ait ortalamalar ve önemlilik grupları

Örnek no	ASTK %	
Bezostaja1	68,9	a
22	66,7	a
12	63,1	b
14	62,2	bc
11	62,0	bc
Yıldız98	61,9	bd
7	61,6	bd
21	61,5	bd
2	61,5	bd
9	61,2	be
3	60,9	be
1	60,7	be
13	60,4	be
8	60,4	be
23	60,1	bf
4	59,4	cf
16	59,3	cf
6	59,2	cf
17	58,8	cf
Çetinel2000	58,8	df
Gerek79	58,6	df
19	58,3	ef
Ak702	58,0	ef
18	57,2	f
Ortalama	**60,9**	

A.Ö.F. (0,05): 2,98

Çizelge 4.117. Sulu koşullarda örneklerin ASTK değerine ait varyans analiz sonuçları

Varyasyon kaynakları	SD	KT	KO	F değeri
Tekerrür	2	89,47074	44,73537	9,6182**
Çeşit	23	747,7647	32,51151	6,9901**
Hata	46	213,9511	4,6511	
Toplam	71	1051,187		

D.K.: % 3,5 ** : % 1 düzeyinde önemli

Çizelge 4.118. Sulu koşullarda örneklerin ASTK değerine ait ortalamalar ve önemlilik grupları

Örnek no	ASTK %	
Bezostaja1	72,8	a
22	66,5	b
Çetinel2000	65,3	bc
14	64,8	bd
23	64,3	be
8	63,5	bf
9	62,9	cg
13	62,9	cg
Yıldız98	62,9	cg
11	62,9	cg
17	62,0	ch
1	61,8	cı
2	61,8	dı
7	61,1	ej
12	61,0	ej
3	60,2	fj
19	60,2	fj
4	60,0	fj
21	59,4	gj
Gerek79	59,3	hj
Ak702	58,7	hj
6	58,5	ıj
16	58,3	ıj
18	57,5	j
Ortalama	**62,0**	

A.Ö.F. (0,05): 3,54

Kuru ve sulu koşullarda bisküvi yayılma faktörü ile negatif (Şekil 4.25), kalınlığı ile pozitif ve kuru koşullarda bisküvi çapı ile negatif korelasyon dikkati çekmiştir. Kuru koşullarda bisküvi yayılma faktörünü açıklamak amacıyla yapılan stepwise analize göre kullanılabilecek Denklem 1, 3, 5, 7 ve 9'da ASTK değeri yer almıştır. Bu da ASTK'nin hızlı ve pratik bir test olarak bisküvilik kalitenin tahminlenmesinde kullanılabileceğini göstermektedir. Zhang vd. (2007) yaptıkları çalışmada bisküvi çap ve yayılma faktörü ile ASTK değeri arasında çok önemli negatif (sırasıyla r=-0.738** ve r=-0.767**) ve bisküvi kalınlığı ile çok önemli pozitif (r=0.712**) ilişki ifade edilmiştir. Yine aynı çalışmada ASTK değeri ile STK-su (r=0.883**), STK-sakkaroz (r=0.740**), STK-sodyum karbonat (r=0.786**), farinograf su absorpsiyonu (r=0.694**), ekstensograf uzama kabiliyeti (r= -0.700**), alveograf P (r=0.724**), L (r=-0,586*), P/L (r=0.778**) ve W (r=0.512*) arasında önemli ilişki belirlenmiştir.

Araştırmada incelenen kalite özellikleri arasında yapılan korelasyon analizine göre ASTK değeri ile önemli korelasyon veren kalite kriterleri kuru koşullarda Çizelge 4.119'da ve sulu koşullarda Çizelge 4.120'de verilmiştir. ASTK değeri ile STK-su, sakkaroz ve sodyum karbonat arasında sulu ve kuru koşullarda çok önemli pozitif korelasyon bulunmuştur. Yine her 2 koşulda da alveo-konsistograf ve farinograf su absorpsiyonu ile pozitif önemli korelasyon bulunmuştur.

Kuru koşullarda toplam duyusal puan ile negatif korelasyon elde edilmiştir. Öğütmede kırma unu verimi ile ASTK değeri arasındaki negatif ve irmik unu verimi ile pozitif korelasyon nişasta zedelenmesinin ASTK üzerinde etkisini doğrulamaktadır.

Çizelge 4.119. Kuru koşullarda ASTK değeri ile önemli korelasyon değeri veren kalite kriterleri

Kalite kriteri	Korelasyon katsayısı	n
ALVEO-D250	-0,5780**	24
ALVEO-D450	-0,6738**	23
ALVEO-PRMAKS	-0,6078**	24
ALVEO-Tol	0,5028*	23
ALVEO-Wa	0,4269*	24
BİS-KAL	0,7598**	24
BİS-ÇAP	-0,5313**	24
BİS-YFAK	-0,7846**	24
DSC-JBS	-0,4422*	24
FARİ-GS	0,4492*	24
FARİ-SA	0,698**	24
ÖĞ-B3	-0,4467*	24
STK-SAK	0,5883**	24
STK-SKAR	0,5966**	24
STK-SU	0,5850**	24

** : % 1 düzeyinde önemli *: % 5 düzeyinde önemli

Çizelge 4.120. Sulu koşullarda ASTK değeri ile önemli korelasyon değeri veren kalite kriterleri

Kalite kriteri	Korelasyon katsayısı	n
ALVEO-T/A	0,4271*	24
ALVEO-Wa	0,5189**	24
BİS-DPUAN	-0,5815**	24
BİS-KAL	0,5201**	24
BİS-KÖ	-0,4203*	24
BİS-YFAK	-0,4896*	24
BİS-YGÖ	-0,5618**	24
DSC-JE	-0,4091*	24
FARİ-SA	0,5942**	24
MLAB C1	0,6189**	24
MLAB C2	0,5622**	24
MLAB C2-C1	-0,6041**	24
MLAB C3-C2	-0,4811*	24
ÖĞ-C3	0,4724*	24
STK-SAK	0,726**	24
STK-SKAR	0,9032**	24
STK-SU	0,9176**	24

** : % 1 düzeyinde önemli *: % 5 düzeyinde önemli

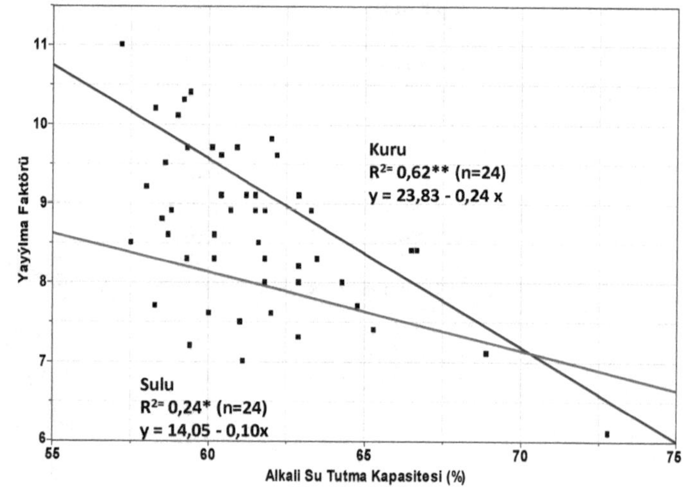

Şekil 4.25. Kuru ve sulu koşullarda bisküvi yayılma faktörü ile alkali su tutma kapasitesi değeri arasındaki ilişki

ASTK testi özellikle de sert ve yumuşak buğdayların bisküvi pişirme performansının tahminlenmesinde oldukça iyidir. Fakat her bir sertlik sınıfı içinde farklılıkları göstermesi daha zordur (Kitterman ve Rubenthaler 1971). Bu amaçla STK testlerinde laktik asit, su, sodum karbonat ve sakkaroz gibi çözeltiler kullanılır ve her bir çözelti örneğin farklı fiziksel ve kimyasal yönü hakkında bilgi verir (Slade ve Levine 1994a, Gaines 2000). STK testlerinin yumuşak buğday ürünleri kalitesinin tahmin edilmesinde uygun olduğu birçok araştırmacı tarafından ifade edilmiştir (Gaines 2000, Guttieri ve Souza 2003, Guttieri vd. 2004). STK testleri ASTK'ne ilave ve kapsamlı bilgiler sağlar ve proses ve pişirme özelliklerinin hızlı bir şekilde ortaya koyacak unun kimyasal yapısı hakkında bir bakış açısı oluşmasına yardım eder. Bu bilgiler ıslah programlarında buğday hakkında değerlendirme yapmada katkı sağlar (Bettge vd. 2002).

4.6.2. Solvent tutma kapasitesi-su (STK-su)

STK-su bütün bileşenlerin oluşturduğu su absorpsiyonun genel indikatörüdür (Slade ve Levine 1994, Gaines 2000, Guttieri vd. 2001). İyi bir bisküvilik buğdayda STK-su < % 53 olarak önerilmiştir (Quijun vd. 2005). Yerli ve dış talep açısından kullanıcıların istedikleri yumuşak buğday kalite kriteri olarak STK-su < % 51 olarak ifade edilmiştir (Souza ve Kweon 2010). STK-su ile amiloz içeriği arasında önemli korelasyon bulunmuş ($r=-0.969$ ile -0.996 $n=10$; $P\leq0.001$, $r=-0.629$ ile -0.983 $n=7$) ve amiloz içeriğinin STK-su ile doğru bir şekilde tahminlenebileceği ifade edilmiştir (Nishio vd. 2011).

Kuru koşullarda örnekler arasında STK-su değeri yönünden önemli istatistiki farklılık bulunmuştur. Kuru koşullarda örneklerin STK-su değerine ait varyans analiz sonuçları Çizelge 4.121, ortalama değerler ve önemlilik grupları ise Çizelge 4.122'de verilmiştir. Kuru koşullarda 1 nolu hat STK-su değerleri açısından % 46,9 ile en düşük değeri vermiştir. 16, 18, 8, 14 no'lu hatların STK-su değerleri % 53,0'ün altında iyi durumdadır. Bezostaja1 çeşidi ile 2 ve 13 no'lu hatların STK-su değerleri % 60,0'ın üzerindedir ve aynı grupta yer almaktadırlar.

Sulu koşullarda örnekler arasında STK-su değeri yönünden önemli istatistiki farklılık bulunmuştur. Sulu koşullarda örneklerin STK-su değerine ait varyans analiz sonuçları Çizelge 4.123, ortalama değerler ve önemlilik grupları ise Çizelge 4.124'de verilmiştir. Sulu koşullarda kuruya göre genel olarak STK-su değerleri yüksektir. Sulu koşullarda 18, 4, 19, 21, 16, 6, Gerek79 ve Ak702'nin STK-su değerleri düşük durumdadır ve aynı grupta yer almışlardır. 16, 18, 4, 6 ve Gerek79'un kuru koşullarda da STK-su değeri düşük olmuştur. Bezostaja1'in ise STK-su değeri oldukça yüksektir (% 70,2). 22, 11 ve 12 no'lu hatların % 60,0'ın üzerinde bulunmuştur.

Çizelge 4.121. Kuru koşullarda örneklerin STK-su değerine ait varyans analiz sonuçları

Varyasyon kaynakları	SD	KT	KO	F değeri
Tekerrür	2	13,3693	6,68463	0,6231
Çeşit	23	1017,761	44,25046	4,1247**
Hata	46	493,4933	10,7281	
Toplam	71	1524,623		

D.K.: % 5,9   ** : % 1 düzeyinde önemli

Çizelge 4.122. Kuru koşullarda örneklerin STK-su değerine ait ortalamalar ve önemlilik grupları

Örnek no	STK-su %	
Bezostaja1	66,0	a
2	63,0	ab
13	61,4	ac
21	57,6	bd
22	56,6	cd
Yıldız98	56,2	cd
12	56,1	cd
7	55,7	d
11	55,2	d
3	54,6	d
Ak702	54,4	d
19	54,3	d
9	54,3	d
23	54,2	d
6	54,1	d
4	53,9	d
Çetinel2000	53,7	d
Gerek79	53,3	d
17	53,2	d
14	52,9	d
8	52,7	d
18	52,5	d
16	52,3	d
1	46,9	e
Ortalama	**55,2**	

A.Ö.F. (0,05): 5,38

Çizelge 4.123. Sulu koşullarda örneklerin STK-su değerine ait varyans analiz sonuçları

Varyasyon kaynakları	SD	KT	KO	F değeri
Tekerrür	2	104,0152	52,0076	18,4052**
Çeşit	23	678,2451	29,48892	10,436**
Hata	46	129,9819	2,8257	
Toplam	71	912,2422		

D.K.: % 2,9 ** : % 1 düzeyinde önemli

Çizelge 4.124. Sulu koşullarda örneklerin STK-su değerine ait ortalamalar ve önemlilik grupları

Örnek no	STK-su %	
Bezostaja1	70,2	a
22	60,8	b
11	60,4	bc
12	60,0	bc
13	59,9	bc
23	59,5	bc
14	59,4	bc
Çetinel2000	59,2	bc
Yıldız98	58,9	bd
2	58,6	bd
3	58,6	bd
1	58,5	be
17	58,2	bf
8	58,1	cg
7	58,0	cg
9	58,0	cg
6	56,1	dh
16	55,8	eh
Ak702	55,7	fh
Gerek79	55,7	fh
21	55,7	fh
19	55,4	fh
4	55,4	gh
18	54,3	h
Ortalama	**58,3**	

A.Ö.F. (0,05): 2,76

İncelenen kalite özellikleri arasında yapılan korelasyon analizine göre STK-su ile önemli korelasyon veren kalite kriterleri kuru koşullarda Çizelge 4.125'de ve sulu koşullarda Çizelge 4.126'da verilmiştir. Kuru ve sulu koşullarda STK-su ile bisküvi yayılma faktörü (Şekil 4.26) arasında önemli negatif ve kalınlık değeri ile önemli pozitif korelasyon bulunmuştur. Kuru koşullarda bisküvi yayılma faktörünü açıklamak amacıyla yapılan stepwise analize göre kullanılabilecek Denklem 1, 3'de; sulu koşullarda ise Denklem 4, 6, 8, 11 ve 12'de STK-su değeri yer almıştır. STK-su ile

STK-sodyum karbonat arasında oldukça yüksek (r=0.9834**), STK-sakkaroz ile yüksek (r=0.8162**), STK-laktik asit ile önemli (r=0.6535**) pozitif korelasyon bildirilmiştir (JinBao vd. 2009). Bisküvi çapı ile STK-su arasında (r=-0.8579, P<0.01) önemli korelasyon bulunmuştur (JinBao vd. 2010). Moiraghi vd. (2011) yaptıkları çalışmada da bisküvi yayılma faktörü ile STK-su arasında yüksek ve önemli negatif korelasyon (r=-0.65) bulmuşlardır. Zhang vd. (2007) tarafından STK-su ile bisküvi çapı ve yayılma faktörü arasında çok önemli negatif ve kalınlığı arasında önemli pozitif korelasyon belirlenmiştir (sırasıyla r=-0.810**, r=-0.727 ve r=0.604). Yine aynı çalışmada STK-su ile STK-sodyum karbonat, STK-sakkaroz, farinograf su absorpsiyonu, ekstensograf uzama kabiliyeti, alveograf P, L, P/L ve W ile önemli korelasyon vardır (sırasıyla r=0.723**, r=0.745**, r=0.708**, r=-0.705**, r=0.800**, r=-0.554*, r=0.794** ve r=0.549*).

STK-su ile ASTK değeri arasında sulu ve kuru koşullarda; STK-sakkaroz ve STK-sodyum karbonat ile sulu koşullarda önemli pozitif korelasyon vardır. Kuru ve sulu koşullarda yine farinograf gelişme süresi ve su absorpsiyonu ile önemli pozitif korelasyon dikkati çekmiştir (Şekil 4.27). Sulu koşullarda alveo-konsistograf su absorpsiyonu ile pozitif önemli korelasyon vardır. STK-su değeri ile kuru koşullarda miksolab değerlerinden retrogradasyonu gösteren C5-C4 farkındaki azalma ortamda artan suya bağlanabilir. STK-su değerinin artışı ile sulu koşullarda bisküvi duyusal puanı düşmüştür.

Çizelge 4.125. Kuru koşullarda STK-su değeri ile önemli korelasyon değeri veren kalite kriterleri

Kalite kriteri	Korelasyon katsayısı	n
ASTK	0,585**	24
BİS-KAL	0,5144*	24
BİS-YFAK	-0,5068*	24
FARİ-GS	0,5054*	24
FARİ-SA	0,4461**	23
MLAB-C5-C4	-0,5414**	22

** : % 1 düzeyinde önemli * : % 5 düzeyinde önemli

Çizelge 4.126. Sulu koşullarda STK-su değeri ile önemli korelasyon değeri veren kalite kriterleri

Kalite kriteri	Korelasyon katsayısı	n
ALVEO-T/A	0,5000*	24
ALVEO-Wa	0,5234**	24
ASTK	0,9176**	24
BİS-ÇAP	-0,4724*	24
BİS-DPUAN	-0,5386**	24
BİS-KAL	0,6193**	24
BİS-KÖ	-0,477*	24
BİS-YFAK	-0,585**	24
BİS-YGÖ	-0,4711*	24
EX-R545'	0,4659*	23
EX-R590'	0,4911*	24
EX-Rm90'	0,4463*	24
FARİ-GS	0,4287*	24
FARİ-SA	0,5584**	24
MLAB C1	0,708**	24
MLAB C2	0,6327**	24
MLAB C2-C1	-0,698**	24
MLAB C3-C2	-0,457*	24
MLAB STAB	-0,5282**	24
STK-SAK	0,737**	24
STK-SKAR	0,8482**	24

** : % 1 düzeyinde önemli * : % 5 düzeyinde önemli

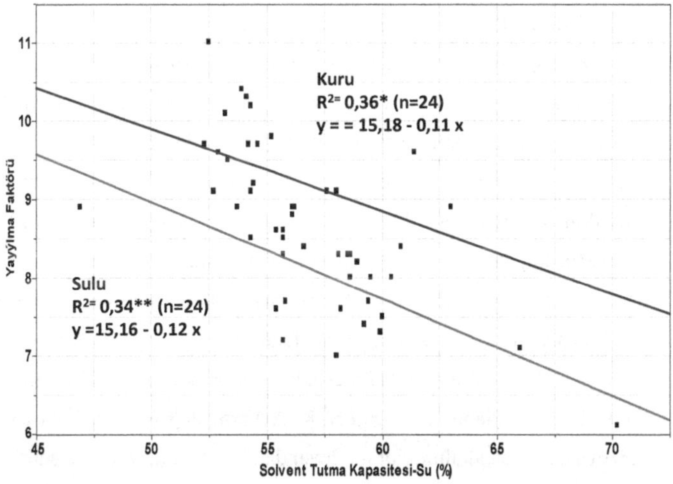

Şekil 4.26. Kuru ve sulu koşullarda bisküvi yayılma faktörü ile solvent tutma kapasitesi-su değeri arasındaki ilişki

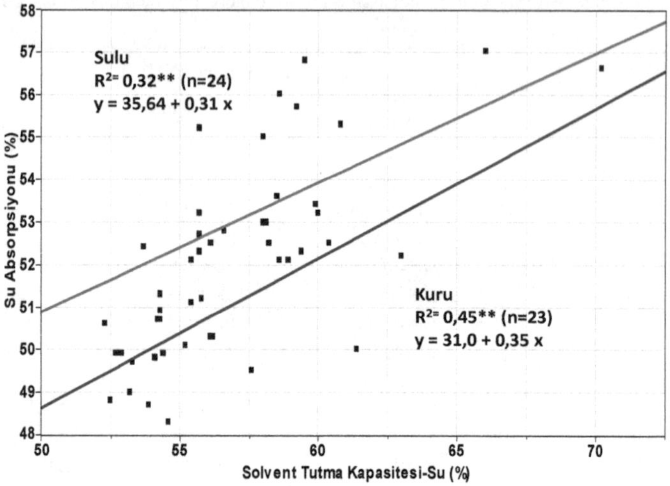

Şekil 4.27. Kuru ve sulu koşullarda su absorpsiyonu-farinograf ile solvent tutma kapasitesi-su değeri arasındaki ilişki

4.6.3. Solvent tutma kapasitesi-sakkaroz (STK-sakkaroz)

STK-sakkaroz pentozanlar ile ilişkili bilgiler sağlar ve aynı zamanda giladinlerin indikatörüdür (Slade ve Levine 1994, Gaines 2000, Guttieri vd. 2001). STK-sakkarozun önemli derecede genotipten etkilendiği ve yüksek STK-sakkaroz değerlerinin yüksek pentozan içeriğinde kaynaklanmış olabileceği ifade edilmektedir (Bettge vd. 2002). STK-sakkaroz testi ile vizkozitenin kaynağının pentozandan kaynaklanmış olabileceği hakkında bilgiler sağlanacağı belirtilmiştir (Slade ve Levine, *personal communication*, Guttieri vd. 2001). İyi bir bisküvilik buğdayda STK-sakkaroz < % 87,0 olarak önerilmiştir (Quijun vd. 2005). Yine yerli ve dış talep açısından kullanıcıların istedikleri yumuşak buğday kalite kriteri olarak STK-sakkaroz < % 89,0 olarak ifade edilmiştir (Souza ve Kweon 2010). STK-sakkaroz yüksek kalıtım derecesine ve belirgin bir şekilde negatif olarak kuki çapı ile fenotipik ve genotipik seviyede korelasyona sahip olduğu, kuki çapının iyileştirilmesinde STK-sakkarozun iyi bir seleksiyon kriteri olduğu belirtilmiştir (Zhang vd. 2008). STK-sakkaroz değeri ile bisküvi çap arasında P=0.001 düzeyinde ve çap/kalınlık oranı arasında P=0.01 düzeyinde negatif; kalınlığı ile P=0.05 düzeyinde pozitif korelasyon bulunmuştur (Zhang vd. 2007). Bisküvilik ve pasta yapım özellikleri iyi olan ve tescil ettirilip üretime sunulan kırmızı kışlık yumuşak buğdaylardan 3434 çeşidinde % 85,8-88,5 Griffey vd. (2010a); Jamestown çeşidinde % 93,8-104 Griffey vd. (2010b); Shirley çeşidinde % 87,6-90,8 Griffey vd. (2010c); USG 3555 çeşidinde % 98,6-104 Griffey vd. (2009a) STK-sakkaroz değerleri bulunmuştur.

Kuru koşullarda örnekler arasında STK-sakkaroz değeri yönünden önemli istatistiki farklılık bulunmuştur. Kuru koşullarda örneklerin STK-sakkaroz değerine ait varyans analiz sonuçları Çizelge 4.127, ortalama değerler ve önemlilik grupları ise Çizelge 4.128'de verilmiştir. Kuru koşullarda genel olarak STK-sakkaroz değerleri istenilen değerlerden düşüktür. 21 no'lu hat % 80,0'ın altında değer vermiştir. 22, 23, Yıldız98 ve Bezostaja1 dışında % 90,0' altında değer elde edilmiştir. Kuru koşullarda bisküvi yayılma faktörünü açıklamak amacıyla yapılan stepwise analize göre kullanılabilecek Denklem 3 ve 9'da STK-sakkaroz değeri yer almıştır.

Sulu koşullarda örnekler arasında STK-sakkaroz değeri yönünden önemli istatistiki farklılık bulunmuştur. Sulu koşullarda örneklerin STK-sakkaroz değerine ait varyans analiz sonuçları Çizelge 4.129, ortalama değerler ve önemlilik grupları ise Çizelge 4.130'da verilmiştir. Sulu koşullarda 22, 23, 7 ve Bezostaja1 dışında STK-sakkaroz açısından istenilen düşük değerler elde edilmiştir. Bu örneklerin kuru koşullarda da STK-sakkaroz değerleri yüksektir. Yıldız98 çeşidi kuru koşullarda % 90,0 'ın üzerinde STK-sakkaroz değerine sahip iken sulu koşullarda % 80,0'ın altında düşük değer vermiştir. Sulu koşullarda bisküvi yayılma faktörünü açıklamak amacıyla yapılan stepwise analize göre kullanılabilecek Denklem 4 ve 12'de STK-sakkaroz değeri yer almıştır.

Çizelge 4.127. Kuru koşullarda örneklerin STK-sakkaroz değerine ait varyans analiz sonuçları

Varyasyon kaynakları	SD	KT	KO	F değeri
Tekerrür	2	1,92157	0,96078	0,055
Çeşit	23	863,8681	37,55948	2,151*
Hata	43	750,8266	17,4611	
Toplam	68	1618,17		

D.K.: % 4,9   * : % 5 düzeyinde önemli

Çizelge 4.128. Kuru koşullarda örneklerin STK-sakkaroz değerine ait ortalamalar ve önemlilik grupları

Örnek no	STK-sakkaroz %	
Bezostaja1	92,1	a
Yıldız98	91,3	a
23	90,7	a
22	90,0	ab
9	89,2	ac
11	88,7	ad
1	88,5	ad
8	87,6	ae
7	87,5	af
Gerek79	87,3	af
4	86,5	ag
2	85,5	ag
12	85,3	ag
13	83,3	bg
6	83,2	bg
3	83,0	cg
18	82,8	cg
17	82,8	cg
Ak702	82,7	cg
19	82,7	cg
14	81,1	dg
Çetinel2000	80,8	eg
16	80,7	fg
21	79,1	g
Ortalama	**85,5**	

A.Ö.F. (0,05): 6,9

Çizelge 4.129. Sulu koşullarda örneklerin STK-sakkaroz değerine ait varyans analiz sonuçları

Varyasyon kaynakları	SD	KT	KO	F değeri
Tekerrür	2	438,235	219,1175	14,169**
Çeşit	23	1122,593	48,8084	3,1561**
Hata	46	711,3689	15,4645	
Toplam	71	2272,197		

D.K.: % 4,7 * *: % 1 düzeyinde önemli

Çizelge 4.130. Sulu koşullarda örneklerin STK-sakkaroz değerine ait ortalamalar ve önemlilik grupları

Örnek no	STK-sakkaroz %	
Bezostaja1	96,3	a
22	91,9	ab
7	89,5	bc
23	89,3	bc
1	86,1	bd
8	85,6	bd
Ak702	85,4	cd
14	85,2	cd
11	84,9	cd
3	84,6	cd
Çetinel2000	84,3	cd
13	84,2	cd
19	84,1	cd
18	83,8	ce
17	83,7	ce
12	83,5	ce
9	83,3	ce
2	82,5	de
6	82,1	de
21	81,5	de
Gerek79	80,9	de
16	80,4	de
Yıldız98	79,6	de
4	77,4	e
Ortalama	**84,6**	

A.Ö.F. (0,05): 6,46

STK-sakkaroz ile STK-su arasında r=0.8162**; STK-sodyum karbonat arasında r=0.8409** ve STK-laktik asit ile r=0.6885** düzeyinde önemli korelasyon bildirilmiştir (JinBao vd. 2009). Bisküvi çapı ile STK-sakkaroz arasında (r=-0.7566, P<0.01) önemli korelasyon bulunmuştur JinBao vd. (2010). Yine sakkaroz STK ile bisküvi kalınlığı arasında pozitif korelasyon (r=0,23) bulunmuştur (Pasha vd. 2009). Moiraghi vd. (2011) yaptıkları çalışmada yayılma faktörü ile STK-sakkaroz arasında yüksek ve önemli negatif korelasyon (r=-0.68) bildirmişlerdir. Çalışmada STK-sakkarozun da dahil olduğu formülasyon bisküvi çapındaki % 68 varyasyonu açıklayabilmiştir. Zhang vd. (2007) tarafından STK-sakkaroz ile bisküvi çapı ve yayılma faktörü arasında çok önemli negatif ve kalınlığı arasında önemli pozitif korelasyon belirlenmiştir (r=-0.859**, r=-0.640** ve r=0.553*). Yine aynı çalışmada farinograf su absorpsiyonu, ekstensograf uzama kabiliyeti, alveograf P, P/L ve W arasında önemli korelasyon bulunmuştur (r=0.503*, r=-0.491*, r=0.714**, r=0.598*, r=0.583*). Guttieri vd. (2000) bisküvi çapı ile STK-sakkaroz arasında yüksek pozitif korelasyon olduğunu yalnız sert buğdaylar için yüksek zedelenmiş nişastadan dolayı bu durumun geçerli olmadığını belirtmişlerdir. Ayrıca çalışmada bisküvi yayılma faktörünü tahmin etmek için formülasyon belirlenmiştir. Bu formüle göre STK-sakkaroz, partikül büyüklük indeksi ve zedelenmiş nişasta miktarı bisküvi çapındaki % 68 varyasyonu açıklamıştır.

İncelenen kalite özellikleri arasında yapılan korelasyon analizine göre STK-sakkaroz ile önemli korelasyon veren kalite kriterleri kuru koşullarda Çizelge 4.131'de ve sulu koşullarda Çizelge 4.132'de verilmiştir. Yalnızca kuru koşullarda bisküvi yayılma faktörü ile STK-sakkaroz arasında önemli negatif korelasyon elde edilmiştir (Şekil 4.28). STK-sakkaroz değerlerine göre bisküvilik unlarda pentozan miktarının düşük olması istenmektedir. Aksi halde yayılma faktörü olumsuz etkilenmektedir. Su absorpsiyon değerleri STK-sakkaroz değeri ile pozitif korelasyon vermiştir. Artan pentozan miktarı ile su absorpsiyon değerleri yükselmiş, retrogradasyonun göstergesi olan miksolab C5 değeri azalmıştır.

Çizelge 4.131. Kuru koşullarda STK-sakkaroz değeri ile önemli korelasyon değeri veren kalite kriterleri

Kalite kriteri	Korelasyon katsayısı	n
ALVEO-D450	-0,453*	23
ASTK	0,5883**	24
BİS-KAL	0,5402**	24
BİS-YFAK	-0,5299**	24
FARİ-SA	0,4651*	24
MLAB-C4-C3	-0,4544*	22
MLAB-C5	-0,4261*	22
STK-SKAR	0,4862*	24

* *: % 1 düzeyinde önemli *: % 5 düzeyinde önemli

Çizelge 4.132. Sulu koşullarda STK-sakkaroz değeri ile önemli korelasyon değeri veren kalite kriterleri

Kalite kriteri	Korelasyon katsayısı	n
ALVEO-Wa	0,6057**	24
ASTK	0,726**	24
BİS-YGÖ	-0,4111*	24
FARİ-GS	0,471*	24
FARİ-SA	0,6971**	24
FARİ-STAB	0,4150*	24
MLAB C1	0,6317**	24
MLAB C2	0,5479**	24
MLAB C2-C1	-0,6335**	24
MLAB C3	-0,4307*	24
MLAB C3-C2	-0,6807**	24
MLAB STAB	-0,4608*	24
RVA-JBS	-0,4945*	24
STK-SKAR	0,6146**	24
STK-SU	0,737**	24

* *: % 1 düzeyinde önemli *: % 5 düzeyinde önemli

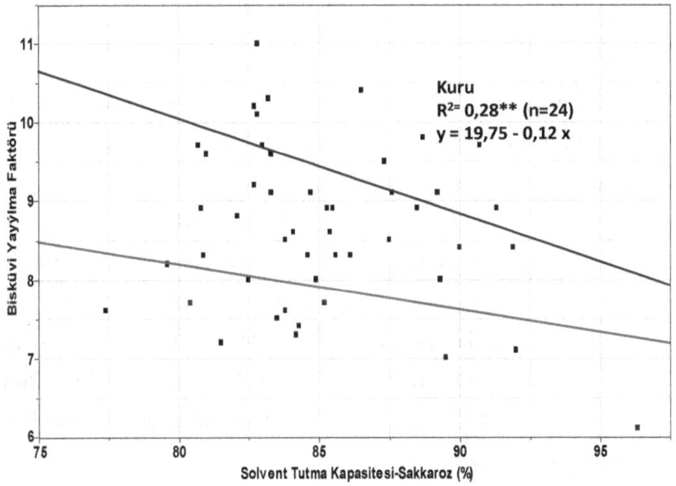

Şekil 4.28. Kuru koşullarda bisküvi yayılma faktörü ile STK-sakkaroz değeri arasındaki ilişki

4.6.4. Solvent tutma kapasitesi-laktik asit (STK-laktik asit)

Laktik asit gluten kalitesinin indikatörüdür ve fonksiyonel proteinler (glutenin) ile ilgili bilgiler sağlar (Slade ve Levine 1994, Gaines 2000; Guttieri vd. 2001). STK testleri ile vizkozitenin kaynağının protein özelliklerinden (STK-laktik asit gibi) kaynaklanıp kaynaklanmadığı hakkında bilgiler sağlamış olur (Slade ve Levine personal communication, Guttieri vd. 2001). İyi bir bisküvilik buğdayda STK-laktik asit < % 83 olarak önerilmiştir (Quijun vd. 2005). Yerli ve dış talep açısından kullanıcıların istedikleri yumuşak buğday kalite kriteri olarak laktik asit (% 5) > % 87olarak ifade edilmiştir (Souza ve Kweon 2010). STK-laktik asit yüksek kalıtım derecesine sahiptir (Zhang Yong vd. 2008). Bisküvilik ve pasta yapım özellikleri iyi olan ve tescil ettirilip üretime sunulan kırmızı kışlık yumuşak buğdaylardan Merl çeşidinde STK-laktik asit değeri % 101-104 (Griffey vd. 2011a); SW049029104 çeşidinde % 124,7-129,7 Griffey vd. (2011b); 3434 çeşidinde % 104-110 Griffey vd. (2010a); Shirley çeşidinde % 84,6-93,6 Griffey vd. (2010c); 5205 çeşidinde % 107-118 Griffey vd. (2009b) olmuştur.

Kuru koşullarda örnekler arasında STK-laktik asit değeri yönünden önemli istatistiki farklılık bulunmuştur. Kuru koşullarda örneklerin STK-laktik asit değerine ait varyans analiz sonuçları Çizelge 4.133, ortalama değerler ve önemlilik grupları ise Çizelge 4.134'de verilmiştir. Kuru koşullarda 12, 9, 8, 13, 7, Çetinel2000 ve Ak702 STK-laktik asit değerleri daha düşük ve aynı grupta yer almıştır. 18, 4, 23, 3, 16, 19, Yıldız98 ve Bezostaja1'de % 130,0'un üzerindedir. Sulu koşullarda örnekler arasında STK-laktik asit değeri yönünden önemli istatistiki farklılık bulunmuştur. Sulu koşullarda örneklerin STK-laktik asit değerine ait varyans analiz sonuçları Çizelge 4.135, ortalama değerler ve önemlilik grupları ise Çizelge 4.136'da verilmiştir. Sulu koşullarda STK-laktik asit değerleri kuruya göre düşük iken 12, 9, 8, 13 ve Çetinel2000'de kuru koşullarda olduğu gibi düşük; 18, 4, 23, 3, 2, 16, Yıldız98 ve Bezostaja1'de kuru koşullarda olduğu gibi yüksek bulunmuştur.

Çizelge 4.133. Kuru koşullarda örneklerin STK-laktik asit değerine ait varyans analiz sonuçları

Varyasyon kaynakları	SD	KT	KO	F değeri
Tekerrür	2	22,59	11,295	0,2026
Çeşit	23	10771,04	468,3061	8,3987**
Hata	46	2564,92	55,759	
Toplam	71	13358,55		

D.K.: % 6,1   * *: % 1 düzeyinde önemli

Çizelge 4.134. Kuru koşullarda örneklerin STK-laktik asit değerine ait ortalamalar ve önemlilik grupları

Örnek no	STK-laktik asit %	
18	143,5	a
4	137,4	ab
23	136,5	ab
3	133,6	ac
Yıldız98	133,3	ac
16	132,6	ad
19	131,3	ad
Bezostaja1	130,7	bd
6	127,9	be
14	127,6	be
Gerek79	125,5	be
17	125,5	be
2	125,2	be
22	124,2	ce
21	123,9	ce
11	120,6	df
1	118,3	eg
7	110,5	fh
Ak702	109,7	fh
13	108,3	gh
8	105,5	h
9	103,7	h
Çetinel2000	100,6	h
12	100,0	h
Ortalama	**122,3**	

A.Ö.F. (0,05): 12,3

Çizelge 4.135. Sulu koşullarda örneklerin STK-laktik asit değerine ait varyans analiz sonuçları

Varyasyon kaynakları	SD	KT	KO	F değeri
Tekerrür	2	329,876	164,9381	6,3813**
Çeşit	23	10867,76	472,5115	18,281**
Hata	46	1188,966	25,847	
Toplam	71	12386,61		

D.K.: % 4,9 * *: % 1 düzeyinde önemli

Çizelge 4.136. Sulu koşullarda örneklerin STK-laktik asit değerine ait ortalamalar ve önemlilik grupları

Örnek no	STK-laktik asit %	
Bezostaja1	127,9	a
3	120,9	ab
2	119,0	bc
4	117,2	bd
23	115,3	be
18	115,2	be
16	114,1	be
Yıldız98	112,5	cf
6	112,4	cf
1	111,0	cf
21	109,4	dg
14	108,3	eh
17	104,3	fı
Ak702	102,3	gj
22	101,3	gj
19	100,6	hj
7	99,8	ıj
11	97,1	ıj
Gerek79	94,6	jk
13	87,8	kl
Çetinel2000	87,2	kl
9	87,0	kl
8	85,5	l
12	83,2	l
Ortalama	**104,8**	

A.Ö.F. (0,05): 8,4

STK-laktik asit ile STK-su arasında r=0,6535**; STK-sodyum karbonat arasında r=0,6410** ve STK-sakkaroz arasında r=0,6885** önemli korelasyon bildirilmiştir (JinBao vd. 2009). JinBao vd. (2010) tarafından bisküvi çapı ile STK-laktik asit arasında (r=-0,6120, P<0.01) önemli negatif korelasyon elde edilmiştir. STK-laktik asit ile bisküvi kalınlığı arasında pozitif (r=0,31) ve STK-laktik asit ile bisküvi yayılma faktörü arasında negatif korelasyon (r=-0,34) gözlenmiştir (Pasha vd. 2009). Moiraghi vd. (2011) tarafından yayılma faktörü ile STK-laktik asit arasında daha düşük fakat önemli negatif (r=-0.35) korelasyon bildirilmiştir. Zhang vd. (2007) yaptıkları çalışmada STK-laktik asit ile bisküvi çapı, yayılma faktörü ve kalınlığı arasında önemli korelasyon belirlenememiştir.

Araştırmada incelenen kalite özellikleri arasında yapılan korelasyon analizine göre STK-laktik asit ile önemli korelasyon veren kalite kriterleri kuru koşullarda Çizelge 4.137'de ve sulu koşullarda Çizelge 4.138'de verilmiştir. Bisküvi yayılma faktörü ile kuru ve sulu koşullarda STK-laktik asit değeri arasında bir korelasyon bulunmamıştır. Kuru koşullarda bisküvi çapı ile STK-laktik asit arasında pozitif korelasyon bulunmuştur (Şekil 4.29). Çalışmada kuru koşullarda bisküvi yayılma faktörünü açıklamak amacıyla yapılan stepwise analize göre kullanılabilecek Denklem 1, 3, 5, 7 ve 9 'da STK-laktik asit yer almıştır.

Laktik asit gluten kalitesinin indikatörü olduğu ve fonksiyonel proteinler (glutenin) ile ilgili bilgiler sağladığından gluten kuvvetini gösteren değerlerle önemli korelasyon vermiştir. Şekil 4.30'da alveo-konsistograf enerji değeri ile pozitif, Şekil 4.31'de farinograf yumuşama derecesi ile önemli negatif korelasyon görülmektedir.

Çizelge 4.137. Kuru koşullarda STK-laktik asit değeri ile önemli korelasyon değeri veren kalite kriterleri

Kalite kriteri	Korelasyon katsayısı	n
ALVEO-D250	-0,4809*	24
ALVEO-Fb	0,6104**	24
ALVEO-Fb(40)	0,4654*	22
ALVEO-Iec	0,8118**	22
ALVEO-Tol	0,6084**	23
BİS-ÇAP	0,4257*	24
DSC-JBS	0,4487*	24
DSC-JPS	0,4957*	24
FARİ-STAB	0,5852**	24
FARİ-YD	-0,6181**	24
FARİ-YT	-0,5864**	24
MLABC2	0,4349*	22
RVA-PZ	0,4689*	24

* *: % 1 düzeyinde önemli *: % 5 düzeyinde önemli

Çizelge 4.138. Sulu koşullarda STK-laktik asit değeri ile önemli korelasyon değeri veren kalite kriterleri

Kalite kriteri	Korelasyon katsayısı	n
ALVEO-A	0,6130**	24
ALVEO-Ex	0,6194**	24
ALVEO-T	0,5687**	24
ALVEO-Fb	0,9059**	24
ALVEO-Iec	0,8982**	23
ALVEO-D250	-0,4135*	24
ALVEO-Fb(40)	0,716**	23
ALVEO-Tol	0,6383**	24
ALVEO-TPrmaks	0,6422**	24
EX -A90'	0,5451**	24
EX-Rm135'	0,7343**	23
EX-A135'	0,6087**	23
EX-A45'	0,4925*	23
EX-R5135'	0,7033**	23
EX-R590'	0,6492**	24
EX-Rm90'	0,6924**	24
FARİ-STAB	0,8395**	24
FARİ-YD	-0,8604**	24
FARİ-YT	-0,8845**	24
MLAB C2	0,5398**	24
MLAB STAB	0,5942**	24
ÖĞ-B3	-0,420*	24
RVA-PZ	0,4714*	24

* *: % 1 düzeyinde önemli *: % 5 düzeyinde önemli

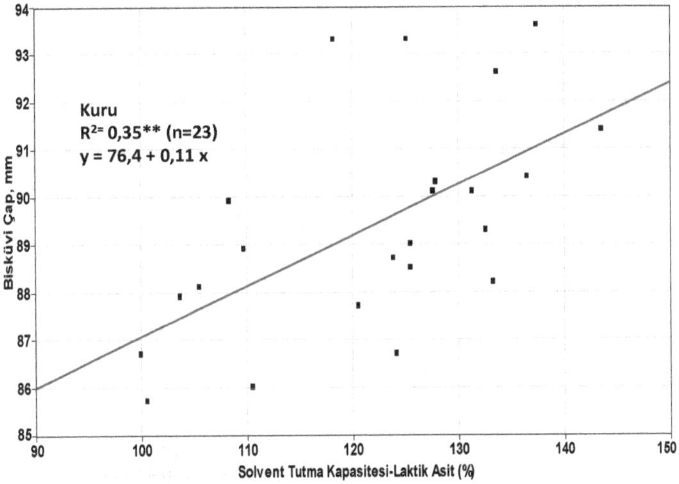

Şekil 4.29. Kuru koşullarda bisküvi çapı ile solvent tutma kapasitesi-laktik asit arasındaki ilişki

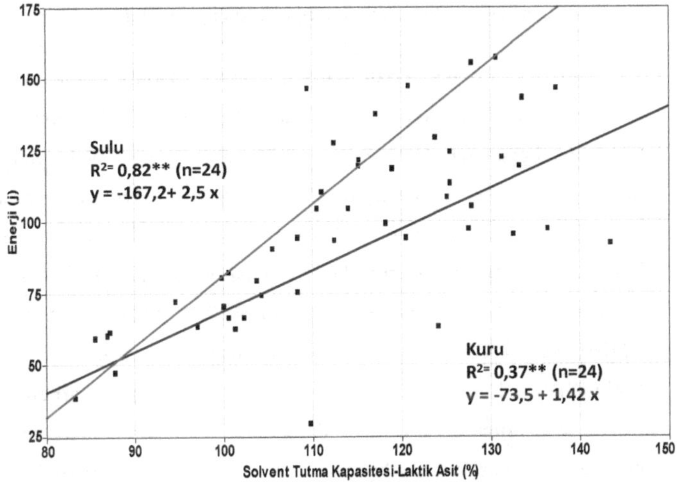

Şekil 4.30. Kuru ve sulu koşullarda enerji-alveo-konsistograf ile solvent tutma kapasitesi-laktik asit arasındaki ilişki

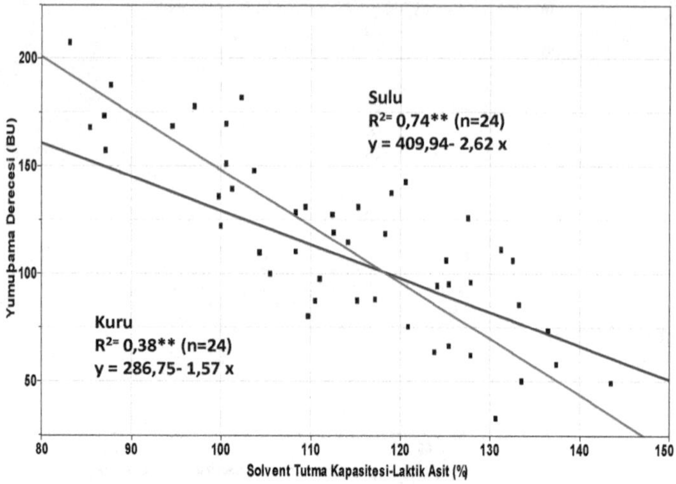

Şekil 4.31. Kuru ve sulu koşullarda yumuşama derecesi-farinograf ile solvent tutma kapasitesi-laktik asit arasındaki ilişki

4.6.5. Solvent tutma kapasitesi-sodyum karbonat (STK-sodyum karbonat)

STK-sodyum karbonat nişasta zedelenmesinin indikatörüdür ve dolaylı olarakta sertlik hakkında bilgi verir (Slade ve Levine 1994, Gaines 2000, Guttieri vd. 2001). İyi bir bisküvilik buğdayda STK-sodyum karbonat < % 66 olarak önerilmiştir (Quijun vd. 2005). Yerli ve dış talep açısından kullanıcıların istedikleri yumuşak buğday kalite kriteri olarak STK-sodyum karbonat (% 5) < % 64 olarak ifade edilmiştir (Souza ve Kweon 2010). Bazı araştırmacılar tarafından ise sodyum karbonat STK ≤ % 72 olarak belirtilmiştir (Slade ve Levine 1994, Gaines 2000). SDS sedimentasyon değeri ve kırma STK-sodyum karbonat farklı karakterleri değerlendirmek için kullanılabileceği; bu 2 testin (SDS sedimentasyon değeri ve kırma STK-sodyum karbonat) kombinasyonu ile yüksek un verimine sahip, çapı daha geniş yumuşak buğday seleksiyonunda hedefe ulaşmada etkili kriterler olabileceği de belirtilmiştir (Guttieri vd. 2004).

Kuru koşullarda örnekler arasında STK-sodyum karbonat değeri yönünden önemli istatistiki farklılık bulunmuştur. Kuru koşullarda örneklerin STK-sodyum karbonat değerine ait varyans analiz sonuçları Çizelge 4.139'da, ortalama değerler ve önemlilik grupları ise Çizelge 4.140'da verilmiştir. Kuru koşullarda STK-karbonat değerleri %

66'nın altında bulunmamıştır. Kuru koşullarda 3, 7, 2, 18, Ak702, Gerek79, % 75,0'in altında STK-sodyum karbonat değeri ile düşük ve aynı grupta yer alan örneklerdir. 22, 14, 11, 4, Bezostaja1 ve Yıldız98 ise % 79,0'ın üzeride ve aynı grupta değer vermişlerdir.

Sulu koşullarda örnekler arasında STK-sodyum karbonat değeri yönünden önemli istatistiki farklılık bulunmuştur. Sulu koşullarda örneklerin STK-sodyum karbonat değerine ait varyans analiz sonuçları Çizelge 4.141, ortalama değerler ve önemlilik grupları ise Çizelge 4.142'de verilmiştir. Sulu koşullarda 7, 18, 1, 16, Ak702 ve Gerek79'da STK-sodyum karbonat değerleri kuru koşullarda olduğu gibi düşüktür. 22, 23, 14, 11, Bezostaja1 ve Yıldız98'de değerler kuru koşullarda olduğu gibi yüksek olmuştur.

Çizelge 4.139. Kuru koşullarda örneklerin STK-karbonat değerine ait varyans analiz sonuçları

Varyasyon kaynakları	SD	KT	KO	F değeri
Tekerrür	2	12,65363	6,32682	0,7883
Çeşit	23	891,8022	38,77401	4,8313**
Hata	46	369,1789	8,0256	
Toplam	71	1273,635		

D.K.: % 3,7 * *: % 1 düzeyinde önemli

Çizelge 4.140. Kuru koşullarda örneklerin STK-sodyum karbonat değerine ait ortalamalar ve önemlilik grupları

Örnek no	STK-karbonat %	
Yıldız98	83,8	a
Bezostaja1	83,6	ab
22	83,2	ac
14	80,1	ad
11	79,6	ae
4	79,2	ae
21	79,0	be
19	78,7	cf
9	78,3	dg
12	78,2	dg
17	78,1	dg
23	77,7	dg
6	77,5	dh
8	77,2	dh
13	77,0	dh
Çetinel2000	76,4	dh
1	75,9	dh
16	75,4	eı
Gerek79	74,1	fj
18	74,0	gj
2	73,7	gj
7	72,9	hj
Ak702	70,8	ıj
3	69,9	j
Ortalama	**77,3**	

A.Ö.F. (0,05): 4,66

Çizelge 4.141. Sulu koşullarda örneklerin STK-karbonat değerine ait varyans analiz sonuçları

Varyasyon kaynakları	SD	KT	KO	F değeri
Tekerrür	2	194,1966	97,09829	13,0037**
Çeşit	23	856,6414	37,24528	4,988**
Hata	46	343,4799	7,467	
Toplam	71	1394,318		

D.K.: % 3,6 * *: % 1 düzeyinde önemli

Çizelge 4.142. Sulu koşullarda örneklerin STK-sodyum karbonat değerine ait ortalamalar ve önemlilik grupları

Örnek no	STK-sodyum karbonat %	
Bezostaja1	86,0	a
22	81,2	b
23	78,9	bc
14	78,4	bd
Yıldız98	77,5	be
11	77,1	be
2	76,5	cf
Çetinel2000	75,7	cf
9	75,7	cf
8	75,7	cf
3	75,5	cf
13	75,3	cf
17	75,3	cf
6	75,1	cf
19	75,0	cf
4	74,7	cf
7	74,3	dg
1	73,8	eg
12	73,5	eg
Gerek79	73,5	eg
21	73,4	eg
16	72,2	fh
Ak702	69,8	gh
18	68,1	h
Ortalama	**75,5**	

A.Ö.F. (0,05): 4,49

STK-sodyum karbonat ile STK-su arasında oldukça yüksek (r=0.9834**); STK-sodyum karbonat ile STK-sakkaroz (r=0.8409**) ve STK-laktik asit ile (r=0.6410**) önemli korelasyon bulunmuştur (JinBao vd. 2009). Bisküvi çapı ile STK-sodyum karbonat arasında çok önemli korelasyon (r=-0.8643, P<0.01) bildirilmiştir (JinBao vd. 2010). Bisküvi çapı ve bisküvi yayılma faktörü ile STK-sodyum karbonat arasında negatif korelasyon (sırasıyla r= -0,19 ve r=-0,16) bulunmuştur (Pasha vd. 2009). Moiraghi vd. (2011) yaptıkları çalışmada bisküvi yayılma faktörü ile STK-sodyum karbonat arasında yüksek ve önemli negatif korelasyon (r=-0.59) bulmuşlardır. Zhang vd. (2007) ise yaptıkları çalışmada STK-sodyum karbonat ile bisküvi çap, yayılma faktörü ile çok önemli negatif ve kalınlığı ile çok önemli pozitif korelasyon bulmuşlardır (sırasıyla r=-

0.776**, r=-0.788 ve r=0.721). Kırma STK-sodyum karbonat ile un verimi ve bisküvi çapı arasında negatif korelasyon bildirilmiştir (Guttieri vd. 2004).

Araştırmada incelenen kalite özellikleri arasında yapılan korelasyon analizine göre STK-sodyum karbonat ile önemli korelasyon veren kalite kriterleri kuru koşullarda Çizelge 4.143'de ve sulu koşullarda Çizelge 4.144'de verilmiştir. Sulu koşullarda bisküvi yayılma faktörü ile STK-sodyum karbonat arasında negatif korelasyon bulunmuştur. Kuru koşullarda ise bisküvi çapı ile negatif korelasyon dikkati çekmiştir. Sulu koşullarda STK-sodyum karbonat artışı ile bisküvi toplam duyusal puan düşmüştür (Şekil 4.32).

Alveo-konistograf su absorpsiyon değeri ile sulu ve kuru koşullarda STK-karbonat arasında pozitif önemli korelasyon gözlenmiştir. Yine sulu koşullarda farinograf su absorpsiyonu ile pozitif korelasyon vardır. STK-sodyum karbonat nişasta zedelenmesinin indikatörüdür. Artan nişasta zedelenmesi ile su absorpsiyonu artmıştır.

Çizelge 4.143. Kuru koşullarda STK-sodyum karbonat değeri ile önemli korelasyon değeri veren kalite kriterleri

Kalite kriteri	Korelasyon katsayısı	n
ALVEO-A	0,4925*	24
ALVEO-EX	0,5223**	24
ALVEO-T/A	-0,4815*	24
ALVEO-Wa	0,5315**	24
ASTK	0,5966**	24
BİS-ÇAP	-0,4096*	24
STK-SAK	0,4862*	24

* *: % 1 düzeyinde önemli *: % 5 düzeyinde önemli

Çizelge 4.144. Sulu koşullarda STK-sodyum karbonat değeri ile önemli korelasyon değeri veren kalite kriterleri

Kalite kriteri	Korelasyon katsayısı	n
ALVEO-Wa	0,4192*	24
ASTK	0,9032**	24
BİS-DPUAN	-0,5594**	24
BİS-TÖ	-0,4017*	24
BİS-YFAK	-0,3969*	24
BİS-YGÖ	-0,4637*	24
EX- Rm135'	0,4311*	23
EX-R5135'	0,4368*	23
EX-R590'	0,5216**	24
EX-Rm90'	0,5038*	24
FARİ-SA	0,4861*	24
MLAB C1	0,5731**	24
MLAB C2	0,6089**	24
MLAB C2-C1	-0,5019*	24
ÖĞ-C3	0,4555*	24
STK-SAK	0,6146**	24
STK-SU	0,8482**	24

* *: % 1 düzeyinde önemli *: % 5 düzeyinde önemli

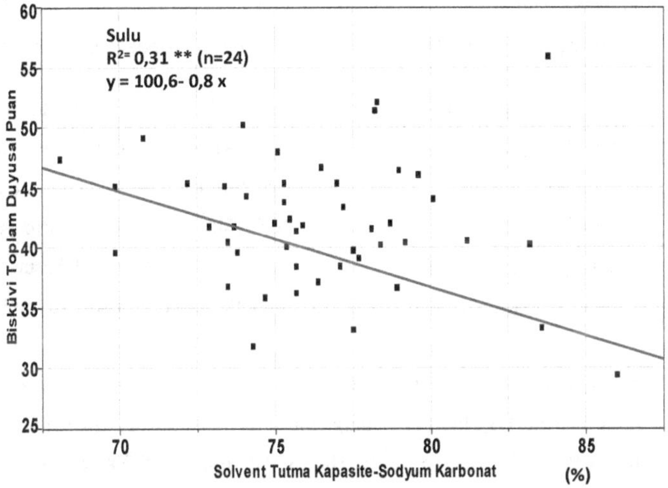

Şekil 4.32. Sulu koşullarda bisküvi toplam duyusal puan ile STK-sodyum karbonat arasındaki ilişki

4.7. Nişasta Çirişlenme Özellikleri

Çizelge 4.145'de kuru koşullarda ve Çizelge 4.146'da sulu koşullarda örneklerin nişasta çirişlenme özellikleri minimum ve maksimum değerler birlikte verilmiştir.

Kuru koşullarda en düşük pik viskozite değerini 12 no'lu hat, en yüksek ise Ak702 çeşidi vermiştir. 14, 18, 19, 11 ve 23 no'lu hatlar ile Gerek79 çeşidi yüksek; 17, 13, 2, 21, 16 no'lu hatlar ile Çetinel2000 ve Yıldız98 çeşitleri düşük pik viskoziteye sahiplerdir. 19, 22, 14, 18 no'lu hatlar ile Ak702 ve Gerek79 çeşitlerinin incelme değeri daha yüksek; 1, 17, 16, 7, 13, Çetinel2000 ve Bezostaja1'in incelme değeri daha düşük bulunmuştur. Katılaşma değeri açısından 14, 3, 13, 8, Ak702 ve Bezostaja1 daha yüksek; 17, 18, 21, 22, 23 ve Çetinel2000 ise daha düşük değere sahiptirler. 12 no'lu hat en düşük (6,2 dk) Bezostaja1 çeşidi en yüksek (7,0 dk) pik viskozite zamanı ile dikkati çekmiştir. Pik viskozite zamanı 2, 3, 8, 9, 13, Gerek79 ve Yıldız98'in 6,5 dk'nın altında; 23, 6 ve 18'de 6,8 dk ve üzerindedir. 1, 7, 3, 11, 12, 17 ve Bezostaja1'de 68,0 ^{0}C'nin altında düşük; 16, 18 ve 6 no'lu hatlarda 70,0 ^{0}C'nin üstünde olmak üzere 4, 13, Gerek79 ve Yıldız98'de yüksek jelatinizasyon başlangıç sıcaklıkları bulunmuştur. Pik vizkozite/son vizkozite oranı bakımından 22, 18, 19, 23, 14, Gerek79 ve Ak702 0,90 ve üzerinde; 1, 13, 17, 16 ve Bezostaja1'de 0,85'in altında değer vermişlerdir.

Sulu koşullarda kuru koşullarda olduğu gibi 12 ve 13 no'lu hatlar en düşük pik vizkozite değeri ile dikkat çekmiştir. 22 ve Ak702'de pik vizkozite değeri 3000,0 cp'nin üzerindedir. Kuru koşullarda olduğu gibi sulu koşullarda da 11, 14 ve 19 no'lu hatların ve Ak702 çeşidinin pik vizkozite değeri yüksek; 12 no'lu hattın yanı sıra 17, 13, 16, Bezostaja1 ve Çetinel2000'in ise düşük olmuştur. İncelme değerine bakıldığında19, 22, 18 8 ve Gerek79 ve Yıldız98'de sulu koşullarda kuru koşullarda olduğu gibi yüksek; 1, 17, 16, 4, 23, 21, Bezostaja1 ve Çetinel2000'de düşüktür. Ayrıca sulu koşullarda 14 no'lu hattın düşük; 7, 11, 13 ve 9 no'lu hatların yüksek olmuştur. 8, 1, 13, 4 ve 11 no'lu hatların sulu koşullarda da katılaşma değeri yüksektir. Diğer katılaşma değeri yüksek hatlar 9, 21, 16, 4, 7 ve 6'dır. 18, 23, 12 ve Çetinel2000 katılaşma değerine açısından hem kuru hem sulu koşullarda düşük değer vermişlerdir. Gerek79 ve Bezostaja1 çeşitleri de 1000,0 cp'nin altında düşük katılaşma değerine sahiplerdir. 12 no'lu hat sulu koşullarda da en düşük pik viskozite zamanı vermiştir. 23 no'lu hat ise en yüksek pik viskozite zamanına sahiptir. Diğer hatlara göre 13 ve 7 no'lu hatlar daha düşük; 14,

Ak702 ve Bezostaja1 daha yüksek pik viskozite zamanına sahiptir. Bu örneklerin kuru koşullarda da pik vizkozite zamanları yüksektir. 13, 3, 9, Gerek79 ve Yıldız98'de kuru koşullarda da düşük pik viskozite zamanı bulunmuştur. 1, 7, 12, 3, 22 ve Bezostaja1 67,0 ^{0}C'nin altında; 4, 23, 6, Yıldız98, Gerek79 ve Ak702 68,0 ^{0}C'nin üstünde jelatinizasyon başlangıç sıcaklıkları ile dikkati çekmişlerdir. Bu hatlardan 22 no'lu hat hariç diğerlerinin kuru koşullarda da jelatinzasyon başlangıç sıcaklıkları düşük; 4, 6, Gerek79 ve Yıldız98'in ise düşük olmuştur. 1, 17 en düşük; 22 en yüksek pik vizkozite/son vizkozite oranına sahiptir. 23, 18, 19 ve Gerek79 0,90'ın üzerinde; 16, 13, 4, 21 no'lu hatlar 0,82'nin altında pik vizkozite/son vizkozite oranı ile göze çarpmışlardır.

RVA pik vizkozite ile bisküvi çapı ve kırılma kuvveti arasında pozitif; RVA son vizkozite ile kırılma kuvveti arasında pozitif; pik viskozite/son vizkozite oranı ile bisküvi çap ve yayıma faktörü arasında pozitif; bisküvi kalınlığı ile pik vizkozite/son vizkozite oranı arasında negatif; bisküvi kırılma kuvveti ile RVA ilk vizkozite arasnda pozitif % 5 düzeyinde önemli korelasyon görülmüştür (Souza ve Kweon 2010). Ragaee vd. (2004) yaptıkları çalışmada yumuşak buğday nişastalarının pik viskozite, incelme sonrası viskozite ve son viskoziteleri ile incelme ve katılaşma değerleri sert buğdaylara göre daha yüksek bulunmuştur. Pik viskozite zamanı ve jelatinizasyon başlangıç sıcaklıkları birbirine yakın olmuştur.

Çizelge 4.145. Kuru koşullarda örneklere ait RVA analiz sonuçları *

Örnek no	Pik viskozite cp	İncelme sonrası viskozite cp	İncelme cp	Son viskozite cp	Katılaşma cp	Pik viskozite zamanı dk	Jelatinizasyon başlangıç sıcaklığı ^0C	Pik vizkozite/ Son vizkozite oranı
1	2858,0	2401,0	457,0	3549,0	1148,0	6,7	66,5	0,81
2	2752,0	2051,0	701,0	3127,0	1076,0	6,5	68,1	0,88
3	3095,0	2319,5	775,5	3564,5	1245,0	6,5	67,4	0,87
4	3049,0	2418,5	630,5	3538,0	1119,5	6,7	69,8	0,86
Gerek79	3153,5	2307,0	846,5	3483,0	1176,0	6,5	69,8	0,91
6	3089,0	2434,0	655,0	3485,0	1051,0	6,8	70,1	0,89
7	2869,5	2268,5	601,0	3345,0	1076,5	6,7	66,9	0,86
8	2944,0	2201,5	742,5	3394,5	1193,0	6,5	69,3	0,87
9	2886,5	2207,0	679,5	3279,5	1072,5	6,5	69,3	0,88
Yıldız98	2786,0	2025,5	760,5	3125,0	1099,5	6,5	69,7	0,89
11	3172,0	2492,5	679,5	3624,0	1131,5	6,7	67,7	0,88
12	2407,0	1669,5	737,5	2741,5	1072,0	6,2	67,7	0,88
13	2741,0	2140,0	601,0	3369,5	1229,5	6,5	69,7	0,81
14	3427,0	2572,0	855,0	3827,0	1255,0	6,7	68,2	0,90
Ak702	3620,0	2637,0	983,0	3923,5	1286,5	6,7	68,5	0,92
16	2773,0	2186,0	587,0	3251,5	1065,5	6,7	70,2	0,85
17	2527,0	1979,0	548,0	3014,5	1035,5	6,6	67,7	0,84
18	3241,0	2424,0	817,0	3453,0	1029,0	6,8	70,1	0,94
19	3190,5	2277,5	913,0	3448,0	1170,5	6,6	69,0	0,93
Bezostaja1	2807,5	2221,0	586,5	3449,0	1228,0	7,0	67,3	0,81
21	2759,0	2122,5	636,5	3141,0	1018,5	6,6	69,0	0,88
22	3021,0	2153,5	867,5	3186,0	1032,5	6,7	69,0	0,95
23	3152,5	2517,5	635,0	3500,5	983,0	6,9	68,6	0,90
Çetinel2000	2629,0	2139,5	489,5	3059,5	920,0	6,7	68,5	0,86
Minimum	**2407,0**	**1669,5**	**457,0**	**2741,5**	**920,0**	**6,2**	**66,5**	**0,81**
Maksimum	**3620,0**	**2637,0**	**983,0**	**3923,5**	**1286,5**	**7,0**	**70,2**	**0,95**

* Değerler 3 tekerrür ortalamasına göre verilmiştir

Çizelge 4.146. Sulu koşullarda örneklere ait RVA analiz sonuçları *

Örnek no	Pik viskozite cp	İncelme sonrası viskozite cp	İncelme cp	Son viskozite cp	Katılaşma cp	Pik viskozite zamanı dk	Jelatinizasyon başlangıç sıcaklığı ^0C	Pik vizkozite/ Son vizkozite oranı
1	2574,5	2072,0	502,5	3344,0	1272,0	6,4	66,1	0,77
2	2754,0	2159,5	594,5	3232,0	1072,5	6,6	67,8	0,85
3	2329,0	1748,0	581,0	2801,5	1053,5	6,4	66,2	0,83
4	2611,5	2092,0	519,5	3242,0	1150,0	6,6	68,2	0,81
Gerek79	2422,5	1706,5	716,0	2652,5	946,0	6,4	68,5	0,91
6	2494,5	1876,0	618,5	2999,5	1123,5	6,4	68,1	0,83
7	2595,5	1833,5	762,0	3006,5	1173,0	6,3	66,1	0,86
8	2833,5	2175,0	658,5	3347,5	1172,5	6,5	67,7	0,85
9	2763,5	2099,5	664,0	3320,0	1220,5	6,4	67,3	0,83
Yıldız98	2518,5	1830,5	688,0	2900,5	1070,0	6,4	68,9	0,87
11	2858,5	2145,0	713,5	3274,5	1129,5	6,5	67,7	0,87
12	1826,5	1241,5	585,0	2172,5	931,0	6,1	66,1	0,84
13	2295,0	1598,5	696,5	2854,5	1256,0	6,1	67,3	0,80
14	2826,0	2310,5	515,5	3394,0	1083,5	6,7	67,3	0,83
Ak702	3088,0	2482,0	606,0	3556,5	1074,5	6,9	68,2	0,87
16	2404,5	1891,0	513,5	3073,5	1182,5	6,4	67,3	0,78
17	2259,0	1816,0	443,0	2932,0	1116,0	6,5	67,7	0,77
18	2587,5	1822,5	765,0	2836,5	1014,0	6,4	67,6	0,91
19	2718,0	1955,5	762,5	2986,5	1031,0	6,5	67,7	0,91
Bezostaja1	2321,5	1903,5	418,0	2880,0	976,5	6,8	66,8	0,81
21	2878,5	2322,0	556,5	3533,5	1211,5	6,6	67,3	0,81
22	3293,0	2145,0	1148,0	3215,0	1070,0	6,5	66,5	1,02
23	2570,0	2101,0	469,0	2797,0	696,0	7,0	68,1	0,92
Çetinel2000	2389,5	1865,5	524,0	2916,5	1051,0	6,5	67,7	0,82
Minimum	**1826,5**	**1241,5**	**418,0**	**2172,5**	**696,0**	**6,1**	**66,1**	**0,77**
Maksimum	**3293,0**	**2482,0**	**1148,0**	**3556,5**	**1272,0**	**7,0**	**68,9**	**1,02**

* Değerler 3 tekerrür ortalamasına göre verilmiştir

İncelenen kalite özellikleri arasında yapılan korelasyon analizine göre RVA-pik viskozite değeri ile önemli korelasyon veren kalite kriterleri kuru koşullarda Çizelge 4.147'de ve sulu koşullarda Çizelge 4.148'de verilmiştir.

Çalışmada kuru koşullarda bisküvi kırılma kuvveti ile pik viskozite değeri arasında ve sulu koşullarda bisküvi kalınlığı ile negatif önemli korelasyon bulunmuştur. Sulu koşullarda bisküvi yayılma faktörünü açıklamak amacıyla yapılan stepwise analize göre kullanılabilecek Denklem 8'de RVA pik viskozite değeri yer almıştır.

Pik viskozite değeri artışı ile kuru koşullarda DSC jelatinizasyon pik ve başlangıç sıcaklıkları artmıştır. Bu durum zedelenmiş nişasta miktarı ile ilişkili bulunmuştur.

Çizelge 4.147. Kuru koşullarda RVA-pik viskozite değeri ile önemli korelasyon değeri veren kalite kriterleri

Kalite kriteri	Korelasyon katsayısı	n
BİS-KKUV	-0,4068*	24
DSC-JBS	0,4636*	24
DSC-JPS	0,4606*	24
EX-E135'	0,5431**	24
EX-R5135'	-0,4683*	24
ÖĞ-İKEP	0,432*	24
RVA-İD	0,6643**	24
RVA-İSV	0,8853**	24
RVA-KD	0,4672*	24
RVA-PV/SV	0,5683**	24
RVA-PZ	0,3964*	24
RVA-SV	0,8936**	24
UN-ZEDN	-0,5405**	24

* *: % 1 düzeyinde önemli *: % 5 düzeyinde önemli

Çizelge 4.148. Sulu koşullarda RVA-pik viskozite değeri ile önemli korelasyon değeri veren kalite kriterleri

Kalite kriteri	Korelasyon katsayısı	n
BİS-KAL	-0,4241*	24
HPLC-TP1	-0,4013*	24
ÖĞ-C2	-0,4065*	24
ÖĞ-KKEP	0,5022*	24
RVA-İD	0,4957*	24
RVA-İSV	0,8665**	24
RVA-PV/SV	0,498*	24
RVA-PZ	0,4701*	24
RVA-SV	0,8158**	24
UN-ZEDN	-0,4234*	24
UN-a*	-0,406*	24

* *: % 1 düzeyinde önemli *: % 5 düzeyinde önemli

İncelenen kalite özellikleri arasında yapılan korelasyon analizine göre RVA-incelme değeri ile önemli korelasyon veren kalite kriterleri kuru koşullarda Çizelge 4.149'da ve sulu koşullarda Çizelge 4.150'de verilmiştir. Çalışmada incelme değeri ile yalnızca sulu koşullarda bisküvi kalınlığı ile negatif korelasyon bulunmuştur (Şekil 33). Sulu koşullarda bisküvi yayılma faktörünü açıklamak amacıyla yapılan stepwise analize göre kullanılabilecek Denklem 2 ve 10'da RVA-incelme değeri yer almıştır. Bisküvi çapı ile RVA-incelme değeri (r=0,4337, P<0.01) arasında önemli pozitif korelasyon bildirilmiştir (JinBao vd. 2010).

Kuru koşullarda incelme değeri artışı ile DSC jelatinizasyon başlangıç sıcaklığı artmıştır. Sulu koşullarda alveo-konsistograf enerji ile negatif ve DSC jelatinizasyon entalpisi ile pozitif korelasyon görülmüştür.

Çizelge 4.149. Kuru koşullarda RVA-incelme değeri ile önemli korelasyon değeri veren kalite kriterleri

Kalite kriteri	Korelasyon katsayısı	n
BİS-YGÖ	0,4474*	24
DSC-JBS	0,4157*	24
EX-R5135'	-0,4618*	24
ÖĞ-İKEP	0,5513**	24
ÖĞ-UNV	-0,4477*	24
RVA-KD	0,4327*	24
RVA-PV	0,6643**	24
RVA-PV/SV	0,8165**	24
UN-ZEDN	-0,5608**	24

* *: % 1 düzeyinde önemli *: % 5 düzeyinde önemli

Çizelge 4.150. Sulu koşullarda RVA-incelme değeri ile önemli korelasyon değeri veren kalite kriterleri

Kalite kriteri	Korelasyon katsayısı	n
ALVEO-Fb	-0,4080*	24
BİS-KAL	-0,4535*	24
DSC-JE	0,4253*	24
HPLC-TP1	-0,439*	24
KIR-MSDS	-0,4378*	24
RVA-PV	0,4957*	24
RVA-PV/SV	0,7935**	24
UN-KG	-0,4028*	24
UN-YG	-0,4186*	24

* *: % 1 düzeyinde önemli *: % 5 düzeyinde önemli

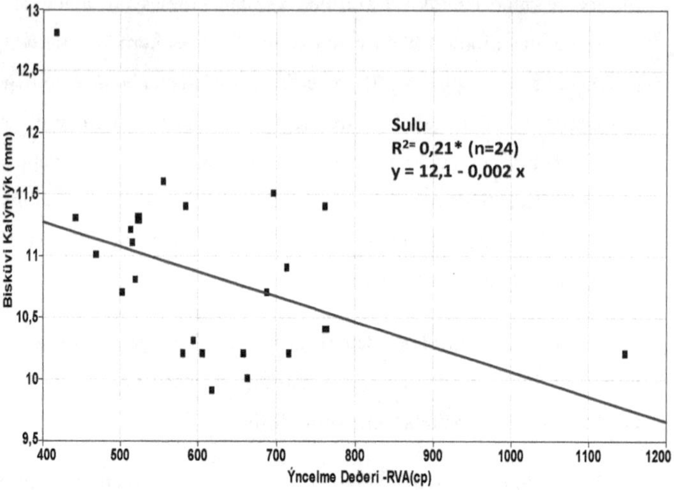

Şekil 4.33.Sulu koşullarda bisküvi kalınlık ile RVA-incelme değeri arasındaki ilişki

İncelenen kalite özellikleri arasında yapılan korelasyon analizine göre RVA-katılaşma değeri ile önemli korelasyon veren kalite kriterleri kuru koşullarda Çizelge 4.151'de ve sulu koşullarda Çizelge 4.152'de verilmiştir. Sulu ve kuru koşullarda katılaşma değeri ile miksolab C3 değeri, C3-C2 farkı arasında pozitif (Şekil 4.34) ve C4-C3 farkı arasında negatif korelasyon dikkati çekmiştir. Miksolab C3-C2 farkı nişasta jelatinizasyon viskozitesinin ölçüsüdür. Zedelenmiş nişasta miktarı azaldıkça jelatinizasyon viskozitesi ve katılaşma değeri artmaktadır.

Çizelge 4.151. Kuru koşullarda RVA-katılaşma değeri ile önemli korelasyon değeri veren kalite kriterleri

Kalite kriteri	Korelasyon katsayısı	n
KIR-PROT	-0,4778*	24
MLAB-C3	0,5911**	22
MLAB-C3-C2	0,5886**	22
MLAB-C4-C3	-0,6164**	22
RVA-İD	0,4327*	24
RVA-PV	0,4672*	24
RVA-SV	0,6359**	24
UN-PROT	-0,5319**	24

* *: % 1 düzeyinde önemli *: % 5 düzeyinde önemli

Çizelge 4.152. Sulu koşullarda RVA-katılaşma değeri ile önemli korelasyon değeri veren kalite kriterleri

Kalite kriteri	Korelasyon katsayısı	n
EX-A135'	-0,4531*	23
FARİ-SA	-0,4031*	24
MLAB C3	0,4435*	24
MLAB C3-C2	0,4249*	24
MLAB C4	-0,5085*	24
MLAB C4-C3	-0,6197**	24
RVA-PV/SV	-0,4884*	24
RVA-PZ	-0,4348*	24
RVA-SV	0,5554**	24

* *: % 1 düzeyinde önemli *: % 5 düzeyinde önemli

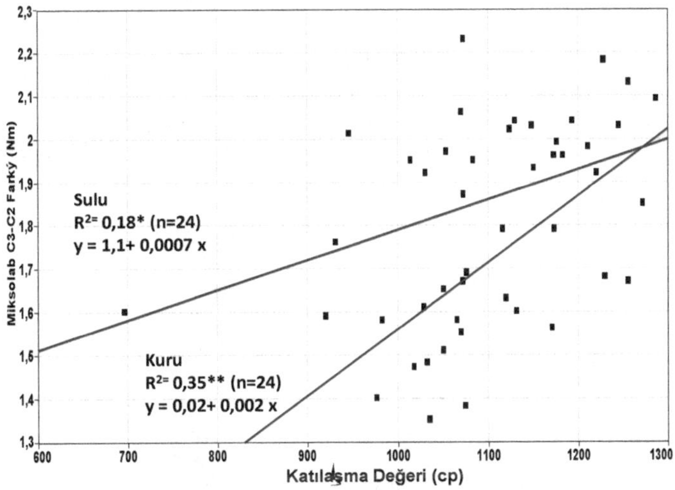

Şekil 4.34. Kuru ve sulu koşullarda miksolab C3-C2 farkı ile RVA-katılaşma değeri arasındaki ilişki

İncelenen kalite özellikleri arasında yapılan korelasyon analizine göre RVA-pik viskozite zamanı ile önemli korelasyon veren kalite kriterleri kuru koşullarda Çizelge 4.153'de ve sulu koşullarda Çizelge 4.154'de verilmiştir. Çalışmada bisküvi fiziksel özellikleri ile kuru ve sulu koşullarda pik viskozite zamanı arasında önemli korelasyon bulunmamıştır. JinBao vd. (2010) yaptıkları çalışmada bisküvi çapı ile RVA-pik viskozite zamanı arasında (r=-0.2702, P<0.05) önemli korelasyon bulunmuştur. Kuru koşullarda toplam bisküvi duyusal puan (Şekil 4.35) ve kırılma kuvveti ile RVA-pik viskozite zamanı arasında negatif önemli korelasyon elde edilmiştir.

Pik viskozite zamanı ile DSC jelatinizasyon pik sıcaklık arasında kuru ve sulu koşullarda, jelatinizasyon başlangıç sıcaklık ile sulu koşullarda pozitif önemli korelasyon dikkati çekmiştir. Kuru koşullarda miksolab C5-C4 farkı ile; sulu koşullarda ise miksolab C3 ve C3-C2 farkı ile negatif korelasyon bulunmuştur.

Çizelge 4.153. Kuru koşullarda RVA-pik viskozite zamanı ile önemli korelasyon değeri veren kalite kriterleri

Kalite kriteri	Korelasyon katsayısı	n
ALVEO-D250	-0,4678*	24
ALVEO-Iec	0,4841*	22
ALVEO-Tol	0,5701**	23
ALVEO-Wa	0,4569*	24
BİS-DPUAN	-0,5582**	24
BİS-KKUV	-0,4974*	24
BİS-TÖ	-0,66**	24
BİS-YGÖ	-0,4343*	24
DSC-JPS	0,5202**	24
FARİ-GS	0,4468*	24
FARİ-SA	0,4031*	24
FARİ-STAB	0,4349*	24
FARİ-YT	-0,4034*	24
KIR-CSDS	0,5297**	24
KIR-MSDS	0,7823**	24
KIR-PROT	0,5616**	24
KIR-PSI	-0,4923*	24
MLAB-C5-C4	-0,4381*	22
MLAB-STAB	0,5248*	22
RVA-İSV	0,6389**	24
RVA-SV	0,4893*	24
STK-LAK	0,4689*	24
UN-KG	0,5692**	24
UN-PROT	0,603**	24
UN-YG	0,6424**	24
UN-ZSED	0,6265**	24

* *: % 1 düzeyinde önemli *: % 5 düzeyinde önemli

Çizelge 4.154. Sulu koşullarda RVA-pik viskozite zamanı ile önemli korelasyon değeri veren kalite kriterleri

Kalite kriteri	Korelasyon katsayısı	n
ALVEO-Ex	0,4093*	24
ALVEO-Fb	0,4125*	24
ALVEO-TPrmaks	0,4829*	24
DSC-JBS	0,5018*	24
DSC-JE	-0,5437**	24
DSC-JPS	0,5876**	24
EX-A45'	0,4561*	23
FARİ-SA	0,4489*	24
FARİ-STAB	0,4247*	24
FARİ-YT	-0,4141*	24
KIR-CSDS	0,6495**	24
KIR-MSDS	0,5424**	24
KIR-PROT	0,5852**	24
MLAB C3	-0,4259*	24
MLAB C3-C2	-0,5789**	24
RVA-İSV	0,7259**	24
RVA-KD	-0,4348*	24
RVA-PV	0,4701*	24
RVA-SV	0,4429*	24
STK-LAK	0,4714*	24

* *: % 1 düzeyinde önemli *: % 5 düzeyinde önemli

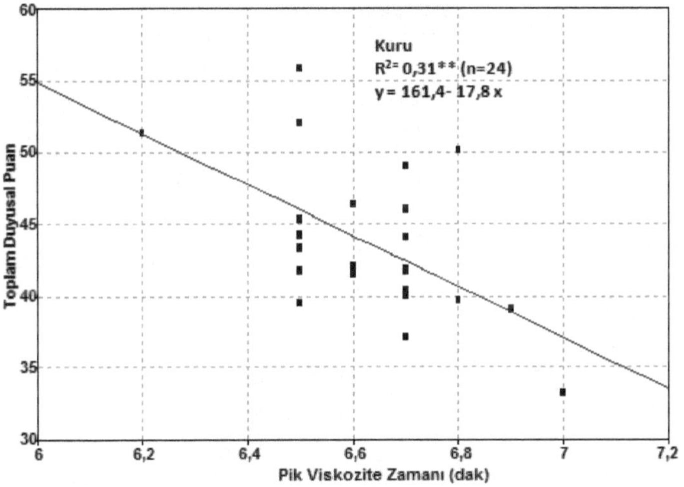

Şekil 4.35. Kuru koşullarda toplam duyusal puan ile RVA-pik viskozite zamanı arasındaki ilişki

İncelenen kalite özellikleri arasında yapılan korelasyon analizine göre RVA-JBS ile önemli korelasyon veren kalite kriterleri kuru koşullarda Çizelge 4.155'de ve sulu koşullarda Çizelge 4.156'da verilmiştir. Kuru koşullarda bisküvi yayılma faktörünü açıklamak amacıyla yapılan stepwise analize göre kullanılabilecek Denklem 1 ve 3'de RVA-JBS yer almıştır. Kuru koşullarda bisküvi yayılma faktörü ile pozitif (Şekil 4.36) ve kalınlığı ile negatif önemli korelasyon elde edilmiştir. Bisküvi çapı ile RVA-JBS arasında (r=-0,6158 P<0.01) önemli korelasyon bildirilmiştir (JinBao vd. 2010). Kuru ve sulu koşullarda DSC-JBS ve kuru koşullarda jelatinizasyon pik sıcaklık ile pozitif korelasyon dikkati bulunmuştur. JBS ile polimerik miktarı ve polimerik/monomerik protein oranı arasındaki pozitif ve monomerik protein miktarı ile negatif önemli korelasyon dikkat çekicidir. Polimerik ve monomerik protein miktarının jelatinizasyon sırasında etkileri konusunda daha ayrıntılı çalışmalar yapılması gerekmektedir.

Çizelge 4.155. Kuru koşullarda RVA-jelatinizasyon başlangıç sıcaklığı ile önemli korelasyon değeri veren kalite kriterleri

Kalite kriteri	Korelasyon katsayısı	n
ALVEO-D450	0,4509*	23
ALVEO-PRMAKS	0,566**	24
ASTK	-0,4007*	24
BİS-KAL	-0,5241**	24
BİS-YFAK	0,4820*	24
DSC-JBS	0,6689**	24
DSC-JPS	0,4825*	24
EX-A45'	0,4771*	24
EX-A90'	0,4718*	21
EX-E135'	0,4146*	24
EX-E90'	0,4818*	20
EX-Rm45'	0,4063*	24
FARİ-SA	-0,4094*	24
ÖĞ-B1	-0,4617*	24
ÖĞ-B3	0,5725**	24
RVA-PV/SV	0,4038*	24
UN-ZEDN	-0,4534*	24

* *: % 1 düzeyinde önemli *: % 5 düzeyinde önemli

Çizelge 4.156. Sulu koşullarda RVA-jelatinizasyon başlangıç sıcaklığı ile önemli korelasyon değeri veren kalite kriterleri

Kalite kriteri	Korelasyon katsayısı	n
DSC-JBS	0,4048*	24
HPLC-TP2	0,5164**	24
HPLC-ORAN	0,520**	24
HPLC-TP1+TP2	0,4939*	24
HPLC-TP3	-0,4939*	24
STK-SAK	-0,4945*	24

* *: % 1 düzeyinde önemli *: % 5 düzeyinde önemli

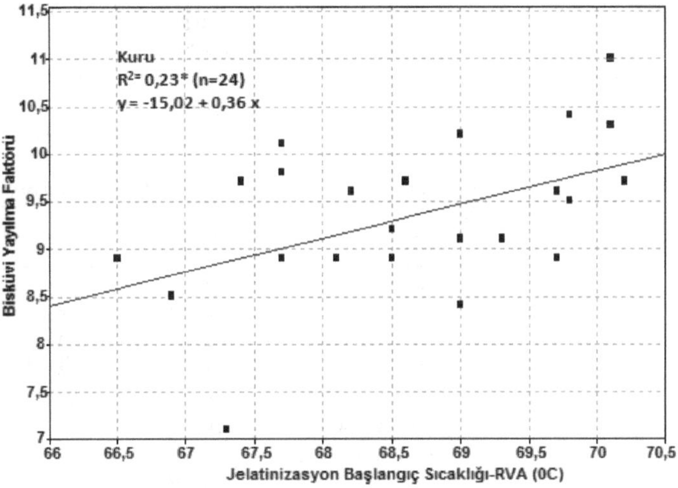

Şekil 4.36. Kuru koşullarda bisküvi yayılma faktörü ile RVA-jelatinizasyon başlangıç sıcaklığı arasındaki ilişki

İncelenen kalite özellikleri arasında yapılan korelasyon analizine göre kuru koşullarda RVA-PV/SV oranı ile önemli korelasyon veren kalite kriterleri kuru koşullarda Çizelge 4.157'de ve sulu koşullarda Çizelge 4.158'de verilmiştir. Sulu koşullarda bisküvi yayılma faktörünü açıklamak amacıyla yapılan stepwise analize göre kullanılabilecek Denklem 6, 8 ve 11'de RVA PV/SV oranı yer almıştır. PV/SV oranı ile bisküvi kalınlık arasında sulu koşullarda % 5'e göre önemli ve kuru koşullarda % 5'e göre önemli olmayan fakat % 10'a göre önemli negatif korelasyon elde edilmiştir. Kuru koşullarda bisküvi yüzey görünüm özellikleri puanı ile pozitif korelasyon vardır. Zedelenmiş nişasta azalmasına bağlı olarak artan PV ve PV/SV oranı bisküvi görünümünü olumlu etkilemiştir. Sulu koşullarda miksolab C4-C3 farkı ile pozitif korelasyon dikkati çekmiştir.

Çizelge 4.157. Kuru koşullarda RVA-PV/SV oranı ile önemli korelasyon değeri veren kalite kriterleri

Kalite kriteri	Korelasyon katsayısı	n
BİS-KAL	-0,3784	24
BİS-YGÖ	0,4803*	24
DANE-SOYS	0,4044*	24
DSC-JBS	0,566**	24
KIR-PSI	0,4169*	24
RVA-İD	0,8165**	24
RVA-JBS	0,4038*	24
RVA-PV	0,5683**	24
UN-ZEDN	-0,6595**	24

* *: % 1 düzeyinde önemli *: % 5 düzeyinde önemli

Çizelge 4.158. Sulu koşullarda RVA-PV/SV oranı ile önemli korelasyon değeri veren kalite kriterleri

Kalite kriteri	Korelasyon katsayısı	n
ALVEO-Prmaks	-0,4093*	24
BİS-KAL	-0,4181*	24
EX-E135'	0,4232*	23
HPLC-TP1	-0,4964*	24
MLAB C4	0,4124*	24
MLAB C4-C3	0,4471*	24
ÖĞ-B2	0,4924*	24
RVA-İD	0,7935**	24
RVA-KD	-0,4884*	24
RVA-PV	0,498*	24

* *: % 1 düzeyinde önemli *: % 5 düzeyinde önemli

4.8. Nişastanın Termal Özellikleri

Granül içyapısının dağıldığı jelatinizasyon prosesinde ortama polisakkaritler geçer. Kritik bir sıcaklığa kadar granüller ısıtıldığında büyük miktarda su absorplarlar ve orijinal büyüklüklerinin birkaç katı şişerler. Kritik bir sıcaklığın üzerinde nişasta granülleri geri dönüşümsüz bir yapıya dönüşürler. Bu durum nişastanın özelliklerini değiştirir (Singh vd. 2005). Pişirme ve kullanılan ingredientlerden etkilenen bisküvideki nişasta özelliklerini incelemek için bir sürü teknik kullanılmaktadır. DSC nişasta jelatinizasyonuna bağlı olarak nişasta termal özelliklerini incelemek için en sık kullanılan tekniklerden birisidir (Sandhu vd. 2004, Mamat vd. 2010). DSC nişasta granüllerindeki kristalitlerin erimesi sırasındaki oluşan dönüşüm enerjisinin entalpisinin ölçümünde kantitatif veri sağlar (Singh vd. 2005, Mamat vd. 2010).

Çizelge 4.159'da kuru koşullarda ve 4.160'da sulu koşullarda örneklere ait nişasta termal özellikleri ile minumum, maksimum değerler birlikte verilmiştir. Kuru koşullarda T_0 değerleri 18, 6, 19, 4, Gerek79, Ak702 ve Yıldız98'de 60,0 ^{0}C'nin üzerine çıkarken; 12 no'lu hatta 58,0 ^{0}C'nin altında; 1, 11, 2, 3 ve Bezostaja1'de 59,0 ^{0}C'nin altında gerçekleşmiştir. 12 no'lu hatta en düşük T_p değeri elde edilmiştir (62,4 ^{0}C). 1, 9, 3, 11, 8 ve 16'da T_p değerleri 64,0 ^{0}C'nin altında bulunmuştur. 18, 6, 4, 23, Gerek79, Ak702 ve Yıldız98'de T_p değeri yüksektir. En düşük ΔH değeri 9 no'lu hattan, en yüksek ise Gerek79 çeşidinden elde edilmiştir. 12 no'lu hatta da 7,0 J/g'ın üzerinde ΔH değeri vardır. ΔH değeri 22, 14, 13, 2, 17 ve Yıldız98'de yüksek; 19, 21, 23, 8, 4 ve Bezostaja1'de düşüktür.

Sulu koşullarda 12 no'lu hatta en düşük ve 57,0 ^{0}C'nin altında; 18, 19 ve Ak702'de 60,0 ^{0}C'nin üstünde T_0 değeri bulunmuştur. 1, 3, 2, 11, 9, 13, 4 ve 7'de T_0 değeri düşük iken; 17, 22, 23, 16, 21, Gerek79 ve Bezostaja1'de yüksektir. 12 no'lu hatta T_p değeri de en düşük iken; Ak702 çeşidinde en yüksek olmuştur. 1, 3, 2, 8, 11, 4, 9, 13, 6, 7'de T_p değeri daha düşük; 23, 17, 18, 19 ve Bezostaja1'de yüksek bulunmuştur. 13 no'lu hat en yüksek, Bezostaja1 en düşük ΔH değerine sahiptir. 11, 7, 9, 1, 3, 6, 18 no'lu hatlar ile Gerek79 ve Yıldız98 çeşitleri daha yüksek (6,2 J/g'ın üzerie); 8, 17, 23, 4, 19, 14, 21, 12 ve Çetinel2000 daha düşük (6,0 J/g ve altında) ΔH değeri ile dikkat çekmişlerdir.

Çizelge 4.159. Kuru koşullarda örneklerde nişasta termal özellikleri*

Örnek no	Jelatinizasyon başlangıç sıc, To, ^{0}C	Jelatinizasyon pik sıc, Tp, ^{0}C	Jelatinizasyon entalpisi ΔH, J/g
1	58,3	63,4	6,0
2	58,8	64,0	6,6
3	58,9	63,7	6,2
4	60,0	64,7	5,6
Gerek79	60,5	65,2	7,2
6	60,2	64,8	5,8
7	59,4	64,1	5,7
8	59,1	63,8	5,4
9	59,2	63,4	4,3
Yıldız98	60,2	64,8	6,5
11	58,5	63,7	6,4
12	57,9	62,4	7,2
13	59,2	64,2	6,7
14	59,1	64,3	6,7
Ak702	60,3	64,9	6,4
16	59,5	63,9	6,3
17	59,6	64,4	6,5
18	60,3	65,0	5,9
19	60,1	64,4	5,3
Bezostaja1	58,9	64,4	5,2
21	59,6	64,5	5,4
22	59,9	64,5	6,8
23	59,8	64,6	5,3
Çetinel2000	59,3	64,6	6,3
Minimum	**57,9**	**62,4**	**4,3**
Maksimum	**60,5**	**65,2**	**7,2**

* 3 tekerrür ortalamasına göre

Çizelge 4.160. Sulu koşullarda örneklerde nişasta termal özellikleri *

Örnek no	Jelatinizasyon başlangıç sıc, To,^{0}C	Jelatinizasyon pik sıc, Tp,^{0}C	Jelatinizasyon entalpisi ΔH, J/g
1	57,0	62,1	6,3
2	57,3	62,5	6,2
3	57,0	62,3	6,3
4	57,8	62,7	5,8
Gerek79	59,1	64,1	6,5
6	58,3	62,8	6,3
7	57,9	62,8	6,5
8	58,0	62,6	5,3
9	57,6	62,7	6,3
Yıldız98	58,3	63,3	6,4
11	57,4	62,6	6,9
12	56,7	61,3	6,0
13	57,6	62,7	7,2
14	58,6	64,1	5,9
Ak702	61,0	66,0	6,1
16	59,1	63,9	6,1
17	59,7	64,3	5,4
18	60,3	65,4	6,2
19	60,2	65,0	5,9
Bezostaja1	59,0	64,8	5,0
21	59,0	64,1	5,9
22	59,5	64,0	6,1
23	59,3	64,3	5,7
Çetinel2000	58,9	64,1	5,8
Minimum	**56,7**	**61,3**	**5,0**
Maksimum	**61,0**	**66,0**	**7,2**

* 3 tekerrür ortalamasına göre

İncelenen kalite özellikleri arasında yapılan korelasyon analizine göre DSC jelatinizasyon başlangıç sıcaklığı ile önemli korelasyon veren kalite kriterleri kuru koşullarda Çizelge 4.161'de ve sulu koşullarda Çizelge 4.162'de verilmiştir. Kuru koşullarda jelatinizasyon başlangıç sıcaklığı ile bisküvi kalınlığı ve kırılma kuvveti arasındaa negatif önemli korelasyon belirlenmiştir. Kuru ve sulu koşullarda DSC jelatinizasyon başlangıç sıcaklığı, DSC pik sıcaklık ve RVA jelatinizasyon başlangıç sıcaklık ile pozitif önemli korelasyona sahiptir. Jelatinizasyon başlangıç sıcaklığı artışı ile kuru koşullarda RVA incelme değeri, pik viskozite, pik viskozite/son viskozite oranı ve sulu koşullarda pik viskozite zamanı artmıştır. Sulu koşullarda jelatinizasyon başlangıç sıcaklığı ile miksolab C3 değeri ve C3-C2 farkı arasında negatif, C4-C3 farkı arasında pozitif korelasyon dikkati çekmiştir. Miksolab C3-C2 farkındaki azalma düşük nişasta zedelenmesi ile açıklanabilir.

Çizelge 4.161. Kuru koşullarda DSC jelatinizasyon başlangıç sıcaklığı ile önemli korelasyon değeri veren kalite kriterleri

Kalite kriteri	Korelasyon katsayısı	n
ALVEO-Iec	0,4222*	22
ALVEO-Prmaks	0,4969*	24
ASTK	-0,4422*	24
BİS-KAL	-0,4286*	24
BİS-KKUV	-0,4074*	24
DANE-BDA	-0,7293**	24
DSC-JPS	0,8812**	24
EX-E135'	0,4618*	24
EX-E90'	0,4606*	20
KIR-PROT	0,5403**	24
ÖĞ-B1	-0,5203**	24
ÖĞ-KUNU	-0,4709*	24
RVA-İD	0,4157*	24
RVA-JBS	0,6689**	24
RVA-PV	0,4636*	24
RVA-PV/SV	0,566**	24
STK-LAK	0,4487*	24
UN-PROT	0,5267**	24
UN-ZEDN	-0,4643*	24

* *: % 1 düzeyinde önemli *: % 5 düzeyinde önemli

Çizelge 4.162. Sulu koşullarda DSC jelatinizasyon başlangıç sıcaklığı ile önemli korelasyon değeri veren kalite kriterleri

Kalite kriteri	Korelasyon katsayısı	n
DSC-JPS	0,9634**	24
KIR-CSDS	0,4421*	24
KIR-PROT	0,4548*	24
MLAB C3	-0,4469*	24
MLAB C3-C2	-0,4213*	24
MLAB C4-C3	0,4778*	24
RVA-JBS	0,4048*	24
RVA-PZ	0,5018*	24
UN-KG	0,4613*	24
UN-PROT	0,466*	24
UN-YG	0,4124*	24

* *: % 1 düzeyinde önemli *: % 5 düzeyinde önemli

İncelenen kalite özellikleri arasında yapılan korelasyon analizine göre DSC jelatinizasyon pik sıcaklığı ile önemli korelasyon veren kalite kriterleri kuru koşullarda Çizelge 4.163'de ve sulu koşullarda Çizelge 4.164'de verilmiştir. Bisküvi yayılma faktörü veya çap, kalınlık değerleri ile pik sıcaklık arasında bir korelasyon bulunmamıştır. RVA pik viskozite ile DSC jelatinizasyon başlangıç sıcaklığında olduğu gibi pik sıcaklık ile de kuru koşullarda pozitif korelasyon elde edilmiştir. RVA pik viskozite zamanı ile kuru ve sulu koşullarda pozitif önemli korelasyon dikkati çekmiştir. Sulu koşullarda başlangıç sıcaklığında olduğu gibi miksolab C3-C2 farkı ile negatif, C4-C3 farkı ile pozitif korelasyon elde edilmiştir.

Çizelge 4.163. Kuru koşullarda DSC jelatinizasyon pik sıcaklığı ile önemli korelasyon değeri veren kalite kriterleri

Kalite kriteri	Korelasyon katsayısı	n
KIR-MSDS	0,4038*	24
KIR-PROT	0,5432**	24
ÖĞ-B1	-0,4686*	24
ÖĞ-KUNU	-0,4989*	24
RVA-İSV	0,4428*	24
RVA-JBS	0,4825*	24
RVA-PV	0,4606*	24
RVA-PZ	0,5202**	24
STK-LAK	0,4957*	24
UN-PROT	0,5684**	24
UN-ZSED	0,4872*	24

* *: % 1 düzeyinde önemli *: % 5 düzeyinde önemli

Çizelge 4.164. Sulu koşullarda DSC jelatinizasyon pik sıcaklığı ile önemli korelasyon değeri veren kalite kriterleri

Kalite kriteri	Korelasyon katsayısı	n
DSC-JBS	0,9634**	24
KIR-CSDS	0,5522**	24
KIR-MSDS	0,5141*	24
KIR-PROT	0,5166**	24
MLAB C3-C2	-0,4484*	24
MLAB C4-C3	0,4502*	24
RVA-PZ	0,5876**	24
UN-KG	0,528**	24
UN-PROT	0,5165**	24
UN-YG	0,5234**	24

* *: % 1 düzeyinde önemli *: % 5 düzeyinde önemli

İncelenen kalite özellikleri arasında yapılan korelasyon analizine göre DSC jelatinizasyon entalpisi ile önemli korelasyon veren kalite kriterleri kuru koşullarda Çizelge 4.165'de ve sulu koşullarda Çizelge 4.166'da verilmiştir. Kuru koşullarda jelatinizasyon entalpisi ile bisküvi kırılma kuvveti arasında pozitif korelasyon vardır (Şekil 4.37). Sulu koşullarda jelatinizasyon entalpisi ile RVA incelme değeri arasında pozitif; pik viskozite zamanı arasında negatif korelasyon görülmüştür. Yine sulu koşullarda miksolab C3-C2 değeri ile pozitif korelasyon dikkati çekmiştir. Jelatinizasyon viskozitesi yükseldikçe jelatinizasyon için gereki enerji de artmaktadır.

Çizelge 4.165. Kuru koşullarda DSC jelatinizasyon entalpisi ile önemli korelasyon değeri veren kalite kriterleri

Kalite kriteri	Korelasyon katsayısı	n
BİS-KKUV	0,5404**	24
KIR-PSI	0,4131*	24

* *: % 1 düzeyinde önemli *: % 5 düzeyinde önemli

Çizelge 4.166. Sulu koşullarda DSC jelatinizasyon entalpisi ile önemli korelasyon değeri veren kalite kriterleri

Kalite kriteri	Korelasyon katsayısı	n
ASTK	-0,4091*	24
DANE-HL	-0,5309**	24
EX-R590'	-0,411*	24
FARİ-STAB	-0,4152*	24
KIR-MSDS	-0,4529*	24
KIR-PSI	0,5344**	24
MLAB C3-C2	0,5331**	24
RVA-İD	0,4253*	24
RVA-PZ	-0,5437**	24

* *: % 1 düzeyinde önemli *: % 5 düzeyinde önemli

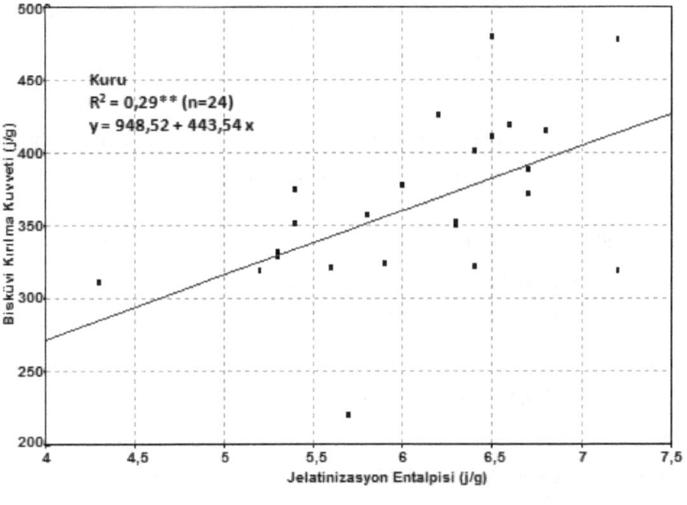

Şekil 4.37. Kuru koşullarda bisküvi kırılma kuvveti ile DSC jelatinizasyon entalpisi arasındaki ilişki

4.9. Buğday Unu Proteinlerinin SE-HPLC ile Analizi

Monomerik gliadin ve polimerik gluteninden oluşan buğday depo proteinleri buğday unu fonksiyonları için oldukça önemlidir. Gliadin molekül içi, glutenin ise molekül içi ve moleküller arası S-S bağlarına sahiptir (Veraverbeke ve Delcour 2002, Lagrain vd. 2008). Daha yüksek molekül ağırlıklı polimerik protein fraksiyonları yumuşak buğday kalitesi üzerinde olumsuz etki göstermiştir. Polimerik protein miktarı SKCS sertlik, miksograf su absorpsiyonu ve tolerans ile pozitif; kırma unu verimi, bisküvi çapı ve kek hacmi ile negatif korelasyon vermiştir. Daha yüksek monomerik protein fraksiyonu yumuşak buğday kalitesi ile ilişkilidir. Monomerik protein miktarı SKCS sertlik, miksograf su absorpsiyonu ve tolerans ile negatif; kırma unu verimi, bisküvi çapı ve kek hacmi ile pozitif korelasyon vermiştir (Ohm vd. 2009).

Çizelge 4.167'de kuru koşullarda ve 4.168'de sulu koşullarda örneklere ait toplam protein içindeki çeşitli fraksiyonların oranları, minumum ve maksimum değerler ile birlikte verilmiştir.

Kuru koşullarda 22 no'lu hat ve Ak702 çeşidi en düşük polimerik protein miktarına ve en yüksek monomerik protein miktarına sahiptirler. 14, 12, 17, 7, 16, 23 ve 1 no'lu hatlar düşük polimerik protein miktarı, polimerik/monomerik protein oranı ve yüksek monomerik protein miktarı ile dikkati çekmişlerdir. 11, 4, 2, 3, 6, 8, Gerek79 ve Yıldız98'de ise polimerik protein miktarı ve polimerik/monomerik protein oranı yüksek, monomerik protein miktarı düşük olmuştur.

Sulu koşullarda 22 no'lu hat kuru koşullarda olduğu gibi yine en düşük polimerik protein miktarına ve yüksek monomerik protein miktarına sahiptir. 12, 1, 14, 7, 16, 17, 11 no'lu hatları ile Ak702 çeşidinde düşük polimerik protein miktarı, polimerik/monomerik protein oranı ve yüksek monomerik protein miktarı bulunmuştur. 13, 8, 9, 6, 2, Gerek79, Çetinel2000 ve Yıldız98'de ise polimerik protein miktarı ve polimerik/monomerik protein oranı yüksek, monomerik protein miktarı düşüktür. Sulu koşullarda polimerik ve monomerik protein miktarı bakımından kuru koşullarda yüksek değer veren çeşit ve hatlar yüksek; düşük değer verenler ise düşük değer vermişlerdir.

Çizelge 4.167. Kuru koşullarda un örneklerinde toplam protein içindeki çeşitli fraksiyonların oranları *

Örnek no	TP1 (%)	TP2 (%)	Polimerik (%,TP1+TP2)	Monomerik (%, TP3)	Polimerik/Monomerik (TP1+TP2)/ TP3
1	39,6	9,1	48,7	51,3	0,95
2	42,0	9,3	51,3	48,7	1,05
3	43,2	8,1	51,3	48,7	1,05
4	42,0	9,6	51,6	48,4	1,07
Gerek79	42,2	9,0	51,2	48,8	1,05
6	44,7	6,4	51,1	48,9	1,04
7	40,9	7,3	48,2	51,8	0,93
8	44,1	6,9	51,0	49,0	1,04
9	43,5	7,3	50,8	49,2	1,03
Yıldız98	43,9	7,2	51,1	48,9	1,05
11	45,8	7,0	52,8	47,2	1,12
12	40,1	6,7	46,8	53,2	0,88
13	40,8	8,2	49,0	51,0	0,96
14	39,4	7,2	46,6	53,4	0,87
Ak702	37,0	7,6	44,6	55,4	0,81
16	40,3	8,2	48,5	51,5	0,94
17	40,6	7,2	47,8	52,2	0,92
18	41,8	8,1	49,9	50,1	1,00
19	40,9	8,2	49,1	50,9	0,96
Bezostaja1	41,2	8,2	49,4	50,6	0,98
21	42,4	8,1	50,5	49,5	1,02
22	35,8	6,3	42,1	57,9	0,73
23	40,9	7,6	48,5	51,5	0,94
Çetinel2000	40,8	9,6	50,4	49,6	1,02
Minimum	**35,8**	**6,3**	**42,1**	**47,2**	**0,73**
Maksimum	**45,8**	**9,6**	**52,8**	**57,9**	**1,12**

* 3 tekerrür ortalamasına göre

Çizelge 4.168. Sulu koşullarda un örneklerinde toplam protein içindeki çeşitli fraksiyonların oranları [*]

Örnek no	TP1 (%)	TP2 (%)	Polimerik (%,TP1+TP2)	Monomerik (%, TP3)	Polimerik/Monomerik (TP1+TP2)/ TP3
1	41,2	5,4	46,6	53,4	0,87
2	43,9	7,0	50,9	49,1	1,04
3	42,7	6,8	49,5	50,5	0,98
4	40,9	9,0	49,9	50,1	1,00
Gerek79	41,9	9,7	51,6	48,4	1,07
6	41,7	9,4	51,1	48,9	1,05
7	39,3	8,6	47,9	52,1	0,92
8	41,1	10,3	51,3	48,7	1,06
9	41,4	9,7	51,1	48,9	1,04
Yıldız98	42,0	9,7	51,7	48,3	1,07
11	41,9	7,4	49,3	50,7	0,97
12	39,2	7,3	46,5	53,5	0,87
13	43,7	8,1	51,8	48,2	1,07
14	40,7	6,9	47,6	52,4	0,91
Ak702	37,7	6,5	44,2	55,8	0,79
16	41,8	6,8	48,6	51,4	0,94
17	41,5	7,7	49,2	50,8	0,97
18	42,0	8,6	50,6	49,4	1,03
19	42,1	8,4	50,5	49,5	1,02
Bezostaja1	40,7	8,7	49,4	50,6	0,97
21	41,8	8,6	50,3	49,7	1,01
22	34,8	6,9	41,7	58,3	0,71
23	40,7	9,8	50,5	49,5	1,02
Çetinel2000	40,9	10,3	51,2	48,8	1,05
Minimum	**34,8**	**5,4**	**41,7**	**48,2**	**0,71**
Maksimum	**43,9**	**10,3**	**51,8**	**58,3**	**1,07**

[*] 2 tekerrür ortalamasına göre

İncelenen kalite özellikleri arasında yapılan korelasyon analizine göre polimerik protein miktarı ile önemli korelasyon veren kalite kriterleri kuru koşullarda Çizelge 4.169'da ve sulu koşullarda Çizelge 4.170'de verilmiştir. Bisküvi özellikleri ile polimerik protein miktarı arasında önemli bir korelasyon elde edilememiştir. Kuru koşullarda alveo-konsistograf enerji ve ekstensograf 45.' maksimum ve 5.' uzama direnci ile polimerik protein miktarı arasında pozitif korelasyon bulunmuştur. Sulu koşullarda ise alveo-konsistograf 250. ve 450. s yumuşama değeri ve maksimum basınç ile polimerik protein miktarı arasında pozitif korelasyon vardır. Yine sulu koşullarda polimerik protein miktarı artışı ile miksolab C3 değeri ve C3-C2 farkı artarken; C4-C3 farkı azalmaktadır.

Çizelge 4.169. Kuru koşullarda polimerik protein miktarı ile önemli korelasyon değeri veren kalite kriterleri

Kalite kriteri	Korelasyon katsayısı	n
ALVEO-Fb	0,5258**	24
EX-R545'	0,4532*	24
EX-Rm45'	0,4311*	24
HPLC-ORAN	0,997**	24
HPLC-TP1	0,9189**	24
HPLC-TP3	-1**	24

* *: % 1 düzeyinde önemli *: % 5 düzeyinde önemli

Çizelge 4.170. Sulu koşullarda polimerik protein miktarı ile önemli korelasyon değeri veren kalite kriterleri

Kalite kriteri	Korelasyon katsayısı	n
ALVEO-D250	0,4214*	24
ALVEO-D450	0,4596*	24
ALVEO-Prmaks	0,5292**	24
HPLC-TP2	0,6746**	24
HPLC-ORAN	0,9977**	24
HPLC-TP1	0,8489**	24
HPLC-TP3	-1**	24
MLAB C3	0,5947**	24
MLAB C3-C2	0,5783**	24
MLAB C4-C3	-0,5106**	24
ÖĞ-KKEP	-0,4819*	24
RVA-JBS	0,4939*	24
STK-SAK	-0,4218*	24

* *: % 1 düzeyinde önemli *: % 5 düzeyinde önemli

İncelenen kalite özellikleri arasında yapılan korelasyon analizine göre monomerik protein miktarı ile önemli korelasyon veren kalite kriterleri kuru koşullarda Çizelge 4.171'de ve sulu koşullarda Çizelge 4.172'de verilmiştir. Polimerik protein miktarında önemli korelasyon veren parametreler ile zıt korelasyon elde edilmiştir. Bisküvi özellikleri ile monomerik protein miktarı arasında önemli bir korelasyon elde edilememiştir.

Çizelge 4.171. Kuru koşullarda monomerik protein miktarı ile önemli korelasyon değeri veren kalite kriterleri

Kalite kriteri	Korelasyon katsayısı	n
HPLC-TP1	-0,9189**	24
HPLC-TP1+P2	-1**	24
HPLC-ORAN	-0,997**	24
ALVEO-Fb	-0,5258**	24
EX-R545'	-0,4532*	24
EX-Rm45'	-0,4311*	24

* *: % 1 düzeyinde önemli *: % 5 düzeyinde önemli

Çizelge 4.172. Sulu koşullarda monomerik protein miktarı ile önemli korelasyon değeri veren kalite kriterleri

Kalite kriteri	Korelasyon katsayısı	n
ALVEO-D250	-0,4214*	24
ALVEO-D450	-0,4596*	24
ALVEO-Prmaks	-0,5292**	24
HPLC- TP2	-0,6746**	24
HPLC-ORAN	-0,9977**	24
HPLC-TP1	-0,8489**	24
HPLC-TP1+TP2	-1**	24
MLAB C3	-0,5947**	24
MLAB C3-C2	-0,5783**	24
MLAB C4-C3	0,5106**	24
RVA-JBS	-0,4939*	24
STK-SAK	0,4218*	24

* *: % 1 düzeyinde önemli *: % 5 düzeyinde önemli

İncelenen kalite özellikleri arasında yapılan korelasyon analizine göre polimerik/ monomerik protein oranı ile önemli korelasyon veren kalite kriterleri kuru koşullarda Çizelge 4.173'de ve sulu koşullarda Çizelge 4.174'de verilmiştir. Polimerik protein miktarında önemli korelasyon veren parametreler ile benzer korelasyon elde edilmiştir.

Çizelge 4.173. Kuru koşullarda polimerik/monomerik protein oranı ile önemli korelasyon değeri veren kalite kriterleri

Kalite kriteri	Korelasyon katsayısı	n
ALVEO-Fb	0,5147**	24
EX-R545'	0,4991*	24
EX-Rm45'	0,4731*	24
HPLC-TP1	0,919**	24
HPLC-TP1+P2	0,997**	24
HPLC-TP3	-0,997**	24

* *: % 1 düzeyinde önemli *: % 5 düzeyinde önemli

Çizelge 4.174. Sulu koşullarda polimerik/monomerik protein oranı ile önemli korelasyon değeri veren kalite kriterleri

Kalite kriteri	Korelasyon katsayısı	n
ALVEO-D250	0,4071*	24
ALVEO-D450	0,4361*	24
ALVEO-Prmaks	0,50*	24
HPLC- TP2	0,697**	24
HPLC-TP1	0,8298**	24
HPLC-TP1+TP2	0,9977**	24
HPLC-TP3	-0,9977**	24
MLAB C3	0,5828**	24
MLAB C3-C2	0,5799**	24
MLAB C4-C3	-0,4948*	24
RVA-JBS	0,52**	24
STK-SAK	-0,4297*	24

* *: % 1 düzeyinde önemli *: % 5 düzeyinde önemli

4.10. Reolojik Özelikler

Hamurun reolojik nitelikleri un kalitesini belirlemede önemli yer tutar. Son ürün kalitesi yanında hamurun mekanizasyonu üzerinde de etkilidir (Faridi ve Faubion 1986, Sarker vd. 2008). Hamurun toplanma eğilimi ve işlenme özellikleri ile ilişkili olan hamur reolojik özellikleri buğdayın bisküvilik kalitesinin belirlenmesinde önemli bir parametredir. Farinograf ve ekstensograf metotları dahil bisküvi hamurunun reolojik özelliklerinin belirlenmesi için bir çok metot kullanılmaktadır (Bloksama ve Bushuk 1988, Ünal 1991, Anonymous 1996, Sliwinski vd. 2004). Farklı gluten kuvvetine sahip unların ekstensograf, farinograf ve reometre testlerinin kıyaslanması (Janssen vd. 1996) göstermiştir ki bu metodlar karar vermede birbirlerini tamamlayıcıdırlar (Pedersen vd. 2004). Bu testler daha çok ekmeklik hamurların reolojik özelliklerini kıyaslamak için geliştirilmiştir (Uluöz 1965) ki bu hamurlar kuvvetli glutene sahiptir ve deformasyona dayanıklıdır (Janssen vd. 1996). Halbuki bisküvilik unlar düşük proteinli (tanede % 8-10), düşük su absorpsiyonlu ve deformasyona dayanıklılığı düşüktür (Pedersen vd. 2004). Yumuşak ve topbaş buğdayların zayıf glutenden dolayı hamur işleme ve karıştırma zamanları daha düşüktür (Carter vd. 1999).

4.10.1. Farinograf Özellikleri

Reolojik özellikleri belirlemede kullanılan cihazlardan birisi de farinograftır (Boyacıoğlu 1996). Farinograf değerleri unun reolojik özellikleri hakkında bilgi veren ve unların bisküvilik kalitesini tahminde kullanılan önemli parametrelerden birisidir. Farinograf, unun su kaldırma kapasitesini belirler ve bu testle hamurun yoğrulması sırasında meydana gelen fizikokimyasal özellikleri değerlendirilir (Özkaya 1995). Farinograf değerleri, unun belirli konsistensde hamur meydana getirmesi için gerekli su miktarının (su kaldırma) saptanmasında ve yoğurma sırasında hamurun yoğurucuya gösterdiği direncin grafik olarak belirlenmesinde, hamurdaki glutenin gelişme durumunu belirlemede yararlanılır (Ünal 1991). Farinografta yumuşama derecesinin artışı zayıf gluten kalitesi ile açıklanmıştır (Orth ve Mander 1975). Farinograf özellikleri bisküvi tekstürünü en iyi tahminleyen yöntemlerden birisidir. Bisküvi genişlik, yükseklik ve yayılma faktörünü en iyi tahmin eden yöntemlerden biri farinograf su absorpsiyonu olmuştur. Farinograf absorpsiyon ile bisküvi çap ve yayılma faktörü arasında negatif ve bisküvi yüksekliği arasında pozitif; farinograf stabilite ile bisküvi çap ve yayılma faktörü arasında negatif ve kırılma kuvveti arasında pozitif % 1 düzeyinde önemli korelasyon bildirilmiştir (Souza ve Kweon 2010). Bisküvilik unların farinograf su kaldırma kapasitesinin düşük olması tercih edilir. Bisküvilik unlarda farinograf yumuşama derecesinin genelde yüksek olması arzu edilir (Doğan ve Uğur 2004). Yerli ve dış talep açısından kullanıcıların istedikleri yumuşak buğday kalite kriteri olarak farinograf su absorpsiyon değeri % 51-55 olarak ifade edilmiştir (Souza ve Kweon 2010). Farinograf su absorpsiyon değeri ile bisküvi çapı arasında P=0.01 düzeyinde ve bisküvi çap/kalınlık oranı arasında P=0.0001 düzeyinde negatif, bisküvi kalınlığı arasında P=0.01 düzeyinde pozitif korelasyon bildirilmiştir (Zhang vd. 2007).

Çizelge 4.175'de kuru koşullarda ve 4.176'da sulu koşullarda örneklere ait unlarda farinograf değerleri ile minumum, maksimum değerler birlikte verilmiştir. Bezostaja1 hariç kuru koşullarda örneklerde su absorpsiyon değerleri düşüktür. Kuru koşullarda su absorpsiyon değerlerine göre 3 no'lu hat en düşük değere sahiptir. 4, 18, 17, 21, 6, 8, 14, 13 Gerek79 ve Ak702'nin % 50,0'nin altında su absorpsiyon değeri bulunmuştur. Bezostaja1 % 57,0 ile en yüksek su absorpsiyonuna sahiptir. 22, 7, 1, 2 ve Çetinel2000'de su absorpsiyon değeri diğer örneklerden yüksektir. Farinograf gelişme süresi < 0,75 dak. olarak ifade edilmiştir (Souza ve Kweon 2010). 1, 9 ve Gerek79'da bu değerden düşük; 11, 8, 14 ve Yıldız98'de 1,0 dak.'nın altında gelişme süresi bulunmuştur. Farinograf stabilite değeri ise 2-4 dak. olarak belirtilmiştir (Souza ve Kweon 2010). 2, 9, 11, 12 13, 14 ve Çetinel2000'nin stabilite değerine 4,0 dak.'nın altındadır. Farinografta yumuşama derecesinin artışı zayıf gluten kalitesi ile açıklanmıştır (Orth ve Mander 1975). 9, 11, 14, 12, 13, 19, 1, 8 ve Çetinel2000 yüksek yoğurma tolerans ve yumuşama değerine sahiplerdir.

Sulu koşullarda su absorpsiyon değerleri kuruya göre daha yüksek olmuştur. Örneklerde genel olarak istenilen % 55,0'ın altında su absorpsiyonu elde edilmiştir (Souza ve Kweon 2010). 4, 16 ve 18 no'lu hatlarda en düşük su absorpsiyonu elde edilmiştir. 3, 19, 14, 6, 11, 17, 21 ve Yıldız98'de diğer örneklerden daha düşük su absorpsiyon değerleri vardır. 3, 4, 18, 14, 6, 17, 21 su absorpsiyon değeri kuru koşullarda da düşük çıkmıştır. 6, 8, 9 ile Yıldız98 çeşidinin gelişme süresi 0,8 dak. ve altındadır. Sulu koşullarda stabilite değerleri düşmüş, yumuşama değerleri yükselmiştir. 8, 9, 12 ve 13 no'lu hatlar 2,0 dak.'nın altında stabilite değeri ile dikkati çekmişlerdir. 11, 19, 21, 6, 2, Çetinel2000, Yıldız98, Gerek79 ve Ak702'de stabilite değerleri 4,0 dak.'nın altındadır. 9, 11, 12, 2, 13 ve Çetinel2000'nin kuru koşullarda da düşük stabilite değeri vardır. 12 no'lu hat en yüksek yoğurma tolerans ve yumuşama değerleri vermiştir. 8, 9, 11, 13, 19, Gerek79, Ak702 ve Çetinel2000 yoğurma tolerans ve yumuşama değerlerinin yüksekliği ile dikkati çekmişlerdir. Bu örneklerin kuru koşullarda da Ak702 hariç genel olarak yoğurma tolerans ve yumuşama değerleri yüksek durumdadır.

Çizelge 4.175. Kuru koşullarda örneklere ait farinograf analiz sonuçları

Örnek no	Su absorpsiyonu (%)	Gelişme süresi (dk)	Stabilite (dk)	Yoğurma tolerans sayısı (BU)	Yumuşama derecesi (BU)
1	52,3	0,70	4,40	94,5	117,9
2	52,2	1,00	2,60	93,0	105,8
3	48,3	1,10	14,90	42,3	49,9
4	48,7	1,20	11,60	56,5	57,5
Gerek79	49,7	0,70	4,50	83,8	94,7
6	49,8	1,30	4,80	85,6	95,6
7	52,3	1,50	7,10	62,2	86,9
8	49,9	0,90	4,60	95,1	99,4
9	50,9	0,70	2,40	134,6	147,4
Yıldız98	50,3	0,90	5,30	73,3	85,1
11	50,1	0,90	3,30	131,2	142,3
12	50,3	1,30	3,60	101,4	121,5
13	50,0	1,20	3,80	97,9	110,0
14	49,9	0,90	2,40	115,8	125,7
Ak702	49,9	1,30	6,20	63,3	79,9
16	50,6	1,40	5,60	86,5	105,8
17	49,0	1,40	6,70	54,9	65,9
18	48,8	1,30	14,40	28,6	48,7
19	50,7	1,10	4,70	96,3	110,9
Bezostaja1	57,0	2,20	14,70	14,4	32,3
21	49,5	1,50	8,60	47,5	63,1
22	52,8	1,70	6,90	71,4	94,2
23	50,7	1,10	8,60	54,4	73,1
Çetinel2000	52,4	1,60	3,20	131,0	150,8
Minimum	**48,3**	**0,7**	**2,4**	**14,4**	**32,3**
Maksimum	**57,0**	**2,2**	**14,9**	**134,6**	**150,8**

* % 14 neme göre düzeltilmiştir

Çizelge 4.176. Sulu koşullarda örneklere ait farinograf analiz sonuçları

Örnek no	Su absorpsiyonu (%)	Gelişme süresi (dk)	Stabilite (dk)	Yoğurma tolerans sayısı (BU)	Yumuşama derecesi (BU)
1	53,6	2,70	4,60	84,0	97,3
2	56,0	1,40	3,90	120,9	136,8
3	52,1	1,20	5,90	62,6	74,7
4	51,1	1,20	6,20	74,8	87,8
Gerek79	53,2	1,00	3,00	154,7	168,2
6	52,5	0,80	3,60	107,4	126,9
7	55,0	1,10	4,30	116,6	135,5
8	53,0	0,80	1,50	158,9	167,3
9	53,0	0,80	1,80	166,8	172,8
Yıldız98	52,1	0,70	2,70	98,5	118,9
11	52,5	0,90	2,10	162,3	177,2
12	53,2	1,00	1,60	193,2	207,1
13	53,4	1,10	1,80	177,5	186,8
14	52,3	1,10	4,10	113,9	127,9
Ak702	55,2	1,10	3,10	163,0	181,2
16	51,2	1,00	4,60	103,1	114,1
17	52,5	1,60	4,20	87,7	109,3
18	51,3	0,90	6,50	82,6	87,5
19	52,1	1,70	2,90	154,1	169,1
Bezostaja1	56,6	2,30	9,20	40,5	61,5
21	52,7	0,90	3,50	123,4	130,5
22	55,3	1,10	4,70	121,8	138,7
23	56,8	1,50	5,40	63,3	130,5
Çetinel2000	55,7	1,00	2,20	147,8	156,8
Minimum	**51,1**	**0,7**	**1,5**	**40,5**	**61,5**
Maksimum	**56,8**	**2,7**	**9,2**	**193,2**	**207,1**

* % 14 neme göre düzeltilmiştir

Zhang vd. (2007) yaptıkları çalışmada yalnızca farinograf su absorpsiyonu ile bisküvi çap, yayılma faktörü ve bisküvi kalınlığı ile önemli korelasyon bulmuşlardır (sırasıyla r= -0.620, r=-0.738 ve r=0.693). Abboud vd. (1985) 44 ticari yumuşak buğday ununda yaptıkları çalışmada bisküvi çapının yüksek oranda zedelenmiş nişasta miktarı ve su absorpsiyonuna bağlı olduğunu ifade etmişlerdir. Uriyo vd. (2004) bisküvilerin çap değerleri ile farinograf su absorpsiyonu (r=-0.825 P<0.01) ve gelişme süresi arasında (r=-0.476 P <0.05) önemli negatif korelasyon bildirmişlerdir. Pedersen vd. (2004) yaptıkları çalışmada farinograf su absorpisyonu ile bisküvi özellikleri ile önemli ilişkili bulunmuştur. Yaptıkları çalışmada farinograf su absorpsiyonu % % 51,5-59,5 arasında değişmiştir.

İncelenen kalite özellikleri arasında yapılan korelasyon analizine göre farinograf su absorpsiyonu ile önemli korelasyon veren kalite kriterleri kuru koşullarda Çizelge 4.177'de ve sulu koşullarda Çizelge 4.178'de verilmiştir. Kuru koşullarda bisküvi yayılma faktörü ile su absorpsiyonu arasında önemli negatif korelasyon elde edilmiştir (Şekil 4.38). Yine çap değeri ile negatif ve kalınlık değeri ile pozitif ilişki vardır. Kuru koşullarda bisküvi yayılma faktörünü açıklamak amacıyla yapılan stepwise analize göre kullanılabilecek Denklem 1 ve 3'de farinograf su absorpsiyonu yaklaşık % 72 varyasyonu açıklayabilmiştir. Denklem 7'de ise % 68,5 varyasyonu tek başına açıklayabilmektedir. Toplam bisküvi duyusal puanı farinograf su absorpsiyonu artışı ile düşmüştür.

Kuru ve sulu koşullarda gluten kuvvetini gösteren değerler farinograf su absorpisyon ile pozitif korelasyon vermiştir.

Miksolab değerlerine bakıldığında farinograf su absorpsiyonu ile sulu koşullarda C1 değeri ve C4-C3 farkı ile pozitif; C2-C1 farkı, C3 değeri, C3-C2 farkı (Şekil 4.39) ile negatif korelasyon dikkati çekmiştir. Kuru koşullarda ise C5 değeri ve C5-C4 farkı (Şekil 4.40) ile negatif önemli korelasyon vardır. Artan nişasta zedelenmesine bağlı olarak artan su absorpsiyonun bağlı olarak miksolab nişasta jelatinizasyon viskozitesi ve retrogradasyon azalmıştır.

Çizelge 4.177. Kuru koşullarda farinograf su absorpsiyonu ile önemli korelasyon değeri veren kalite kriterleri

Kalite kriteri	Korelasyon katsayısı	n
ALVEO-D250	-0,528**	24
ALVEO-D450	-0,6948**	23
ALVEO-Prmaks	-0,496*	24
ALVEO-TOL	0,483*	23
ALVEO-Wa	0,7982**	24
ASTK	0,698**	24
BİS-ÇAP	-0,5687**	24
BİS-DPUAN	-0,4481*	24
BİS-KAL	0,8248**	24
BİS-KÖ	-0,5067*	24
BİS-YFAK	-0,8278**	24
BİS-YGÖ	-0,4694*	24
DANE-SOYS	-0,5077*	24
FARİ-GS	0,5171**	24
KIR-MSDS	0,5341**	24
KIR-PSI	-0,6486**	24
MLAB-C5	-0,4826*	22
MLAB-C5-C4	-0,6571**	22
ÖĞ-B3	-0,5324**	24
ÖĞ-C2	0,6254**	24
ÖĞ-İUNU	0,4873*	24
ÖĞ-TUN	0,4743*	24
RVA-JBS	-0,4094*	24
STK-SAK	0,4651*	24
STK-SU	0,4941*	24
UN-ZEDN	0,693**	24
RVA-PZ	0,4031*	24

* *: % 1 düzeyinde önemli *: % 5 düzeyinde önemli

Çizelge 4.178. Sulu koşullarda farinograf su absorpsiyonu ile önemli korelasyon değeri veren kalite kriterleri

Kalite kriteri	Korelasyon katsayısı	n
ALVEO-D450	-0,4512*	24
ALVEO-Prmaks	-0,4215*	24
ALVEO-Wa	0,6495**	24
ASTK	0,5942**	24
DANE-HL	0,441*	24
DANE-SOYS	-0,5447**	24
EX-E135'	0,4348*	23
KIR-PSI	-0,4805*	24
MLAB C1	0,4104*	24
MLAB C2-C1	-0,4278*	24
MLAB C3	-0,6048**	24
MLAB C3-C2	-0,7457**	24
MLAB C4-C3	0,5342**	24
RVA-KD	-0,4031*	24
RVA-PZ	0,4489*	24
STK-SAK	0,6971**	24
STK-SKAR	0,4861*	24
STK-SU	0,5584**	24
UN-ZEDN	0,3925*	24
UN-ZSED	0,444*	24

* *: % 1 düzeyinde önemli *: % 5 düzeyinde önemli

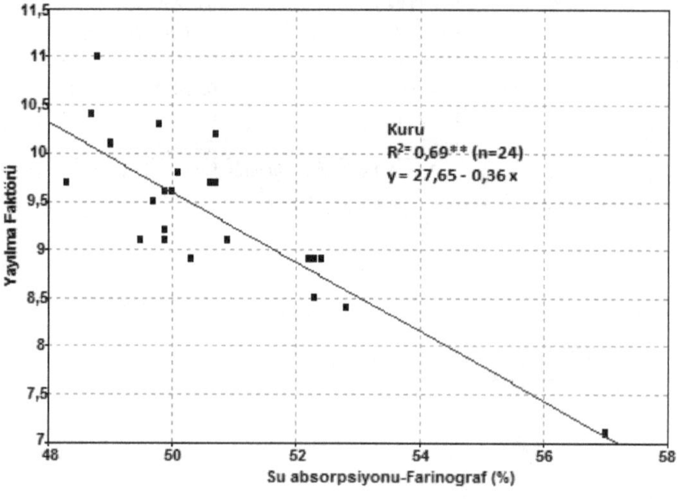

Şekil 4.38. Kuru koşullarda bisküvi yayılma faktörü ile su absorpsiyonu-farinograf arasındaki ilişki

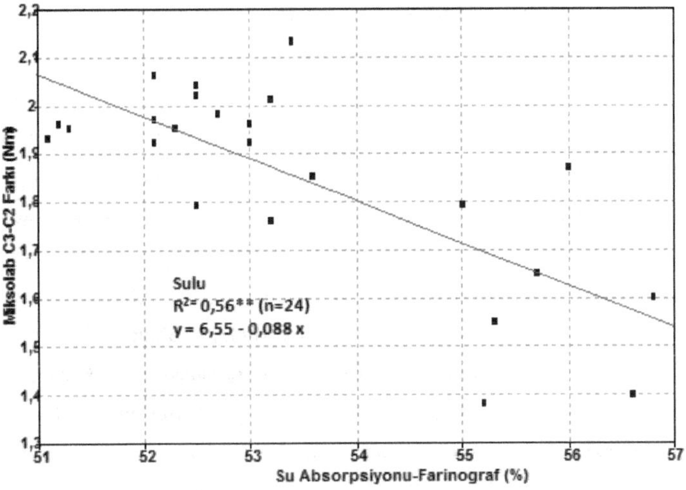

Şekil 4.39. Sulu koşullarda miksolab C3-C2 farkı ile su absorpsiyonu-farinograf arasındaki ilişki

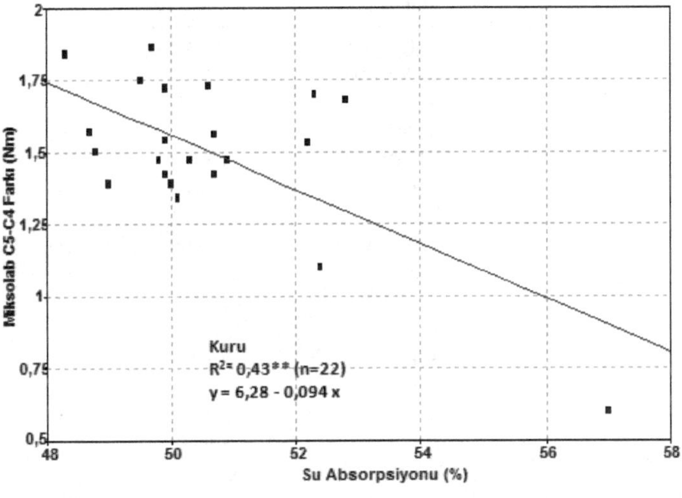

Şekil 4.40. Kuru koşullarda miksolab C5-C4 farkı ile su absorpsiyonu-farinograf arasındaki ilişki

Uriyo vd. (2004) bisküvilerin çap değerleri ile farinograf gelişme süresi arasında (r=-0.476 P<0.05) önemli negatif korelasyon bildirmişlerdir. Farinograf gelişme süresi ile önemli korelasyon veren kalite kriterleri kuru koşullarda Çizelge 4.179'da ve sulu koşullarda Çizelge 4.180'de verilmiştir. Kuru koşullarda farinograf gelişme süresi ile bisküvi yayılma faktörü ve toplam duyusal puan arasında önemli negatif; bisküvi çap değeri ile çok önemli negatif korelasyon vardır. Kuru koşullarda farinograf gelişme süresi ile alveo-konsistograf su absorpsiyonu arasında pozitif korelasyon vardır. Kuru koşullarda miksolab C5-C4 farkı ile negatif (Şekil 4.41); sulu koşullarda ise miksolab C2 değeri ile pozitif; C3-C2 farkı (Şekil 4.42) ve polimerik protein miktarı-2. pik ile negatif korelasyon vardır. Su absorpsiyonunda olduğu gibi artan gelişme süresi ile nişasta jelatinizasyon viskozitesi ve retrogradasyon viskozitesi negatif korelasyon vermiştir. Kuru koşullarda bisküvi yayılma faktörünü açıklamak amacıyla yapılan stepwise analize göre kullanılabilecek Denklem 3'de farinograf gelişme süresi yer almıştır.

Çizelge 4.179. Kuru koşullarda farinograf gelişme süresi ile önemli korelasyon değeri veren kalite kriterleri

Kalite kriteri	Korelasyon katsayısı	n
ALVEO-Wa	0,4875*	24
ASTK	0,4492*	24
BİS-ÇAP	-0,5509**	24
BİS-DPUAN	-0,4861*	24
BİS-YFAK	-0,4007*	24
DANE-SOYS	-0,5518**	24
FARİ-SA	0,5171**	24
FARİ-STAB	0,4832*	24
FARİ-YD	-0,4481*	24
FARİ-YT	-0,5228**	24
KIR-CSDS	0,598**	24
KIR-MSDS	0,6691**	24
KIR-PROT	0,5494**	24
KIR-PSI	-0,5965**	24
MLAB-C5-C4	-0,5988**	22
MLAB-STAB	0,4663*	22
STK-SU	0,5054*	24
UN-PROT	0,5528**	24
UN-ZEDN	0,521**	24
UN-ZSED	0,4721*	24

* *: % 1 düzeyinde önemli *: % 5 düzeyinde önemli

Çizelge 4.180. Sulu koşullarda farinograf gelişme süresi ile önemli korelasyon değeri veren kalite kriterleri

Kalite kriteri	Korelasyon katsayısı	n
DANE-SOYS	-0,4831*	24
FARİ-STAB	0,5116*	24
FARİ-YD	-0,4222*	24
FARİ-YT	-0,4634*	24
HPLC-TP2	-0,4079*	24
KIR-CSDS	0,488*	24
KIR-MSDS	0,5134*	24
KIR-PSI	-0,570**	24
MLAB C2	0,4419*	24
MLAB C3-C2	-0,3972*	24
ÖĞ-C2	0,4069*	24
ÖĞ-C3	0,5615**	24
ÖĞ-İUNU	0,3983*	24
STK-LAK	0,3978*	24
STK-SAK	0,471*	24
STK-SU	0,4287*	24
UN-YG	0,503*	24
UN-ZEDN	0,4687*	24
UN-ZSED	0,5634**	24

* *: % 1 düzeyinde önemli *: % 5 düzeyinde önemli

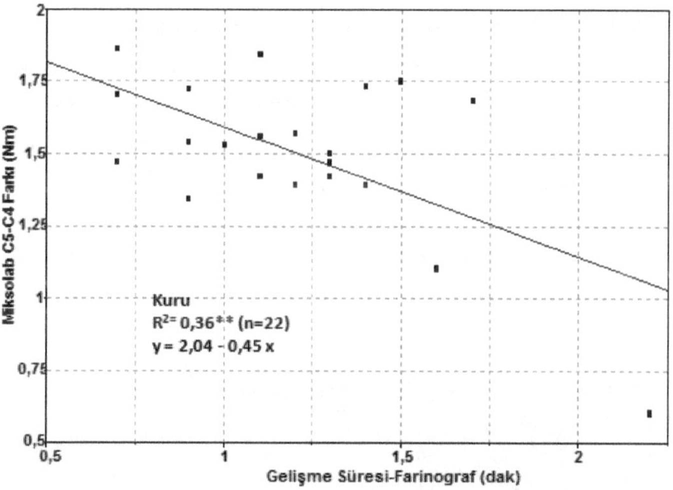

Şekil 4.41. Kuru koşullarda miksolab C5-C4 farkı ile gelişme süresi-farinograf arasındaki ilişki

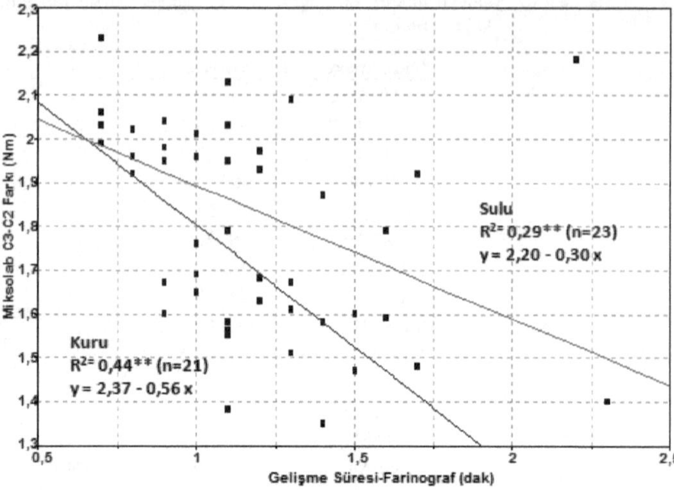

Şekil 4.42. Kuru ve sulu koşullarda miksolab C3-C2 farkı ile gelişme süresi-farinograf arasındaki ilişki

İncelenen kalite özellikleri arasında yapılan korelasyon analizine göre farinograf stabilite değeri ile önemli korelasyon veren kalite kriterleri kuru koşullarda Çizelge 4.181'de ve sulu koşullarda Çizelge 4.182'de verilmiştir. Çalışmada stabilite değeri ile bisküvi fiziksel özellikleri arasında ilişki bulunmamıştır. Zhang vd. (2007) yaptıkları çalışmada da farinograf stabilite değeri ile bisküvi çap, kalınlık ve yayılma faktörü arasında önemli bir ilişki bulamamışlardır. Bisküvi tekstür özelikleri puanı ile negatif korelasyon dikkat çekmiştir. Gluten kuvvetini gösteren değerler, farinograf stabilite değeri ile pozitif korelasyon vermiştir.

Çizelge 4.181. Kuru koşullarda farinograf stabilite değeri ile önemli korelasyon değeri veren kalite kriterleri

Kalite kriteri	Korelasyon katsayısı	n
ALVE0-TPrmaks	0,5347**	24
ALVEO-Fb	0,5231**	24
ALVEO-Fb(40)	0,4450*	22
ALVEO-Iec	0,6068**	22
ALVEO-T	0,5267**	24
ALVEO-T/A	0,4544*	24
BİS-TÖ	-0,4456*	24
DANE-SOYS	-0,4061*	24
EX-R590'	0,4771*	21
FARİ-GS	0,4832*	24
FARİ-YD	-0,8833**	24
FARİ-YT	-0,8823**	24
KIR-CSDS	0,7918**	24
KIR-MSDS	0,5991**	24
KIR-PSI	-0,4042*	24
MLAB-STAB	0,5347*	22
RVA-PZ	0,4349*	24
STK-LAK	0,5852**	24
UN-GI	0,4091*	24
UN-ZSED	0,6936**	24

* *: % 1 düzeyinde önemli *: % 5 düzeyinde önemli

Çizelge 4.182. Sulu koşullarda farinograf stabilite değeri ile önemli korelasyon değeri veren kalite kriterleri

Kalite kriteri	Korelasyon katsayısı	n
ALVEO-A	0,4391*	24
ALVEO-Ex	0,4626*	24
ALVEO-T	0,5163**	24
ALVEO-Fb	0,7757**	24
ALVEO-Iec	0,7274**	23
ALVEO- Fb(40)	0,6322**	23
ALVEO- Prmaks	0,4212*	24
ALVEO-Tol	0,4238*	24
DANE-SOYS	-0,4437*	24
DSC-JE	-0,4152*	24
EX -A90'	0,5326**	24
EX- Rm135'	0,6842**	23
EX-A135'	0,5425**	23
EX-A45'	0,4506*	23
EX-R5135'	0,7312**	23
EX-R590'	0,7266**	24
EX-Rm45'	0,4676*	23
EX-Rm90'	0,7229**	24
FARİ-GS	0,5116*	24
FARİ-YD	-0,8751**	24
FARİ-YT	-0,887**	24
KIR-CSDS	0,7055**	24
KIR-MSDS	0,7486**	24
KIR-PROT	0,52**	24
KIR-PSI	-0,6044**	24
MLAB C1	0,4176*	24
MLAB C2	0,5906**	24
ÖĞ-B3	-0,4053*	24
ÖĞ-C3	0,6194**	24
RVA-PZ	0,4247*	24
STK-LAK	0,8395**	24
STK-SAK	0,415*	24
UN-PROT	0,5029*	24
UN-YG	0,6727**	24
UN-ZSED	0,7524**	24

* *: % 1 düzeyinde önemli *: % 5 düzeyinde önemli

İncelenen kalite özellikleri arasında yapılan korelasyon analizine göre farinograf yumuşama değeri ile önemli korelasyon veren kalite kriterleri kuru koşullarda Çizelge 4.183'de ve sulu koşullarda Çizelge 4.184'de verilmiştir. Bisküvi özellikleri ile yumuşama değeri arasında bir korelasyon bulunmamıştır. Gluten kuvvetini gösteren değerler, farinograf yumuşama değeri ile negatif korelasyon vermiştir. Kuru koşullarda DSC jelatinizasyon pik sıcaklık ile ve sulu koşullarda miksolab C2 değeri ile negatif önemli korelasyon dikkati çekmiştir.

Çizelge 4.183. Kuru koşullarda farinograf yumuşama değeri ile önemli korelasyon değeri veren kalite kriterleri

Kalite kriteri	Korelasyon katsayısı	n
ALVEO-Fb	-0,5524**	24
ALVEO-Fb(40)	-0,6012**	22
ALVEO-Iec	-0,7328**	22
ALVEO-T	-0,4332*	24
DANE-SOYS	0,4544*	24
DSC-JPS	-0,4269*	24
FARİ-GS	-0,4481*	24
FARİ-STAB	-0,8833**	24
FARİ-YT	0,9821**	24
KIR-CSDS	-0,7033**	24
KIR-MSDS	-0,4957*	24
MLAB-STAB	-0,4483*	22
ÖĞ-İKEP	-0,4869*	24
ÖĞ-KUNU	0,4114*	24
STK-LAK	-0,6181**	24
UN-GI	-0,4832*	24
UN-ZSED	-0,6346**	24

* *: % 1 düzeyinde önemli *: % 5 düzeyinde önemli

Çizelge 4.184. Sulu koşullarda farinograf yumuşama değeri ile önemli korelasyon değeri veren kalite kriterleri

Kalite kriteri	Korelasyon katsayısı	n
ALVEO-A	-0,450*	24
ALVEO-Ex	-0,4733*	24
ALVEO-T	-0,5895**	24
ALVEO-Fb	-0,835**	24
ALVEO-Iec	-0,8138**	23
ALVEO-Fb(40)	-0,7148**	23
ALVEO-Prmaks	-0,468*	24
ALVEO-Tol	-0,4888*	24
EX -A90'	-0,4477*	24
EX- Rm135'	-0,6079**	23
EX-A135'	-0,4538*	23
EX-R5135'	-0,6411**	23
EX-R590'	-0,6328**	24
EX-Rm90'	-0,634**	24
FARİ-GS	-0,4222*	24
FARİ-STAB	-0,8751**	24
FARİ-YT	0,9575**	24
KIR-CSDS	-0,5092*	24
KIR-MSDS	-0,5644**	24
KIR-PSI	0,4684*	24
MLAB C2	-0,4955*	24
MLAB STAB	-0,5169**	24
ÖĞ-B3	0,4635*	24
ÖĞ-C3	-0,487*	24
STK-LAK	-0,8604**	24
UN-GI	-0,4606*	24
UN-YG	-0,5596**	24
UN-ZSED	-0,6325**	24

* *: % 1 düzeyinde önemli *: % 5 düzeyinde önemli

İncelenen kalite özellikleri arasında yapılan korelasyon analizine göre farinograf yoğurma tolerans sayısı ile önemli korelasyon veren kalite kriterleri kuru koşullarda Çizelge 4.185'de ve sulu koşullarda Çizelge 4.186'da verilmiştir. Kuru koşullarda DSC jelatinizasyon pik sıcaklık ile yoğurma tolerans sayısı arasındaki ilişki dikkati çekmiştir. Diğer taraftan sulu koşullarda jelatinizasyon entalpisi ile pozitif önemli korelasyon bulunmuştur. Gluten kuvvetini gösteren değerler, farinograf yoğurma tolerans sayısı ile negatif korelasyon vermiştir. Kuru ve sulu koşullarda alveo-konsistograf enerji değeri ile farinograf yumuşama değeri arasındaki ilişki Şekil 4.43'te verilmiştir. Sulu koşullarda maksimum uzama direnci-ekstensograf ile yoğurma tolerans sayısı-farinograf arasındaki ilişki Şekil 4.44'de görülmektedir.

Çizelge 4.185. Kuru koşullarda farinograf yoğurma tolerans sayısı ile önemli korelasyon değeri veren kalite kriterleri

Kalite kriteri	Korelasyon katsayısı	n
ALVEO-Fb	-0,4809*	24
ALVEO-Fb(40)	-0,5448**	22
ALVEO-Iec	-0,6918**	22
DANE-SOYS	0,5257**	24
DSC-JPS	-0,4025*	24
FARİ-GS	-0,5228**	24
FARİ-STAB	-0,8823**	24
FARİ-YD	0,9821**	24
KIR-CSDS	-0,7444**	24
KIR-MSDS	-0,5333**	24
KIR-PSI	0,4336*	24
MLAB-STAB	-0,4826*	22
ÖĞ-B2	0,431*	24
ÖĞ-İKEP	-0,4967*	24
ÖĞ-KUNU	0,4144*	24
RVA-PZ	-0,4034*	24
STK-LAK	-0,5864**	24
UN-GI	-0,4665*	24
UN-PROT	-0,4391*	24
UN-ZSED	-0,6672**	24

* *: % 1 düzeyinde önemli *: % 5 düzeyinde önemli

Çizelge 4.186. Sulu koşullarda farinograf yoğurma tolerans sayısı ile önemli korelasyon değeri veren kalite kriterleri

Kalite kriteri	Korelasyon katsayısı	n
ALVEO-A	-0,4732*	24
ALVEO-Ex	-0,4972*	24
ALVEO-T	-0,5553**	24
ALVEO-Fb	-0,8301**	24
ALVEO-Iec	-0,831**	23
ALVEO-Fb(40)	-0,6892**	23
ALVEO-Tol	-0,6112**	24
ALVEO-TPrmaks	-0,5011*	24
BİS-TÖ	0,5024*	24
DSC-JE	0,4013*	24
EX -A90'	-0,5195**	24
EX- Rm135'	-0,6305**	23
EX-A135'	-0,5377**	23
EX-R5135'	-0,6304**	23
EX-R590'	-0,6398**	24
EX-Rm90'	-0,6565**	24
FARİ-GS	-0,4634*	24
FARİ-STAB	-0,887**	24
FARİ-YD	0,9575**	24
KIR-CSDS	-0,5496**	24
KIR-MSDS	-0,5646**	24
KIR-PSI	0,4423*	24
MLAB C2	-0,4787*	24
MLAB STAB	-0,551**	24
ÖĞ-B3	0,4271*	24
ÖĞ-C3	-0,522**	24
RVA-PZ	-0,4141*	24
STK-LAK	-0,8845**	24
UN-GI	-0,4997*	24
UN-KG	-0,4369*	24
UN-YG	-0,5855**	24
UN-ZSED	-0,6805**	24

* *: % 1 düzeyinde önemli *: % 5 düzeyinde önemli

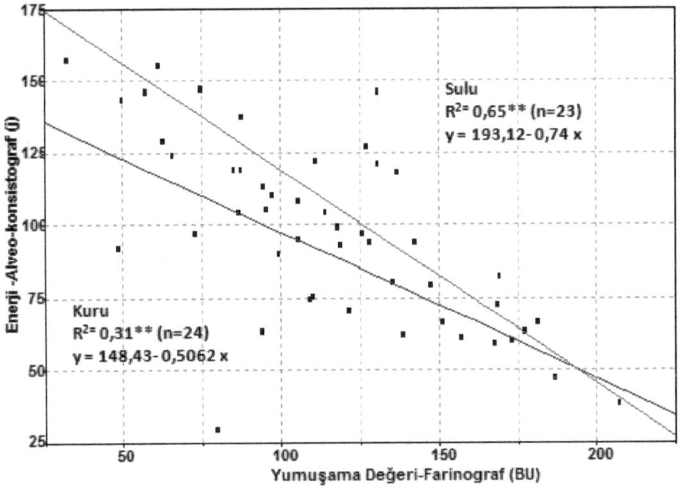

Şekil 4.43. Kuru ve sulu koşullarda enerji-alveokonsistograf ile yumuşama değeri-farinograf arasındaki ilişki

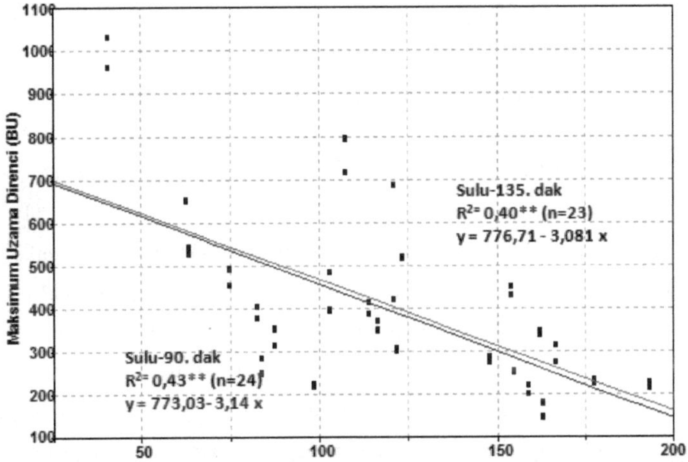

Şekil 4.44. Sulu koşullarda maksimum uzama direnci-ekstensograf ile yoğurma tolerans sayısı-farinograf arasındaki ilişki

4.10.2. Ekstensograf Özellikleri

Ekstensograf değerleri unun reolojik özellikleri hakkında bilgi veren ve unların bisküvilik kalitesini tahminde kullanılan önemli parametredir. Ekstensograf farklı sürelerde bekletilen hamurun uzama kabiliyeti ile uzamaya karşı gösterdiği direnci ortaya koyar (Özkaya 1995). Ekstensograf bisküvi hamurunun reolojik özelliklerinin belirlenmesinde de kullanılmaktadır (Bloksama ve Bushuk 1988, Ünal 1991, Anonymous 1996). Kuvvetli buğdayların yüksek hamur direnci kuki üretiminde problemlere neden olabilir (Hooseney vd. 1988). Ekstensograf uzama yeteneği ile bisküvi çap ve çap/kalınlık oranı (yayılma faktörü) arasında pozitif ve kalınlığı ile negatif p=0.05 düzeyinde korelasyon bildirilmiştir (Zhang vd. 2007). Yine aynı araştırmacıların yaptığı çalışmada ekstensograf uzama yeteneği ile toplam pentozan içeriği, farinograf su absorpsiyonu, STK-sakkaroz ve STK-sodyum karbonat arasında negatif P=0.05 düzeyinde ve ASTK ile STK-su arasında negatif P=0.01 düzeyinde korelasyon bulunmuştur. Doğan ve Uğur (2004) ekstensograf hamur uzama kabiliyeti artıp, hamur mukavemeti azaldıkça bisküvi yayılma oranının arttığı belirtmişlerdir. Analiz sonuçlarına göre çeşit ve hatlardan elde edilen unların ekstensograf özelliklerinden E değerinin yüksek olması, R_5 değerinin düşük olması, bisküvi üretiminde arzu edilen bir husus olarak ifade edilmiştir.

Çizelge 4.187'de kuru koşullarda ve 4.188'de sulu koşullarda örneklere ait unlarda ekstensograf değerleri ile minumum, maksimum değerler birlikte verilmiştir. Kuru koşullarda 2, 17 ve 18 no'lu örneklerin 90.' ekstensogramları çizdirilememiştir. Gerek79 çeşidinin 45. dak ve Gerek79 ve 6 no'lu hattın 90.' uzama yeteneği kuru koşullarda en yüksek olmuştur. 16 no'lu hattın ise 135.' uzama yeteneği en yüksektir. 23, 6, 14, 9, Gerek79 ve Ak702'nin 135.'; 16, 9, 14, 7 ve Ak702'nin 90.' ve 9, 4, 13, 6, 7, 8, 14 ve Bezostaja1'in 45.' uzama yeteneği yüksek olmuştur. Ak702'nin 135.', 14 no'lu hattın 90.' ve 1 no'lu hattın 45.' maksimum uzama direnci en düşük çıkmıştır. 12, 17, 19, 3 ve 14 no'lu hatların 45.'; 16, 1, 19, 23 ve Yıldız98'in 90.' ve 23, 19, 16, 14 ve Yıldız98'in 135.' maksimum uzama direnci düşük olmuştur. Ak702, Yıldız98, 23, 19, 16, 18 ve 14'ün 135.'; 14, 16, 1, 19, 23, Ak702 ve Yıldız98'in 90.' ve 1, 12, 17, 19, 3 ve 14'ün 45.' 5. dak. uzama direnci düşük bulunmuştur. Kuru koşullarda 1 no'lu hattın enerji değeri 45.' ve 90.' da en düşüktür. 135.' ise Ak702'nin en düşük olmuştur.

135.'da Yıldız98, 1, 17, 23, 19, 11 ve 12; 90.'da 12, 19, 14, 3, 23 ve Yıldız98; 45.'da 17, 12, 3, 19, 22, 14 ve Yıldız98 en düşük enerji değeri vermişlerdir.

Çizelge 4.187. Kuru koşullarda örneklere ait ekstensograf değerleri

Örnek no	E (mm)			Rm ** (BU)			R_5 * (BU)			A (cm$^{2)}$		
	45'	90'	135'	45'	90'	135'	45'	90'	135'	45'	90'	135'
1	77,0	67,0	64,0	224,0	324,0	442,0	222,0	323,0	402,0	27,0	32,0	41,0
2	97,0	-	107,0	563,0	-	538,0	541,0	-	426,0	78,0	-	85,0
3	103,0	84,0,	85,0	278,0	453,0	470,0	275,0	449,0	445,0	44,0	55,0	61,0
4	132,0	105,0	86,0	684,0	786,0	899,0	578,0	681,0	619,0	131,0	115,0	101,0
G	148,0	130,0	129,0	405,0	410,0	433,0	353,0	368,0	332,0	92,0	82,0	85,0
6	125,0	130,0	120,0	535,0	481,0	438,0	469,0	436,0	367,0	101,0	95,0	81,0
7	125,0	116,0	112,0	413,0	437,0	419,0	370,0	376,0	332,0	78,0	72,0	70,0
8	123,0	113,0	101,0	469,0	461,0	434,0	453,0	433,0	389,0	91,0	80,0	67,0
9	133,0	120,0	119,0	417,0	416,0	395,0	402,0	403,0	366,0	91,0	80,0	76,0
Y	61,0	93,0	82,0	487,0	303,0	300,0	485,0	300,0	290,0	44,0	45,0	40,0
11	77,0	88,0	99,0	610,0	477,0	311,0	601,0	475,0	309,0	70,0	66,0	49,0
12	96,0	74,0	73,0	262,0	381,0	462,0	257,0	377,0	427,0	40,0	43,0	51,0
13	131,0	108,0	108,0	361,0	434,0	388,0	334,0	411,0	360,0	75,0	71,0	66,0
14	122,0	119,0	119,0	291,0	279,0	288,0	283,0	267,0	269,0	57,0	53,0	57,0
A	111,0	115,0	128,0	427,0	383,0	173,0	382,0	360,0	164,0	69,0	65,0	36,0
16	107,0	127,0	133,0	392,0	316,0	278,0	350,0	300,0	260,0	62,0	65,0	61,0
17	90,0	-	82,0	273,0	-	337,0	270,0	-	324,0	37,0	-	44,0
18	113,0	-	114,0	356,0	-	322,0	343,0	-	292,0	63,0	-	57,0
19	118,0	82,0	113,0	276,0	359,0	253,0	271,0	356,0	246,0	53,0	45,0	46,0
B	145,0	113,0	116,0	300,0	440,0	434,0	391,0	520,0	488,0	77,0	78,0	76,0
21	102,0	95,0	98,0	389,0	480,0	395,0	386,0	473,0	345,0	61,0	66,0	58,0
22	91,0	88,0	97,0	403,0	483,0	481,0	399,0	478,0	420,0	56,0	63,0	70,0
23	101,0	101,0	126,0	371,0	366,0	222,0	368,0	361,0	211,0	58,0	55,0	45,0
Ç	103,0	95,0	71,0	379,0	536,0	665,0	369,0	533,0	630,0	59,0	77,0	70,0
Min	**61,0**	**67,0**	**64,0**	**224,0**	**279,0**	**173,0**	**222,0**	**267,0**	**164,0**	**27,0**	**32,0**	**36,0**
Maks	**148,0**	**130,0**	**133,0**	**684,0**	**786,0**	**899,0**	**601,0**	**681,0**	**630,0**	**131,0**	**115,0**	**101,0**

*5.' uzama direnci: Sabit deformasyondaki direnç ** Maksimum direnç: Uzamaya karşı gösterdiği maksimum direnç

Sulu koşullarda 19, 22, 23, 2, 3, 21, Gerek79 ve Çetinel2000'nin uzama yeteneği genel olarak yüksek bulunmuştur. Ak702'nin 90 ve 135.', Yıldız98'in 45.' maksimum uzama direnci en düşüktür. 135. ve 90.'larda 8, 13, 12, 1 no'lu hatların ve Yıldız98 çeşidinin; 45.'da ise 1, 17, Çetinel2000 ve Gerek79'un maksimum uzama direnci düşük olmuştur. 90 ve 135.'da 5. dak uzama direnci bakımından 12, 8, 13, 1, Yıldız98 ve Ak702 düşük değer vermiştir. 45.’ 5.dak maksimum uzama direnci 1, 2, 17, Yıldız98, Gerek79 ve Çetinel2000’de düşüktür. 12, 13, 8, 9, 11, 17, 1, Ak702 ve Yıldız98’in 135.’ ve 90.’; 45.’ enerji değeri bakımından 17, 18, 1, 7, 11, 13, 14 ve Yıldız98 çeşidi düşük değere sahip olmuştur.

Çizelge 4.188. Sulu koşullarda örneklere ait ekstensograf değerleri

Örnek no	E (mm)			Rm ** (BU)			R_5 * (BU)			A (cm^2)		
	45’	90’	135’	45’	90’	135’	45’	90’	135’	45’	90’	135’
1	99,0	84,0	89,0	223,0	248,0	284,0	216,0	243,0	245,0	34,0	33,0	39,0
2	163,0	90,0	105,0	283,0	420,0	685,0	217,0	299,0	444,0	70,0	52,0	95,0
3	138,0	95,0	96,0	515,0	653,0	651,0	290,0	537,0	450,0	92,0	81,0	84,0
4	124,0	97,0	84,0	489,0	453,0	491,0	361,0	419,0	398,0	86,0	63,0	58,0
G	143,0	108,0	-	236,0	253,0	-	219,0	224,0	-	54,0	41,0	-
6	126,0	91,0	82,0	465,0	714,0	793,0	366,0	647,0	606,0	83,0	90,0	88,0
7	89,0	80,0	91,0	284,0	370,0	349,0	266,0	340,0	325,0	38,0	43,0	49,0
8	82,0	88,0	91,0	389,0	220,0	201,0	385,0	211,0	195,0	51,0	30,0	30,0
9	65,0	73,0	69,0	508,0	313,0	273,0	504,0	304,0	264,0	48,0	36,0	30,0
Y	88,0	83,0	81,0	213,0	224,0	218,0	206,0	213,0	197,0	30,0	29,0	27,0
11	80,0	73,0	65,0	327,0	345,0	338,0	319,0	342,0	310,0	39,0	39,0	33,0
12	83,0	92,0	83,0	428,0	215,0	225,0	422,0	206,0	217,0	52,0	32,0	29,0
13	77,0	89,0	87,0	335,0	233,0	224,0	320,0	222,0	194,0	39,0	32,0	29,0
14	77,0	67,0	69,0	351,0	413,0	387,0	346,0	410,0	374,0	39,0	42,0	41,0
A	-	75,0	72,0	-	145,0	179,0	-	138,0	177,0	-	17,0	20,0
16	105,0	97,0	78,0	651,0	484,0	395,0	615,0	477,0	379,0	102,0	71,0	48,0
17	77,0	71,0	68,0	231,0	312,0	352,0	225,0	309,0	295,0	28,0	34,0	35,0
18	78,0	82,0	77,0	273,0	377,0	403,0	265,0	367,0	388,0	32,0	46,0	50,0
19	151,0	129,0	124,0	357,0	449,0	430,0	322,0	406,0	310,0	85,0	89,0	80,0
B	91,0	72,0	70,0	766,0	1031,0	962,0	715,0	996,0	789,0	98,0	97,0	91,0
21	134,0	116,0	92,0	355,0	517,0	517,0	308,0	460,0	410,0	72,0	87,0	69,0
22	116,0	120,0	115,0	301,0	308,0	302,0	291,0	304,0	284,0	56,0	59,0	55,0
23	137,0	126,0	129,0	505,0	540,0	526,0	416,0	447,0	354,0	100,0	97,0	96,0
Ç	143,0	135,0	134,0	234,0	274,0	286,0	231,0	273,0	272,0	53,0	60,0	62,0
Min	**65,0**	**67,0**	**65,0**	**213,0**	**145,0**	**179,0**	**206,0**	**138,0**	**177,0**	**28,0**	**17,0**	**20,0**
Maks	**163,0**	**135,0**	**134,0**	**766,0**	**1031,0**	**962,0**	**715,0**	**996,0**	**789,0**	**102,0**	**97,0**	**96,0**

*5.’ uzama direnci: Sabit deformasyondaki direnç ** Maksimum direnç: Uzamaya karşı gösterdiği maksimum direnç

Pedersen vd. (2004) yaptıkları çalışmada yumuşak buğday hamurlarında ekstensograf uzama kabiliyeti-45. dak değeri 128-147 mm, ekstensograf maksimum direnç-45. dak 177-264 BU arasında değişmiştir. Zhang vd. (2007) tarafından ekstensograf uzama yeteneği ile bisküvi çapı ve yayılma faktörü arasında önemli pozitif ve kalınlığı arasında önemli negatif korelasyon belirtilmiştir (sırasıyla r=0.497, r=0.588 ve r=-0.562). Yine aynı çalışmada ekstensograf uzama yeteneği ile alveograf P, L, P/L ve W ile önemli korelasyon bulunmuştur (sırasıyla r=-0.647**, r=0.624**, r=-0.684** ve r=-0.500*).

Çalışmada incelenen kalite özellikleri arasında yapılan korelasyon analizine göre kuru koşullarda ekstensograf uzama yeteneği ile önemli korelasyon veren kalite kriterleri 45.' için Çizelge 4.189'da, 90.' için Çizelge 4.190'da ve 135.' için Çizelge 191'de verilmiştir. Çalışmada kuru koşullarda 3 zamanda da bisküvi çap, kalınlık ve yayılma faktörü ile ekstensograf uzama yeteneği arasında korelasyon bulunmamıştır. 3 zamanda da bisküvi kırılma kuvveti ile önemli negatif korelasyon dikkati çekmiştir (Şekil 4.45). Uzama yeteneği arttıkça hamur mukavemeti azalmakta bu da daha kırılgan bisküvi eldesine neden olmaktadır.

Çizelge 4.189. Kuru koşullarda ekstensograf uzama yeteneği-45.' ile önemli korelasyon değeri veren kalite kriterleri

Kalite kriteri	Korelasyon katsayısı	n
BİS-KKUV	-0,586**	24
EX-A135'	0,6313**	24
EX-A45'	0,6823**	24
EX-A90'	0,642**	21
EX-E135'	0,5715**	24
EX-E90'	0,6916**	20
ÖĞ-İUNU	0,423*	24

* *: % 1 düzeyinde önemli *: % 5 düzeyinde önemli

Çizelge 4.190. Kuru koşullarda ekstensograf uzama yeteneği-90.' ile önemli korelasyon değeri veren kalite kriterleri

Kalite kriteri	Korelasyon katsayısı	n
BİS-KKUV	-0,5213*	20
DSC-JBS	0,4606*	20
EX-A135'	0,5151*	20
EX-A45'	0,6484**	20
EX-A90'	0,622**	20
EX-E135'	0,7755**	20
EX-E45'	0,6916**	20
ÖĞ-KUNU	-0,5502*	20
RVA-JBS	0,4818*	20

* *: % 1 düzeyinde önemli *: % 5 düzeyinde önemli

Çizelge 4.191. Kuru koşullarda ekstensograf uzama yeteneği-135.' ile önemli korelasyon değeri veren kalite kriterleri

Kalite kriteri	Korelasyon katsayısı	n
BİS-KKUV	-0,5412**	24
DSC-JBS	0,4618*	24
EX-A45'	0,413*	24
EX-E45'	0,5715**	24
EX-E90'	0,7755**	20
EX-R5135'	-0,5833**	24
EX-Rm135'	-0,4892*	24
RVA-İSV	0,4602*	24
RVA-JBS	0,4146*	24
RVA-PV	0,5431**	24
RVA-SV	0,4571*	24

* *: % 1 düzeyinde önemli *: % 5 düzeyinde önemli

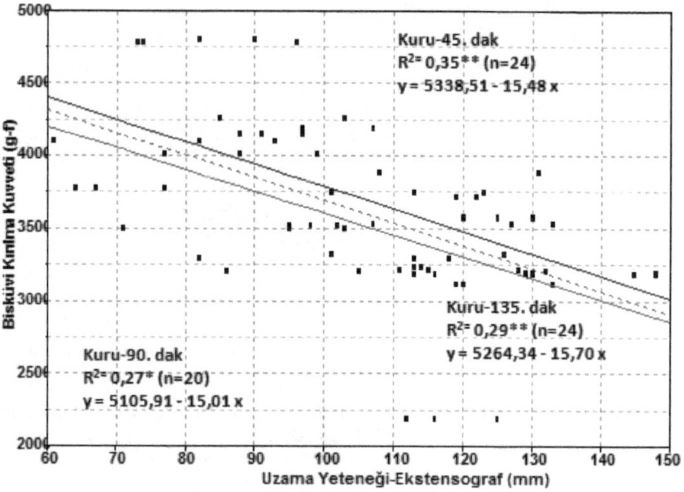

Şekil 4.45. Kuru koşullarda bisküvi kırılma kuvveti ile uzama yeteneği-ekstensograf arasındaki ilişki

İncelenen kalite özellikleri arasında yapılan korelasyon analizine göre sulu koşullarda ekstensograf uzama yeteneği ile önemli korelasyon veren kalite kriterleri 45.' için Çizelge 4.192'de, 90.' için Çizelge 4.193'de ve 135.' için Çizelge 194'de verilmiştir. ekstensograf uzama yeteneği ile 90.' ve 135.' da RVA pik viskozite/son viskozite oranı arasında önemli negatif korelasyon dikkati çekmiştir (Şekil 4.46). Gluten direnci düşük olan unlarda zedelenmiş nişasta miktarı daha azdır. Daha az su absorpisyonu sonucu pik viskozite artmaktadır. Sulu ve kuru koşullarda 135.' uzama yeteneği ile bisküvi kırılma kuvveti arasındaki negatif ilişki görülmektedir. Uzama yeteneği arttıkça hamur mukavemeti azalmakta bu da daha kırılgan bisküvi eldesine neden olmaktadır.

Çizelge 4.192. Sulu koşullarda ekstensograf uzama yeteneği-45.' ile önemli korelasyon değeri veren kalite kriterleri

Kalite kriteri	Korelasyon katsayısı	n
ALVEO-A	0,5838**	23
ALVEO-EX	0,5832**	23
ALVEO-T/A	-0,410*	23
EX -A90'	0,6027**	23
EX- Rm135'	0,4595*	22
EX-A135'	0,8004**	22
EX-A45'	0,5932**	23
EX-E135'	0,7533**	22
EX-E90'	0,7507**	23
KIR-PROT	0,4346*	23
MLAB STAB	0,4162*	23
UN-KG	0,4546*	23
UN-PROT	0,4182*	23
UN-ZSED	0,5434**	23

* *: % 1 düzeyinde önemli *: % 5 düzeyinde önemli

Çizelge 4.193. Sulu koşullarda ekstensograf uzama yeteneği-90.' ile önemli korelasyon değeri veren kalite kriterleri

Kalite kriteri	Korelasyon katsayısı	n
EX -A90'	0,5207**	24
EX-A135'	0,4761**	23
EX-A45'	0,4314**	23
EX-E135'	0,9077*	23
EX-E45'	0,7507*	23
ÖĞ-C1	0,4462*	24
RVA-PV/SV	0,3912*	24

* *: % 1 düzeyinde önemli *: % 5 düzeyinde önemli

Çizelge 4.194. Sulu koşullarda ekstensograf uzama yeteneği-135.' ile önemli korelasyon değeri veren kalite kriterleri

Kalite kriteri	Korelasyon katsayısı	n
BİS-KKUV	-0,4951*	23
EX -A90'	0,4296*	23
EX-A135'	0,5186*	23
EX-E45'	0,7533**	22
EX-E90'	0,9077**	23
FARİ-SA	0,4348*	23
ÖĞ-C1	0,4589*	23
RVA-PV/SV	0,4232*	23

* *: % 1 düzeyinde önemli *: % 5 düzeyinde önemli

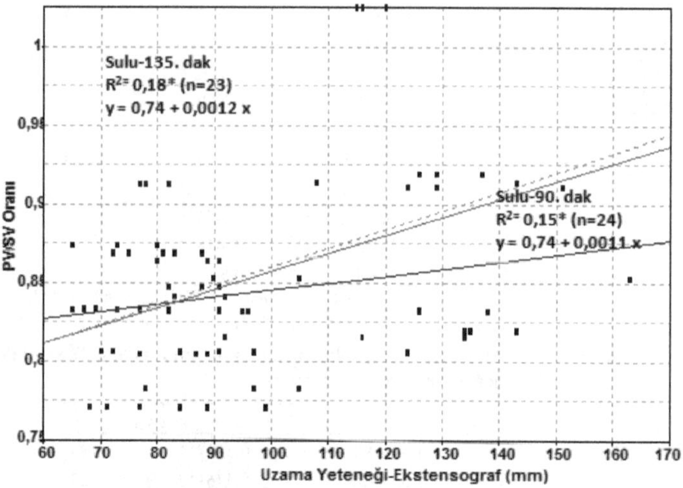

Şekil 4.46. Sulu koşullarda PV/SV-RVA ile uzama yeteneği-ekstensograf arasındaki ilişki

Pedersen vd. (2004) yumuşak buğday hamurlarında ekstensograf uzama kabiliyeti-45. dak değeri 128-147 mm, ekstensograf maksimum uzama direnci-45. dak 177-264 BU arasında değişmiştir. Zhang vd. (2007) tarafından ekstensograf maksimum uzama direnci ile bisküvi çapı, yayılma faktörü ve kalınlığı arasında önemli korelasyon bulunmamıştır.

Çalışmada incelenen kalite özellikleri arasında yapılan korelasyon analizine göre kuru koşullarda ekstensograf maksimum uzama direnci ile önemli korelasyon veren kalite kriterleri 45.' için Çizelge 4.195'de, 90.' için Çizelge 4.196'da ve 135.' için Çizelge 197'de verilmiştir. Çalışmada bisküvi fiziksel özellikleri ile maksimum uzama direnci arasında önemli korelasyon bulunmamıştır. 45.' maksimum uzama direnci ile polimerik protein miktarı-1. ve 2. pik ve polimerik/monomerik protein oranı arasında pozitif ve monomerik protein miktarı ile negatif korelasyon dikkati çekmiştir. Yine 135.' da polimerik protein miktarı-2 pik ile pozitif korelasyon elde edilmiştir. Polimerik proteinler hamurun direncinden sorumludurlar ve ekstensograf maksimum direnç üzerine etkilidirler. 90.' da maksimum uzama direnci arttıkça yani polimerik protein miktarı ile hamurun direnci arttıkça bisküvi tekstür özellikleri puanı düşmektedir.

Çizelge 4.195. Kuru koşullarda ekstensograf maksimum uzama direnci-45.' ile önemli korelasyon değeri veren kalite kriterleri

Kalite kriteri	Korelasyon katsayısı	n
EX-A135'	0,4988*	24
EX-A45'	0,7336**	24
EX-A90'	0,7048**	21
EX-R545'	0,959**	24
EX-R590'	0,5053*	21
EX-Rm90'	0,6327**	21
HPLC-ORAN	0,4731*	24
HPLC-TP1	0,4425*	24
HPLC-TP1+TP2	0,4311*	24
HPLC-TP3	-0,4311*	24
RVA-JBS	0,4063*	24

* *: % 1 düzeyinde önemli *: % 5 düzeyinde önemli

Çizelge 4.196. Kuru koşullarda ekstensograf maksimum uzama direnci-90.' ile önemli korelasyon değeri veren kalite kriterleri

Kalite kriteri	Korelasyon katsayısı	n
BİS-TÖ	-0,4361*	21
EX-A135'	0,703**	21
EX-A45'	0,6827**	21
EX-A90'	0,7796**	21
EX-R5135'	0,7157**	21
EX-R545'	0,5847**	21
EX-R590'	0,9512**	21
EX-Rm135'	0,8352**	21
EX-Rm45'	0,6327**	21

* *: % 1 düzeyinde önemli *: % 5 düzeyinde önemli

Çizelge 4.197. Kuru koşullarda ekstensograf maksimum uzama direnci-135.' ile önemli korelasyon değeri veren kalite kriterleri

Kalite kriteri	Korelasyon katsayısı	n
EX-A135'	0,7419**	24
EX-A45'	0,4727*	24
EX-A90'	0,5861**	21
EX-E135'	-0,4892*	24
EX-R5135'	0,9333**	24
EX-R590'	0,7929**	21
EX-Rm90'	0,8352**	21
HPLC-TP2	0,4821*	24

* *: % 1 düzeyinde önemli *: % 5 düzeyinde önemli

İncelenen kalite özellikleri arasında yapılan korelasyon analizine göre sulu koşullarda ekstensograf maksimum uzama direnci ile önemli korelasyon veren kalite kriterleri 45.' için Çizelge 4.198'de, 90.' için Çizelge 4.199'da ve 135.' için Çizelge 200'de verilmiştir. 135.' da maksimum uzama direnci ile bisküvi çapı arasındaki negatif ilişki dikkati çekmiştir. 3 zamanda da alveo-konsistograf enerji (Şekil 4.47), 4 cm'deki enerji, su absorpsiyonu, direnç ve elastikiyet indeksi ile maksimum uzama direnci arasında pozitif önemli korelasyon elde edilmiştir. Yine 3 zamanda da maksimum uzama direnci arttıkça miksolab C1 ve C2 değerleri artmakta (Şekil 4.48), C2-C1 farkı da 90.' da düşmektedir. Polimerik protein miktarı ile maksimum uzama direnci arasında 45.' da pozitif korelasyon dikkati çekmiştir. Maksimum uzama direncinin gluten kuvvetinin bir ölçüsüdür.

Çizelge 4.198. Sulu koşullarda ekstensograf maksimum uzama direnci-45.' ile önemli korelasyon değeri veren kalite kriterleri

Kalite kriteri	Korelasyon katsayısı	n
ALVEO-A	0,5598**	23
ALVEO-Ex	0,5562**	23
ALVEO-T	0,4956*	23
ALVEO-Fb	0,8064**	23
ALVEO-Iec	0,7174**	22
ALVEO-Fb(40)	0,6131**	22
ALVEO-TPrmaks	0,4111*	23
ALVEO-Wa	0,4375*	23
DANE-HL	0,5499**	23
EX -A90'	0,7831**	23
EX-A135'	0,8585**	23
EX-A45'	0,6849**	22
EX-E45'	0,4595*	22
EX-R5135'	0,9634**	23
EX-R590'	0,8938**	23
EX-Rm45'	0,572**	22
EX-Rm90'	0,9447**	23
FARİ-STAB	0,6842**	23
FARİ-YD	-0,6079**	23
FARİ-YT	-0,6305**	23
KIR-CSDS	0,5335**	23
KIR-MSDS	0,593**	23
KIR-PSI	-0,4887*	23
MLAB C1	0,4713*	23
MLAB C2	0,6666**	23
ÖĞ-C3	0,4622*	23
ÖĞ-KKEP	-0,4336*	23
STK-LAK	0,7343**	23
STK-SKAR	0,4311*	23
UN-YG	0,5912**	23
UN-ZSED	0,681**	23

* *: % 1 düzeyinde önemli *: % 5 düzeyinde önemli

Çizelge 4.199. Sulu koşullarda ekstensograf maksimum uzama direnci-90.' ile önemli korelasyon değeri veren kalite kriterleri

Kalite kriteri	Korelasyon katsayısı	n
ALVEO-T	0,6185**	24
ALVEO-Fb	0,7792**	24
ALVEO-Iec	0,6752**	23
ALVEO-Fb(40)	0,7075**	23
ALVEO-Prmaks	0,5164**	24
ALVEO-Wa	0,4376*	24
DANE-HL	0,5803**	24
EX -A90'	0,8385**	24
EX-Rm135'	0,9447**	23
EX-A135'	0,778**	23
EX-A45'	0,7288**	23
EX-R5135'	0,9599**	23
EX-R545'	0,5837**	23
EX-R590'	0,9854**	24
EX-Rm45'	0,740**	23
FARİ-STAB	0,7229**	24
FARİ-YD	-0,634**	24
FARİ-YT	-0,6565**	24
KIR-CSDS	0,5012*	24
KIR-MSDS	0,6094**	24
KIR-PSI	-0,5613**	24
MLAB C1	0,5708**	24
MLAB C2	0,7253**	24
MLAB C2-C1	-0,4225*	24
ÖĞ-C3	0,6086**	24
ÖĞ-KKEP	-0,4529*	24
STK-LAK	0,6924**	24
STK-SKAR	0,5038*	24
STK-SU	0,4463*	24
UN-YG	0,523**	24
UN-ZEDN	0,4228*	24
UN-ZSED	0,5648**	24

* *: % 1 düzeyinde önemli *: % 5 düzeyinde önemli

Çizelge 4.200. Sulu koşullarda ekstensograf maksimum uzama direnci-135.' ile önemli korelasyon değeri veren kalite kriterleri

Kalite kriteri	Korelasyon katsayısı	n
ALVEO-A	0,5598**	23
ALVEO-Ex	0,5562**	23
ALVEO-T	0,4956*	23
ALVEO-Fb	0,8064**	23
ALVEO-Iec	0,7174**	22
ALVEO-Fb(40)	0,6131**	22
ALVEO-TPrmaks	0,4111*	23
ALVEO-Wa	0,4375*	23
BİS-ÇAP	-0,4177*	23
DANE-HL	0,5499**	23
EX -A90'	0,7831**	23
EX-A135'	0,8585**	23
EX-A45'	0,6849**	22
EX-E45'	0,4595*	22
EX-R5135'	0,9634**	23
EX-R590'	0,8938**	23
EX-Rm45'	0,572**	22
EX-Rm90'	0,9447**	23
FARİ-STAB	0,6842**	23
FARİ-YD	-0,6079**	23
FARİ-YT	-0,6305**	23
KIR-CSDS	0,5335**	23
KIR-MSDS	0,593**	23
KIR-PSI	-0,4887*	23
MLAB C1	0,4713*	23
MLAB C2	0,6666**	23
ÖĞ-C3	0,4622*	23
ÖĞ-KKEP	-0,4336*	23
STK-LAK	0,7343**	23
STK-SKAR	0,4311*	23
UN-YG	0,5912**	23
UN-ZSED	0,681**	23

* *: % 1 düzeyinde önemli *: % 5 düzeyinde önemli

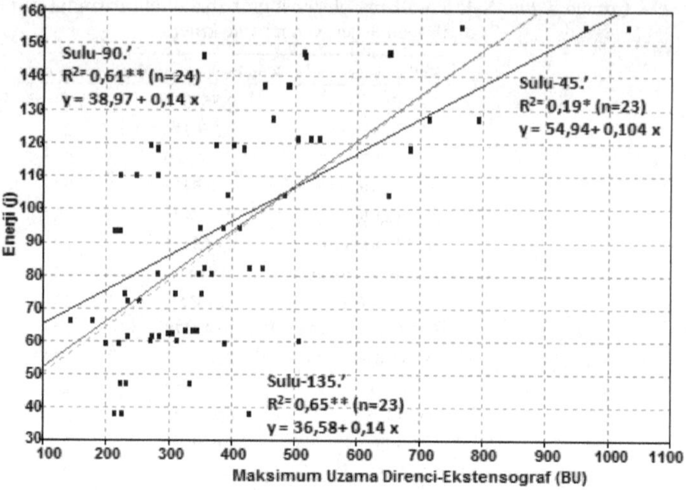

Şekil 4.47. Sulu koşullarda enerji-alveokonsistograf ile maksimumum uzama direnci 45.', 90.' ve 135.'-ekstensograf arasındaki ilişki

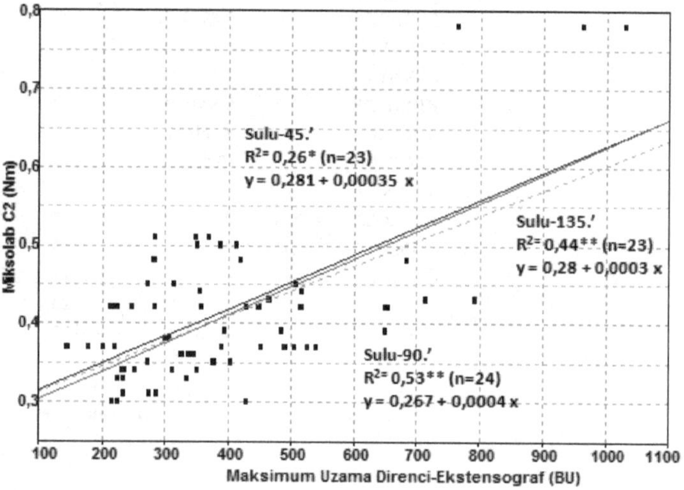

Şekil 4.48. Sulu koşullarda miksolab-C2 ile maksimumum uzama direnci 45.', 90.' ve 135.'-ekstensograf arasındaki ilişki

İncelenen kalite özellikleri arasında yapılan korelasyon analizine göre kuru koşullarda ekstensograf 5.' uzama direnci ile önemli korelasyon veren kalite kriterleri 45.' için

Çizelge 4.201'de, 90.' için Çizelge 4.202'de ve 135.' için Çizelge 203'de verilmiştir. Kuru koşullarda 5.' uzama direnci arttıkça polimerik protein miktarı da artmış (Şekil 4.49), monomerik protein miktarı azalmıştır. Polimerik proteinler hamur direncinden sorumludur. Artan direnç ile birlikte hamurun mukavemeti artmış ve tekstür yapısı olumsuz etkilenmiştir. 90.' da tekstür özellikleri puanı ile 5.' uzama direnci arasında negatif korelasyon vardır. Yine kuru koşullarda 135.dakikada toplam duyusal puan ile negatif korelasyon bulunmuştur.

Çizelge 4.201. Kuru koşullarda ekstensograf 5.' uzama direnci-45.' ile önemli korelasyon değeri veren kalite kriterleri

Kalite kriteri	Korelasyon katsayısı	n
EX-A135'	0,451*	24
EX-A45'	0,6582**	24
EX-A90'	0,6412**	21
EX-R590'	0,5434*	21
EX-Rm45'	0,959**	24
EX-Rm90'	0,5847**	21
HPLC-ORAN	0,4991*	24
HPLC-TP1	0,4846*	24
HPLC-TP1+P2	0,4532*	24
HPLC-TP3	-0,4532*	24

* *: % 1 düzeyinde önemli *: % 5 düzeyinde önemli

Çizelge 4.202. Kuru koşullarda ekstensograf 5. ' uzama direnci-90.' ile önemli korelasyon değeri veren kalite kriterleri

Kalite kriteri	Korelasyon katsayısı	n
BİS-TÖ	-0,5032*	21
EX-A135'	0,6408**	21
EX-A45'	0,5624**	21
EX-A90'	0,6972**	21
EX-R5135'	0,7742**	21
EX-R545'	0,5434*	21
EX-Rm135'	0,7929**	21
EX-Rm45'	0,5053*	21
EX-Rm90'	0,9512**	21
FARİ-STAB	0,4771*	21

* *: % 1 düzeyinde önemli *: % 5 düzeyinde önemli

Çizelge 4.203. Kuru koşullarda ekstensograf 5.' uzama direnci-135.' ile önemli korelasyon değeri veren kalite kriterleri

Kalite kriteri	Korelasyon katsayısı	n
BİS-DPUAN	-0,4029*	24
EX-A135'	0,6339**	24
EX-A90'	0,4516*	21
EX-E135'	-0,5833**	24
EX-R590'	0,7742**	21
EX-Rm135'	0,9333**	24
EX-Rm90'	0,7157**	21
HPLC-TP2	0,4361*	24
MLAB-C4	0,4694*	22
ÖĞ-İUNU	0,4128*	24
ÖĞ-TUN	0,4505*	24
ÖĞ-UNV	0,4047*	24
RVA-İD	-0,4618*	24
RVA-PV	-0,4683*	24

* *: % 1 düzeyinde önemli *: % 5 düzeyinde önemli

İncelenen kalite özellikleri arasında yapılan korelasyon analizine göre sulu koşullarda ekstensograf 5.dak uzama direnci ile önemli korelasyon veren kalite kriterleri 45.' için Çizelge 4.204'de, 90.' için Çizelge 4.205'de ve 135.' için Çizelge 206'da verilmiştir. Bisküvi kalınlık ile 45.' ve 90.' da pozitif korelasyon bulunmuştur. Yayılma faktörü ile 90.' ve çap değeri ile 135.' 5.' uzama direnci arasındaki negatif korelasyon dikkati çekmiştir. Artan direnç ile birlikte hamurun mukavemeti artmış ve elde edilen bisküvilerin yayılması az ve kalınlığı fazla olmuştur. Gluten kuvveti ile ilişkili olan değerler ile belirlenen pozitif korelasyon beklendiği gibidir. Sulu koşullarda alveokonsistograf enerji ile 5.' uzama direnci 90.' ve 135.' arasındaki ilişki Şekil 4.50'de verilmiştir. 5.' uzama direnci arttıkça 90.'da jelatinizasyon entalpisi azalmıştır. Gluten direnci yüksek olan unlarda zedelenmiş nişasta miktarı da fazla olmakta, jelatinizasyon erken başlamakta ve daha az ısı ile jelatinizasyon tamamlanmaktadır.

Çizelge 4.204. Sulu koşullarda ekstensograf 5. dak uzama direnci-45.' ile önemli korelasyon değeri veren kalite kriterleri

Kalite kriteri	Korelasyon katsayısı	n
ALVEO-PRMAKS	0,413*	23
BİS-KAL	0,4184*	23
EX-A90'	0,409*	23
EX-A45'	0,5751**	23
EX-R5135'	0,4892*	22
EX-R590'	0,6472**	23
EX-Rm45'	0,9286**	23
EX-Rm90'	0,5837**	23
KIR-MSDS	0,3996*	23
KIR-PSI	-0,4462*	23
MLAB C1	0,5943**	23
MLAB C2	0,5083*	23
MLAB C2-C1	-0,6078**	23
ÖĞ-C3	0,548**	23
STK-SU	0,4659*	23
UN-ZEDN	0,5379**	23

* *: % 1 düzeyinde önemli *: % 5 düzeyinde önemli

Çizelge 4.205. Sulu koşullarda ekstensograf 5. dak uzama direnci-90.' ile önemli korelasyon değeri veren kalite kriterleri

Kalite kriteri	Korelasyon katsayısı	n
ALVEO-T	0,6375**	24
ALVEO-Fb	0,7257**	24
ALVEO-Iec	0,6038**	23
ALVEO-Fb(40)	0,7048**	23
ALVEO-Prmaks	0,5705**	24
ALVEO-Wa	0,4210*	24
BİS-KAL	0,4329*	24
BİS-YFAK	-0,4146*	24
DANE-HL	0,5768**	24
DSC-JE	-0,4110*	24
EX -A90'	0,7948**	24
EX- Rm135'	0,8938**	23
EX-A135'	0,6853**	23
EX-A45'	0,6684**	23
EX-R5135'	0,9509**	23
EX-R545'	0,6472**	23
EX-Rm45'	0,7564**	23
EX-Rm90'	0,9854**	24
FARİ-STAB	0,7266**	24
FARİ-YD	-0,6328**	24
FARİ-YT	-0,6398**	24
KIR-CSDS	0,4821*	24
KIR-MSDS	0,6255**	24
KIR-PSI	-0,6109**	24
MLAB C1	0,6225**	24
MLAB C2	0,7442**	24
MLAB C2-C1	-0,4914*	24
ÖĞ-C3	0,664**	24
ÖĞ-KKEP	-0,4599*	24
STK-LAK	0,6492**	24
STK-SAK	0,3969*	24
STK-SKAR	0,5216**	24
STK-SU	0,4911*	24
UN-YG	0,4891*	24
UN-ZEDN	0,4907*	24
UN-ZSED	0,5001*	24

* *: % 1 düzeyinde önemli *: % 5 düzeyinde önemli

Çizelge 4.206. Sulu koşullarda ekstensograf 5. dak uzama direnci-135.' ile önemli korelasyon değeri veren kalite kriterleri

Kalite kriteri	Korelasyon katsayısı	n
ALVEO-A	0,4621*	23
ALVEO-Ex	0,4675*	23
ALVEO-T	0,5459**	23
ALVEO-Fb	0,7706**	23
ALVEO-Iec	0,6474**	22
ALVEO-Fb(40)	0,6384**	22
ALVEO-Prmaks	0,4971*	23
ALVEO-Wa	0,4507*	23
BİS-ÇAP	-0,4481*	23
DANE-HL	0,5906**	23
EX -A90'	0,7347**	23
EX- Rm135'	0,9634**	23
EX-A135'	0,7458**	23
EX-A45'	0,6124**	22
EX-R545'	0,4892*	22
EX-R590'	0,9509**	23
EX-Rm45'	0,6247**	22
EX-Rm90'	0,9599**	23
FARİ-STAB	0,7312**	23
FARİ-YD	-0,6411**	23
FARİ-YT	-0,6304**	23
KIR-CSDS	0,525*	23
KIR-MSDS	0,6504**	23
KIR-PSI	-0,5774**	23
MLAB C1	0,5709**	23
MLAB C2	0,7294**	23
MLAB C2-C1	-0,4211*	23
ÖĞ-C3	0,5421**	23
ÖĞ-KKEP	-0,4481*	23
STK-LAK	0,7033**	23
STK-SKAR	0,4368*	23
STK-SU	0,4065*	23
UN-YG	0,557**	23
UN-ZSED	0,6171**	23

* *: % 1 düzeyinde önemli *: % 5 düzeyinde önemli

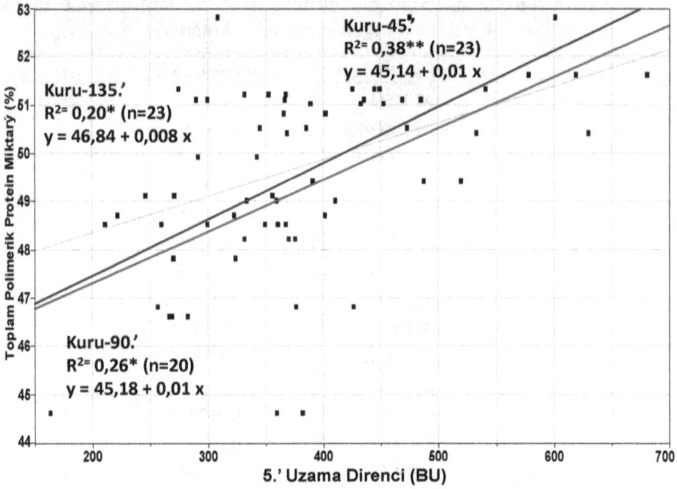

Şekil 4.49. Kuru koşullarda toplam polimerik protein miktarı ile 5.' uzama direnci 45.', 90.' ve 135.'-ekstensograf arasındaki ilişki

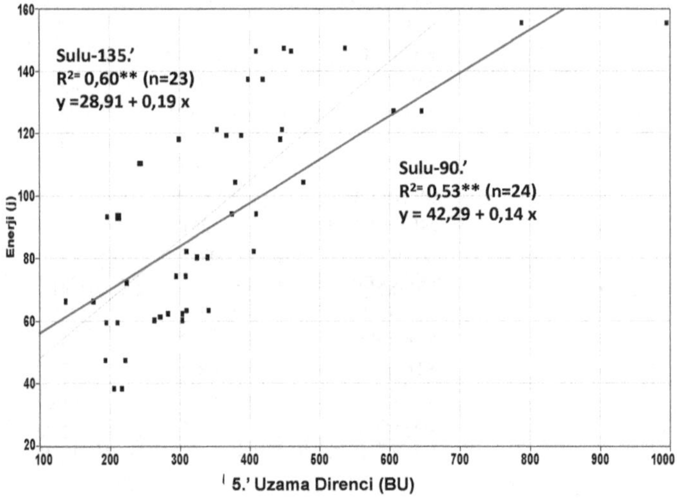

Şekil 4.50. Sulu koşullarda enerji-alveokonsistograf ile 5.' uzama direnci 90.' ve 135.'-ekstensograf arasındaki ilişki

İncelenen kalite özellikleri arasında yapılan korelasyon analizine göre kuru koşullarda ekstensograf enerji değeri ile önemli korelasyon veren kalite kriterleri 45.' için Çizelge 4.207'de, 90.' için Çizelge 4.208'de ve 135.' için Çizelge 209'da verilmiştir. Kuru koşullarda 3 zamanda da bisküvi çap, kalınlık ve yayılma faktörü ile ekstensograf enerji değerleri arasında önemli bir korelasyon elde edilmemiştir. Zhang vd. (2007) ekstensograf enerji değeri ile bisküvi çapı, yayılma faktörü ve kalınlığı arasında önemli korelasyon bulamamışlardır. 45.' ve 90.'larda enerji değeri ile bisküvi kırılma kuvveti arasında önemli pozitif ve RVA jelatinizasyon başlangıç sıcaklığı ile negatif önemli korelasyon bulunmuştur. Gluten direnci yüksek olan unlarda zedelenmiş nişasta miktarı da fazla olmakta, jelatinizasyon erken başlamaktadır. Diğer taraftan bu unların hamur mukavemeti artmakta bu da bisküvi kırılganlığını azaltmaktadır. 135.' da ise bisküvi kesit özellikleri puanı ile negatif ve miksolab C4 değeri ile pozitif korelasyon elde edilmiştir. Sulu koşullarda da 45.'da C4 değeri ile pozitif önemli korelasyon vardır. Enerji değeri arttıkça hamurun direnci artmakta, bisküvi kesit özellikleri bozulmaktadır.

Çizelge 4.207. Kuru koşullarda ekstensograf enerji değeri-45.' ile önemli korelasyon değeri veren kalite kriterleri

Kalite kriteri	Korelasyon katsayısı	n
BİS-KKUV	-0,5017*	24
EX-A135'	0,8011**	24
EX-A90'	0,9524**	21
EX-E135'	0,413*	24
EX-E45'	0,6823**	24
EX-E90'	0,6484**	20
EX-R545'	0,6582**	24
EX-R590'	0,5624**	21
EX-Rm135'	0,4727*	24
EX-Rm45'	0,7336**	24
EX-Rm90'	0,6827**	21
RVA-JBS	0,4771*	24

* *: % 1 düzeyinde önemli *: % 5 düzeyinde önemli

Çizelge 4.208. Kuru koşullarda ekstensograf enerji değeri-90.' ile önemli korelasyon değeri veren kalite kriterleri

Kalite kriteri	Korelasyon katsayısı	n
BİS-KKUV	-0,4336*	21
EX-A135'	0,865**	21
EX-A45'	0,9524**	21
EX-E45'	0,642**	21
EX-E90'	0,622**	20
EX-R5135'	0,4516*	21
EX-R545'	0,6412**	21
EX-R590'	0,6972**	21
EX-Rm135'	0,5861**	21
EX-Rm45'	0,7048**	21
EX-Rm90'	0,7796**	21
RVA-JBS	0,4718*	21

* *: % 1 düzeyinde önemli *: % 5 düzeyinde önemli

Çizelge 4.209. Kuru koşullarda ekstensograf enerji değeri-135.' ile önemli korelasyon değeri veren kalite kriterleri

Kalite kriteri	Korelasyon katsayısı	n
BİS-KÖ	-0,5027*	24
EX-A45'	0,8011**	24
EX-A90'	0,865**	21
EX-E45'	0,6313**	24
EX-E90'	0,5151*	20
EX-R5135'	0,6339**	24
EX-R545'	0,451*	24
EX-R590'	0,6408**	21
EX-Rm135'	0,7419**	24
EX-Rm45'	0,4988*	24
EX-Rm90'	0,703**	21
MLAB-C4	0,4313*	22
ÖĞ-C1	0,4571*	24
ÖĞ-C2	0,4224*	24
ÖĞ-İUNU	0,4622*	24
ÖĞ-TUN	0,4256*	24

* *: % 1 düzeyinde önemli *: % 5 düzeyinde önemli

İncelenen kalite özellikleri arasında yapılan korelasyon analizine göre sulu koşullarda ekstensograf enerji değeri ile önemli korelasyon veren kalite kriterleri 45.' için Çizelge 4.210'da, 90.' için Çizelge 4.211'de ve 135.' için Çizelge 212'de verilmiştir. 3 zamanda da sulu koşullarda alveo-konsistograf enerji değeri ile pozitif korelasyon dikkati çekmiştir (Şekil 4.51). RVA pik viskozite zamanı ile pozitif ve katılaşma değeri ile negatif korelasyona dikkati çekmiştir.

Çizelge 4.210. Sulu koşullarda ekstensograf enerji değeri-45.' ile önemli korelasyon değeri veren kalite kriterleri

Kalite kriteri	Korelasyon katsayısı	n
ALVEO-A	0,4224*	23
ALVEO-Ex	0,4295*	23
ALVEO-Fb	0,5882**	23
ALVEO-Iec	0,5025*	22
EX -A90'	0,8717**	23
EX- Rm135'	0,6849**	22
EX-A135'	0,7664**	22
EX-E45'	0,5932**	23
EX-E90'	0,4314*	23
EX-R5135'	0,6124**	22
EX-R545'	0,5751**	23
EX-R590'	0,6684**	23
EX-Rm45'	0,7686**	23
EX-Rm90'	0,7288**	23
FARİ-STAB	0,4506*	23
KIR-CSDS	0,5345**	23
KIR-PROT	0,4698*	23
MLAB C4	0,4314*	23
RVA-PZ	0,4561*	23
STK-LAK	0,4925*	23
UN-PROT	0,5131*	23
UN-YG	0,5434**	23
UN-ZSED	0,5017*	23

* *: % 1 düzeyinde önemli *: % 5 düzeyinde önemli

Çizelge 4.211. Sulu koşullarda ekstensograf enerji değeri-90.' ile önemli korelasyon değeri veren kalite kriterleri

Kalite kriteri	Korelasyon katsayısı	n
ALVEO-T	0,4809*	24
ALVEO-Fb	0,6887**	24
ALVEO-Iec	0,6158**	23
ALVEO-Fb(40)	0,5697**	23
EX- Rm135'	0,7831**	23
EX-A135'	0,8876**	23
EX-A45'	0,8717**	23
EX-E135'	0,4296*	23
EX-E45'	0,6027**	23
EX-E90'	0,5207**	24
EX-R5135'	0,7347**	23
EX-R590'	0,7948**	24
EX-Rm45'	0,5902**	23
EX-Rm90'	0,8385**	24
FARİ-STAB	0,5326**	24
FARİ-YD	-0,4477*	24
FARİ-YT	-0,5195**	24
ÖĞ-KKEP	-0,4082*	24
STK-LAK	0,5451**	24
UN-GI	0,4168*	24
UN-ZSED	0,4644*	24

* *: % 1 düzeyinde önemli *: % 5 düzeyinde önemli

Çizelge 4.212. Sulu koşullarda ekstensograf enerji değeri-135.' ile önemli korelasyon değeri veren kalite kriterleri

Kalite kriteri	Korelasyon katsayısı	n
ALVEO-A	0,6009**	23
ALVEO-Ex	0,6018**	23
ALVEO-Fb	0,704**	23
ALVEO-Iec	0,6816**	22
ALVEO-Fb(40)	0,4406*	22
ALVEO-TPrmaks	0,4517*	23
ALVEO- Wa	0,4816*	23
EX -A90'	0,8876**	23
EX- Rm135'	0,8585**	23
EX-A45'	0,7664**	22
EX-E135'	0,5186*	23
EX-E45'	0,8004**	22
EX-E90'	0,4761*	23
EX-R5135'	0,7458**	23
EX-R590'	0,6853**	23
EX-Rm90'	0,778**	23
FARİ-STAB	0,5425**	23
FARİ-YD	-0,4538*	23
FARİ-YT	-0,5377**	23
MLAB C2	0,4211*	23
ÖĞ-KKEP	-0,4203*	23
RVA-KD	-0,4531*	23
STK-LAK	0,6087**	23
UN-YG	0,4838*	23
UN-ZSED	0,679**	23

* *: % 1 düzeyinde önemli *: % 5 düzeyinde önemli

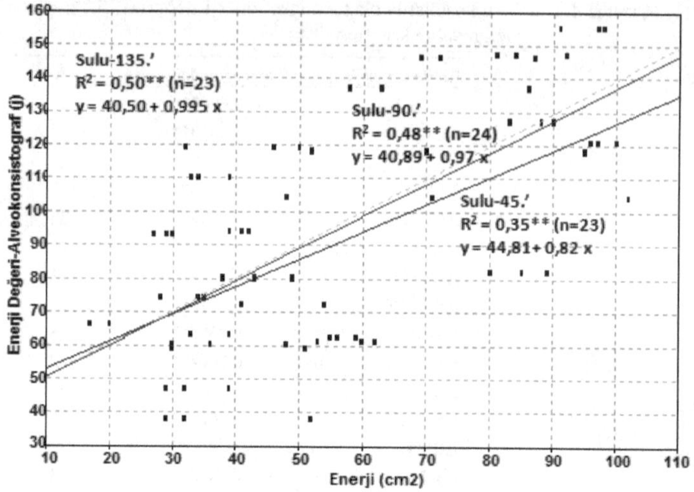

Şekil 4.51.Sulu koşullarda alveokonsistograf enerji değeri ile 45.', 90.' ve 135.'-ekstensograf enerji arasındaki ilişki

4.10.3. Alveo-Konsistograf Özellikleri

İyi bir bisküvilik buğdayda alveoograf P<40 mm; P/L < 0,50; W < $75x10^4$ olması önerilmiştir (Quijun vd. 2005). Yerli ve dış talep açısından kullanıcıların istedikleri yumuşak buğday kalite kriterleri belirtilmiştir. Buna göre alveograf P değeri 24-38 mm, L değeri 106-150 mm, W (enerji) değeri 70-127 j $x10^{-4}$ istendiği ve alveograf W'nin bisküvi tekstürünü en iyi tahminleyen değer olduğu, alveograf P ile bisküvi çap ve yayılma faktörü arasında negatif ve bisküvi yükseklik ve kırılma kuvveti arasında pozitif, alveograf W ile çap ve yayılma faktörü arasında negatif % 1 düzeyinde önemli korelasyon görülmüştür (Souza ve Kweon 2010). Alveograf enerji (W) ile bisküvi çapı arasında negatif korelasyon bir çok araştırmacı tarafından ifade edilmiştir (Gaines vd. 1988, Bettge vd. 1989, Kaldy vd. 1991, Faridi vd. 1994, Souza vd. 1994, Guttieri vd. 2001, Agyare vd. 2005, Zhang vd. 2007). Kuvvetli buğdayların yüksek hamur direnci kuki üretiminde problemlere neden olabileceği belirtilmiştir (Hooseney vd. 1988). Alveograf P ve P/L değerleri ile bisküvi çapı negatif ilişkilidir. Bu yüzden alveograf yumuşak buğday genotiplerinde farinograf ve ekstensograftan daha uygundur. Yalnız analizde gerekli örnek miktarı çok olduğundan yalnızca ileri kademe ıslah materyalinde önerilmiştir (Bettge vd. 1989, Guttieri vd. 2001, Agyare vd. 2005, Zhang vd. 2007).

Zhang vd. (2007) alveograf P değeri ile bisküvi çap ve yayılma faktörü arasında çok önemli negatif ve kalınlığı arasında önemli pozitif ilişki verilmiştir (sırasıyla r=-0.733**, r=-0.628** ve r= 0.507*). Öztürk vd. (2008) yaptıkları çalışmada L değeri ile bisküvi yayılma faktörü arasında çok önemli pozitif ve kalınlık ile çok önemli negatif (sırasıyla r=0.638** ve r=-0.613**); P/L değeri ile bisküvi çap ve yayılma faktörü arasında çok önemli negatif ve kalınlığı ile çok önemli pozitif (sırasıyla r=-0.704**, r=-0.774** ve r=0.673**); W değeri ile yalnızca bisküvi kalınlığı arasında önemli negatif (r=-0.569); bisküvi çapı ile alveograf P değeri arasında P=0.05 düzeyinde negatif korelasyon bildirmişlerdir. Bettge vd. (1989) yaptıkları çalışmada bisküvi çapının alveograf P ve un protein miktarı ile tahminlenebileceğini belirtmişlerdir (r=0.797). Guttieri vd. (2000) yaptıkları çalışmada STK-su ile T değeri arasında pozitif (r=0.47**); A değeri ile negatif (r=-0.459*) korelasyon bulmuşlardır. T/A değeri ile STK-su arasında pozitif korelasyon vardır (r=0.50**). STK-sodyum karbonat ile alveograf parametreleri arasında bir korelasyon bulunmamıştır. STK-sakkaroz ile 100 mm'deki W değeri arasında önemli korelasyon bulunmuştur (r=0.48**). Yine STK-laktik asit W değeri ve 100 mm'deki W değeri ile çok önemli korelasyona sahip olmuştur (sırasıyla r=0.80**; r=0.70**).

Çizelge 4.213'de kuru koşullarda ve 4.214'de sulu koşullarda örneklere ait unlarda alveo-konsistograf değerleri ile minumum, maksimum değerler birlikte verilmiştir. Kuru koşullarda 22 ve 3 no'lu hatlarda 2000,0 mb'nin altında Prmaks değeri elde edilmiştir. 2, 12, 14, 7, 1, Çetinel2000 ve Bezostaja1'de 2500 mb'nin altında düşük Prmaks değerleri bulunmuştur. Tprmaks değeri 13 no'lu hatta 70,0 s'nin altındadır. Yine Tprmaks değeri 12, 8, 9 ve Gerek79'da düşüktür.12, 13, 8, 9, 17, Gerek79, Çetinel2000 ve Ak702'de Tol değeri 150 saniyenin altındadır. 13, 17, 8, 16, 21, 3 (yalnızca 250. s değeri vardır) Gerek79 ve Ak702'de D değerleri (250. ve 450. s) yüksektir. 3, 18, 11, 17, 8, 12, Gerek79 ve Ak702'de Wa değeri; 22, 13, 18, 16, 19, Ak702 ve Çetinel2000'de T değeri; 12, 13, 9, 22, 8, 11 ve Çetinel2000'de Iec değeri en düşük olmuştur. 19, 17, 21, 13, 16, 11 ve Gerek79'un A ve Ex değerleri yüksektir. 22, 12, 13, 9, 8, 18, 11, 16, Ak702 ve Çetinel2000'nin Fb değerleri diğer örneklerden daha düşük bulunmuştur.

Sulu koşullarda 22, 2, 12, 23, Çetinel2000, Ak702 ve Yıldız98 2000,0 mb'nin altında Prmaks değeri; 13, 8, 12, 9, 19, 11, Çetinel2000 ve Gerek79 70,0 s'nin altında Tprmaks değeri; 13, 9, 8, 19, 12, 11, Çetinel2000 ve Gerek79 100,0 s'nin altında Tol değeri; 13, 19, 9, 18, 11, 8, 16 ve Gerek79 yüksek D değerleri; 17, 4, 12, 16, 14, 19, 6, Yıldız98 ve Ak702 % 55,0'in altında Wa değeri; 12, 2, 17, 19, 22, Gerek79, Ak702 ve Çetinel2000 40 mm'nin altında T değeri; 2, 4, 6, 23, 18, 3 ve Gerek79 80,0 mm ve üzeri A değeri; 2, 4, 6, 23 ve 18 yüksek Ex değeri; 12, 8, 9, 11, 22 ve Çetinel2000 % 30,0'un altında Iec değeri; 12, 13, 8, 9, 22, 11, Çetinel2000 ve Ak702 düşük Fb değerleri vardır.

Çizelge 4.213. Kuru koşullarda örneklere ait alveo-konsistograf değerleri

Örnek no	Prmaks mb	TPrmaks s	Tol s	D250 mb	D450 mb	Wa %	T mm	A mm	T/A	Ex	Iec %	*Fb(40) j	*Fb j
1	2461,0	111,0	204,0	481,0	1029,0	54,0	50,0	62,0	0,81	17,5	42,0	75,0	99,0
2	2134,0	129,0	239,0	263,0	775,0	53,5	53,0	54,0	0,98	16,4	50,6	88,0	108,0
3	1908,0	452,0	-	439,0	-	49,3	101,0	32,0	3,16	12,6	-	-	143,0
4	3245,0	88,0	186,0	743,0	1313,0	53,3	56,0	76,0	0,74	19,4	52,9	92,0	146,0
G	2752,0	80,0	112,0	1116,0	1395,0	52,2	47,0	77,0	0,61	19,5	45,6	73,0	113,0
6	2939,0	88,0	188,0	670,0	1179,0	53,6	49,0	68,0	0,72	18,4	43,8	75,0	105,0
7	2290,0	107,0	218,0	413,0	903,0	54,4	50,0	64,0	0,78	17,8	44,2	77,0	104,0
8	3023,0	72,0	104,0	1209,0	1557,0	53,0	46,0	71,0	0,65	18,8	36,3	66,0	90,0
9	2629,0	76,0	120,0	841,0	1226,0	53,4	44,0	65,0	0,68	17,9	33,2	61,0	79,0
Y	2911,0	98,0	238,0	440,0	1146,0	53,2	51,0	74,0	0,69	19,1	46,0	80,0	119,0
11	2528,0	105,0	176,0	633,0	1076,0	52,8	44,0	79,0	0,56	19,8	37,7	63,0	94,0
12	2220,0	70,0	92,0	994,0	1209,0	53,0	46,0	53,0	0,87	16,2	28,5	61,0	70,0
13	2861,0	68,0	92,0	1366,0	1709,0	53,3	39,0	81,0	0,48	20,0	31,0	53,0	75,0
14	2275,0	145,0	244,0	209,0	876,0	53,1	50,0	61,0	0,82	17,4	40,3	74,0	97,0
A	2788,0	96,0	127,0	1072,0	1487,0	52,9	31,0	29,0	1,07	12,0	-	-	29,0
16	3011,0	141,0	152,0	758,0	1434,0	53,9	41,0	81,0	0,51	20,0	41,4	62,0	95,0
17	3291,0	88,0	138,0	1051,0	1614,0	52,9	48,0	94,0	0,51	21,6	43,0	73,0	124,0
18	3060,0	96,0	218,0	569,0	1165,0	51,2	39,0	71,0	0,55	18,8	48,4	61,0	92,0
19	2919,0	140,0	172,0	614,0	1207,0	54,5	42,0	100,0	0,42	22,3	47,1	66,0	122,0
B	2279,0	219,0	276,0	36,0	582,0	56,8	62,0	73,0	0,85	19,0	52,6	103,0	157,0
21	3014,0	87,0	156,0	847,0	1425,0	53,5	50,0	83,0	0,60	20,3	47,4	79,0	129,0
22	1778,0	189,0	260,0	83,0	750,0	54,3	34,0	66,0	0,52	18,1	33,6	48,0	63,0
23	2746,0	122,0	190,0	564,0	1132,0	54,6	49,0	53,0	0,92	16,2	49,7	80,0	97,0
Ç	2268,0	138,0	122,0	844,0	1296,0	55,2	38,0	75,0	0,51	19,3	27,8	50,0	66,0
Min	**1778,0**	**68,0**	**92,0**	**36,0**	**582,0**	**49,3**	**31,0**	**29,0**	**0,4**	**12,0**	**27,8**	**48,0**	**29,0**
Maks	**3291,0**	**452,0**	**276,0**	**1366,0**	**1709,0**	**56,8**	**101,0**	**100,0**	**3,2**	**22,3**	**52,9**	**103,0**	**157,0**

* x 10^{-4}

Çizelge 4.214. Sulu koşullarda örneklere ait alveo-konsistograf değerleri

Örnek no	Prmaks mb	TPrmaks s	Tol s	D250 mb	D450 mb	Wa %	T mm	A mm	T/A	Ex	Iec %	Fb(40) j	Fb j
1	2313,0	81,0	137,0	753,0	1195,0	55,9	49,0	73,0	0,67	19,0	43,4	75,0	110,0
2	1564,0	126,0	152,0	476,0	752,0	56,1	35,0	124,0	0,28	24,8	48,0	56,0	118,0
3	2421,0	94,0	187,0	564,0	991,0	55,9	52,0	80,0	0,65	19,9	55,8	88,0	147,0
4	2718,0	84,0	127,0	959,0	1337,0	53,7	47,0	107,0	0,44	23,0	45,0	73,0	137,0
G	2564,0	67,0	88,0	1221,0	1464,0	56,5	36,0	80,0	0,45	19,9	33,4	50,0	72,0
6	2379,0	122,0	140,0	770,0	1204,0	54,6	44,0	102,0	0,43	22,5	46,4	69,0	127,0
7	2202,0	82,0	130,0	764,0	1099,0	56,9	43,0	62,0	0,69	17,5	37,4	63,0	80,0
8	2283,0	58,0	83,0	1036,0	1253,0	55,3	40,0	52,0	0,77	16,1	27,8	53,0	59,0
9	2545,0	62,0	81,0	1254,0	1485,0	56,1	40,0	52,0	0,77	16,1	29,3	53,0	60,0
Y	1983,0	134,0	245,0	227,0	806,0	53,3	60,0	45,0	1,33	14,9	36,1	87,0	93,0
11	2229,0	69,0	94,0	1048,0	1332,0	55,1	44,0	48,0	0,92	15,4	28,8	58,0	63,0
12	1573,0	58,0	93,0	740,0	977,0	53,7	33,0	41,0	0,80	14,3	16,1	37,0	38,0
13	2541,0	54,0	73,0	1416,0	1618,0	55,8	40,0	34,0	1,18	13,0	-	-	47,0
14	2307,0	70,0	104,0	931,0	1225,0	54,2	42,0	76,0	0,55	19,4	41,6	64,0	94,0
A	1528,0	112,0	143,0	524,0	809,0	54,1	36,0	72,0	0,50	18,9	30,7	49,0	66,0
16	2648,0	80,0	120,0	967,0	1412,0	54,1	44,0	77,0	0,57	19,5	44,8	68,0	104,0
17	2426,0	77,0	112,0	945,0	1314,0	52,7	35,0	75,0	0,47	19,3	38,1	52,0	74,0
18	2884,0	76,0	112,0	1074,0	1416,0	55,2	45,0	85,0	0,53	20,5	48,0	71,0	119,0
19	2672,0	66,0	90,0	1286,0	1580,0	54,4	39,0	72,0	0,54	18,9	39,3	58,0	82,0
B	3214,0	97,0	148,0	962,0	1494,0	59,1	74,0	60,0	1,23	17,2	47,6	118,0	155,0
21	2510,0	87,0	138,0	815,0	1222,0	56,0	72,0	60,0	1,20	17,2	45,5	113,0	146,0
22	1317,0	114,0	186,0	327,0	701,0	55,4	39,0	56,0	0,70	16,7	29,5	52,0	62,0
23	1991,0	127,0	210,0	357,0	839,0	56,6	45,0	85,0	0,53	20,5	49,3	72,0	121,0
Ç	1998,0	64,0	86,0	947,0	1107,0	57,2	38,0	61,0	0,62	17,4	27,8	50,0	61,0
Min	**1317,0**	**54,0**	**73,0**	**227,0**	**701,0**	**52,7**	**33,0**	**34,0**	**0,3**	**13,0**	**16,1**	**37,0**	**38,0**
Maks	**3214,0**	**134,0**	**245,0**	**1416,0**	**1618,0**	**59,1**	**74,0**	**124,0**	**1,3**	**24,8**	**55,8**	**118,0**	**155,0**

* x 10^{-4}

Çalışmada incelenen kalite özellikleri arasında yapılan korelasyon analizine göre kuru koşullarda alveo-konsistograf su absorpsiyonu değeri ile önemli korelasyon veren kalite kriterleri Çizelge 4.215'de ve sulu koşullarda Çizelge 4.216'da verilmiştir. Su absorpsiyon değeri ile sulu ve kuru koşullarda bisküvi çap değeri arasında önemli negatif korelasyon bulunmuştur. Kuru koşullarda bisküvi yayılma faktörü ile önemli negatif ve kalınlık ile pozitif korelasyon vardır. Kuru koşullarda bisküvi yayılma faktörünü açıklamak amacıyla yapılan stepwise analize göre kullanılabilecek Denklem 9'da alveo-konsistograf su absorpsiyonu yer almıştır. Alveo-konsistograf su absorpsiyon değeri artışı ile yalnızca kuru koşullarda toplam duyusal puan azalırken;

kuru ve sulu koşullarda kesit özellikleri puanı azalmıştır (Şekil 4.52). Kuru koşullarda miksolab C5 değeri ve C5-C4 farkı ile negatif, sulu koşullarda ise C1 ve C2 değerleri ile pozitif ve C2-C1 farkı ile negatif korelasyon dikkati çekmiştir. Zedelenmiş nişasta miktarı arttıkça beklendiği gibi su absorpsiyonu da artmıştır. Bu da retrogradasyonu azaltmıştır.

Çizelge 4.215. Kuru koşullarda alveo-konsistograf su absorpsiyonu ile önemli korelasyon değeri veren kalite kriterleri

Kalite kriteri	Korelasyon katsayısı	n
ALVEO-D450	-0,463*	23
ALVEO-T	-0,4107*	24
ALVEO-T/A	-0,5707**	24
ASTK	0,4269*	24
BİS-ÇAP	-0,5261**	24
BİS-DPUAN	-0,4183*	24
BİS-KAL	0,4983*	24
BİS-KÖ	-0,438*	24
BİS-YFAK	-0,5667**	24
BİS-YGÖ	-0,4775*	24
FARİ-GS	0,4875*	24
FARİ-SA	0,7982**	24
KIR-MSDS	0,4255*	24
KIR-PROT	0,4048*	24
KIR-PSI	-0,5293**	24
MLAB-C5	-0,4987*	22
MLAB-C5-C4	-0,626**	22
ÖĞ-C2	0,4347*	24
RVA-PZ	0,4569*	24
STK-SKAR	0,5315**	24
UN-ZEDN	0,4887*	24

* *: % 1 düzeyinde önemli *: % 5 düzeyinde önemli

Çizelge 4.216. Sulu koşullarda alveo-konsistograf su absorpsiyonu ile önemli korelasyon değeri veren kalite kriterleri

Kalite kriteri	Korelasyon katsayısı	n
ASTK	0,5189**	24
BİS-ÇAP	-0,4399*	24
BİS-KÖ	-0,4611*	24
DANE-SOYS	-0,5412**	24
EX- Rm135'	0,4375*	23
EX-A135'	0,4816*	23
EX-R5135'	0,4507*	23
EX-R590'	0,421*	24
EX-Rm90'	0,4376*	24
FARİ-SA	0,6495**	24
KIR-PSI	-0,6377**	24
MLAB C1	0,5202**	24
MLAB C2	0,5255**	24
MLAB C2-C1	-0,4733*	24
STK-SAK	0,6057**	24
STK-SKAR	0,4192*	24
STK-SU	0,5234**	24
UN-ZEDN	0,4487*	24
UN-ZSED	0,4441*	24

* *: % 1 düzeyinde önemli *: % 5 düzeyinde önemli

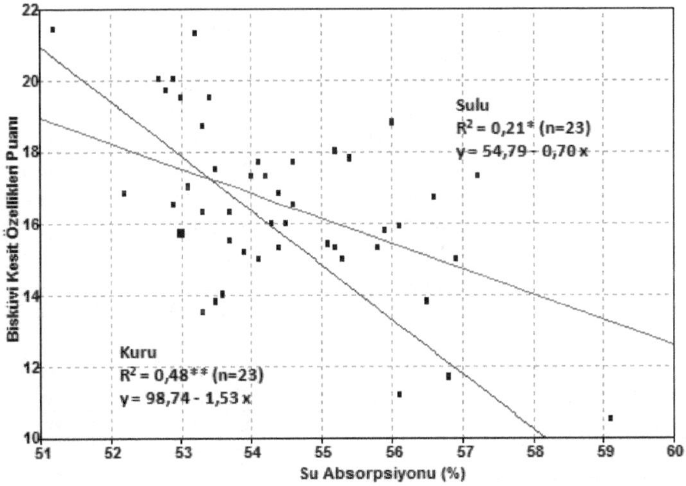

Şekil 4.52. Kuru ve sulu koşullarda bisküvi kesit özellikleri puanı ile alveo-konsistograf su absorpsiyonu arasındaki ilişki

İncelenen kalite özellikleri arasında yapılan korelasyon analizine göre kuru koşullarda alveokonsistograf maksimum basınç ile önemli korelasyon veren kalite kriterleri Çizelge 4.217'de ve sulu koşullarda Çizelge 4.218'de verilmiştir. Kuru koşullarda bisküvi yayılma faktörü ile pozitif (Şekil 4.53); kalınlık ile negatif korelasyon elde edilmiştir. Kuru koşullarda maksimum basınç artışı ile DSC ve RVA jelatinizasyon başlangıç sıcaklıkları artmıştır. Sulu koşullarda ise polimerik protein miktarı ve polimerik/monomerik protein oranı arasındaki pozitif ve monomerik protein miktarı arasındaki negatif ilişki göze çarpmıştır. Yine sulu koşullarda miksolab C3 değeri ile pozitif ve C4-C3 farkı ile negatif önemli korelasyon bulunmuştur. Kuru koşullarda bisküvi yayılma faktörünü açıklamak amacıyla yapılan stepwise analize göre kullanılabilecek Denklem 1 ve 9'da alveo-konsistograf maksimum basınç yer almıştır.

Çizelge 4.217. Kuru koşullarda alveo-konsistograf maksimum basınç ile önemli korelasyon değeri veren kalite kriterleri

Kalite kriteri	Korelasyon katsayısı	n
ALVEO-TPrmaks	-0,5696**	24
ALVEO-A	0,5227**	24
ALVEO-D250	0,5723**	24
ALVEO-D450	0,734**	23
ALVEO-Ex	0,4964*	24
ALVEO-T/A	-0,4419*	24
ASTK	-0,6078**	24
BİS-KAL	-0,5893**	24
BİS-YFAK	0,5800**	24
DANE-BDA	-0,5169**	24
DANE-HL	-0,498*	24
DSC-JBS	0,4969*	24
FARİ-SA	-0,496*	24
ÖĞ-B1	-0,7009**	24
ÖĞ-B3	0,424*	24
ÖĞ-C2	-0,4094*	24
ÖĞ-KUNU	-0,4525*	24
ÖĞ-TUN	-0,4066*	24
RVA-JBS	0,566**	24

* *: % 1 düzeyinde önemli *: % 5 düzeyinde önemli

Çizelge 4.218. Sulu koşullarda alveo-konsistograf maksimum basınç ile önemli korelasyon değeri veren kalite kriterleri

Kalite kriteri	Korelasyon katsayısı	n
ALVEO-T	0,464*	24
ALVEO-Fb	0,4459*	24
ALVEO-Iec	0,4696*	23
ALVEO-D250	0,6694**	24
ALVEO-D450	0,8559**	24
ALVEO-Fb(40)	0,5326**	23
EX-R5135'	0,4971*	23
EX-R545'	0,413*	23
EX-R590'	0,5705**	24
EX-Rm45'	0,4243*	23
EX-Rm90'	0,5164**	24
FARİ-SA	-0,4215*	24
FARİ-STAB	0,4212*	24
FARİ-YD	-0,468*	24
HPLC-ORAN	0,500*	24
HPLC-TP1	0,5151*	24
HPLC-TP1+TP2	0,5292**	24
HPLC-TP3	-0,5292**	24
MLAB C3	0,5197**	24
MLAB C4-C3	-0,4394*	24
ÖĞ-B2	-0,517**	24
ÖĞ-B3	-0,4189*	24
ÖĞ-C2	0,5343**	24
ÖĞ-C3	0,4089*	24
ÖĞ-İUNU	0,4336*	24
ÖĞ-KKEP	-0,4834*	24
RVA-PV/SV	-0,4093*	24

* *: % 1 düzeyinde önemli *: % 5 düzeyinde önemli

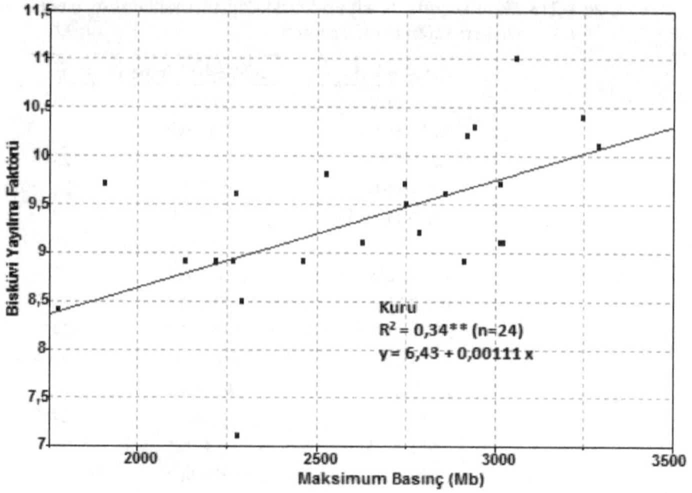

Şekil 4.53. Kuru koşullarda bisküvi yayılma faktörü ile alveo-konsistograf maksimum basınç arasındaki ilişki

Çalışmada incelenen kalite özellikleri arasında yapılan korelasyon analizine göre kuru koşullarda alveo-konsistograf gelişme süresi ile önemli korelasyon veren kalite kriterleri Çizelge 4.219'da ve sulu koşullarda Çizelge 4.220'de verilmiştir. Kuru koşullarda gelişme süresi artışı ile bisküvi toplam duyusal puan düşmüştür (Şekil 4.54). Sulu koşullarda ise miksolab stabilite ile pozitif korelasyon görülmüştür. STK-laktik asit ile sulu koşullarda pozitif korelasyon dikkati çekmiştir. Gelişme süresi gluten kuvvetinin bir ölçüsüdür. Gelişme süresinin artışı ile gluten kuvveti artmakta bisküvilik özellikler düşmektedir. RVA pik viskozite zamanı ile pozitif korelasyon ise nişasta özellikleri ile ilgilidir.

Çizelge 4.219. Kuru koşullarda alveo-konsistograf gelişme süresi ile önemli korelasyon değeri veren kalite kriterleri

Kalite kriteri	Korelasyon katsayısı	n
ALVEO-A	-0,4065*	24
ALVEO-D250	-0,490*	24
ALVEO-D450	-0,7175**	23
ALVEO-Ex	-0,4339*	24
ALVEO-Prmaks	-0,5696**	24
ALVEO-T	0,7829**	24
ALVEO-T/A	0,8403**	24
ALVEO-Tol	0,6942**	23
BİS-DPUAN	-0,4288*	24
BİS-TÖ	-0,4263*	24
FARİ-STAB	0,5347**	24

* *: % 1 düzeyinde önemli *: % 5 düzeyinde önemli

Çizelge 4.220. Sulu koşullarda alveo-konsistograf gelişme süresi ile önemli korelasyon değeri veren kalite kriterleri

Kalite kriteri	Korelasyon katsayısı	n
ALVEO-A	0,4323*	24
ALVEO-Ex	0,4217*	24
ALVEO-Fb	0,4788*	24
ALVEO-Iec	0,4367*	23
ALVEO-D250	-0,8375**	24
ALVEO-D450	-0,7001**	24
ALVEO-Tol	0,8875**	24
EX-A135'	0,4517*	23
FARİ-YT	-0,5011*	24
KIR-CSDS	0,4582*	24
KIR-PROT	0,490*	24
MLAB STAB	0,4092*	24
ÖĞ-İKEP	0,4973*	24
ÖĞ-UNV	-0,4166*	24
RVA-PZ	0,4829*	24
STK-LAK	0,6422**	24
UN-KG	0,4910*	24
UN-PROT	0,5444**	24
UN-YG	0,4634*	24
UN-ZSED	0,513*	24

* *: % 1 düzeyinde önemli *: % 5 düzeyinde önemli

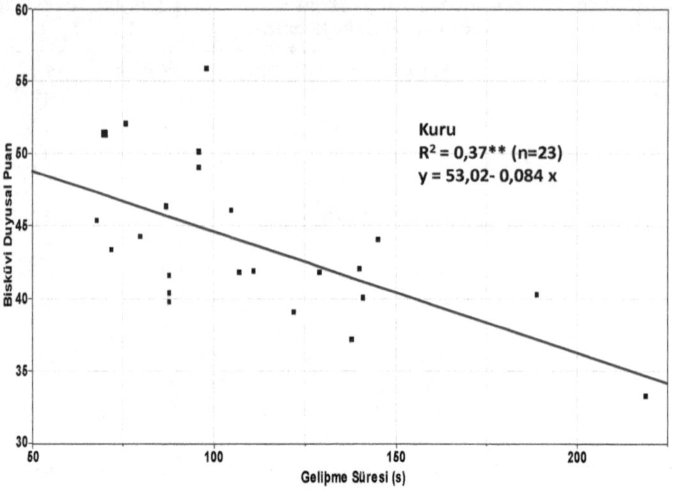

Şekil 4.54. Kuru koşullarda bisküvi duyusal puan ile alveo-konsistograf gelişme süresi arasındaki ilişki

İncelenen kalite özellikleri arasında yapılan korelasyon analizine göre kuru koşullarda alveokonsistograf tolerans değeri ile önemli korelasyon veren kalite kriterleri Çizelge 4.221'de ve sulu koşullarda Çizelge 4.222'de verilmiştir. Miksolab C2-C1 farkı ile kuru koşullarda ve stabilite ile sulu ve kuru koşullarda pozitif önemli korelasyon dikkati çekmiştir (Şekil 4.55). Bu değerleri gibi gluten kuvvetinin indikatörü olan STK-laktik asit ve Zeleny sedimentasyon değeri ile kuru ve sulu koşullarda önemli pozitif korelasyon vardır. RVA pik viskozite zamanı ile pozitif korelasyon ise nişasta özellikleri ile ilgilidir.

Çizelge 4.221. Kuru koşullarda alveo-konsistograf tolerans değeri ile önemli korelasyon değeri veren kalite kriterleri

Kalite kriteri	Korelasyon katsayısı	n
ALVE0-TPrmaks	0,6942**	23
ALVEO-D250	-0,9525**	23
ALVEO-D450	-0,8472**	23
ALVEO-Fb(40)	0,483*	22
ALVEO-Iec	0,5573**	22
ASTK	0,5028*	23
FARİ-SA	0,483*	23
KIR-MSDS	0,4695*	23
MLAB-C2-C1	0,5587**	21
MLAB STAB	0.576**	20
RVA-PZ	0,5701**	23
STK-LAK	0,6084**	23
UN-GI	0,5911**	23
UN-ZSED	0,5724**	23

* *: % 1 düzeyinde önemli *: % 5 düzeyinde önemli

Çizelge 4.222. Sulu koşullarda alveo-konsistograf tolerans değeri ile önemli korelasyon değeri veren kalite kriterleri

Kalite kriteri	Korelasyon katsayısı	n
ALVEO-T	0,4324*	24
ALVEO-Fb	0,4909*	24
ALVEO-Iec	0,4379*	23
ALVEO-D250	-0,8808**	24
ALVEO-D450	-0,6985**	24
ALVEO-Fb(40)	0,4661*	23
ALVEO-TPrmaks	0,8875**	24
FARİ-STAB	0,4238*	24
FARİ-YD	-0,4888*	24
FARİ-YT	-0,6112**	24
MLAB STAB	0,4573*	24
ÖĞ-İKEP	0,4708*	24
STK-LAK	0,6383**	24
UN-GI	0,55**	24
UN-ZSED	0,4376*	24

* *: % 1 düzeyinde önemli *: % 5 düzeyinde önemli

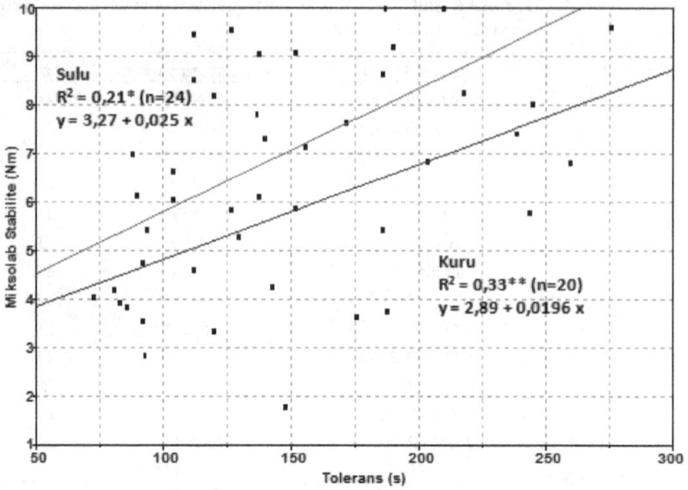

Şekil 4.55. Kuru ve sulu koşullarda miksolab stabilite değeri ile alveo-konsistograf tolerans değeri arasındaki ilişki

Kuru koşullarda İncelenen kalite özellikleri arasında yapılan korelasyon analizine göre alveokonsistograf 250. s yumuşama değeri ile önemli korelasyon veren kalite kriterleri Çizelge 4.223'de ve 450. s yumuşama değeri ile ise Çizelge 4.224'de verilmiştir. Kuru koşullarda 450. s yumuşama değeri ile bisküvi yayılma faktörü arasında pozitif korelasyon bulunmuştur. Kuru koşullarda bisküvi yayılma faktörünü açıklamak amacıyla yapılan stepwise analize göre kullanılabilecek Denklem 3'de alveo-konsistograf 450. s yumuşama değeri yer almıştır. 450. s yumuşama değeri ile miksolab C2-C1 farkı ile de negatif önemli korelasyon dikkat çekmiştir (Şekil 4.56). Yumuşama değeri artışı gluten kuvvetindeki azalmayı göstermektedir. Gluten kuvvetinin göstergesi testler ile negatif korelasyon elde edilmiştir. Azalan zedelenmiş nişasta miktarına bağlı olarak jelatinizasyon başlangıç sıcaklığı da yükselmiştir.

Çizelge 4.223. Kuru koşullarda alveo-konsistograf 250. s yumuşama değeri ile önemli korelasyon değeri veren kalite kriterleri

Kalite kriteri	Korelasyon katsayısı	n
ALVEO-TPrmaks	-0,490*	24
ALVEO-D450	0,9399**	23
ALVEO-Prmaks	0,5723**	24
ALVEO-Tol	-0,9525**	23
ASTK	-0,578**	24
BİS-KAL	-0,444*	24
FARİ-SA	-0,528**	24
KIR-MSDS	-0,4418*	24
MLAB C2-C1	-0,5333*	22
RVA-PZ	-0,4678*	24
STK-LAK	-0,4809*	24
UN-GI	-0,5316**	24
UN-ZSED	-0,523**	24

* *: % 1 düzeyinde önemli *: % 5 düzeyinde önemli

Çizelge 4.224. Kuru koşullarda alveo-konsistograf 450. s yumuşama değeri ile önemli korelasyon değeri veren kalite kriterleri

Kalite kriteri	Korelasyon katsayısı	n
ALVEO-TPrmaks	-0,7175**	23
ALVEO-D250	0,9399**	23
ALVEO-Prmaks	0,734**	23
ALVEO-Tol	-0,8472**	23
ALVEO-Wa	-0,463*	23
ASTK	-0,6738**	23
BİS-KAL	-0,5635**	23
BİS-YFAK	0,4974*	23
FARİ-SA	-0,6948**	23
MLAB C2-C1	-0,4947*	21
ÖĞ-C2	-0,4161*	23
RVA-JBS	0,4509*	23
STK-SAK	-0,453*	23

* *: % 1 düzeyinde önemli *: % 5 düzeyinde önemli

Sulu koşullarda incelenen kalite özellikleri arasında yapılan korelasyon analizine göre alveokonsistograf 250. s yumuşama değeri ile önemli korelasyon veren kalite kriterleri Çizelge 4.225'de ve 450. s yumuşama değeri ile ise Çizelge 4.226'da verilmiştir. Sulu koşullarda 250. ve 450.s'lerde yumuşama değeri ile polimerik protein miktarı ve polimerik/monomerik protein oranı ile pozitif ve monomerik protein miktarı ile negatif önemli korelasyon vardır. Yine miksolab C4-C3 farkı ile her 2 sürede de negatif korelasyon bulunmuştur. 450. s de yumuşama değeri arttıkça C3 değeri ve C3-C2 farkı artmaktadır.

Çizelge 4.225. Sulu koşullarda alveo-konsistograf 250. s yumuşama değeri ile önemli korelasyon değeri veren kalite kriterleri

Kalite kriteri	Korelasyon katsayısı	n
ALVEO-D450	0,941**	24
ALVEO-Prmaks	0,6694**	24
ALVEO-Tol	-0,8808**	24
ALVEO-TPrmaks	-0,8375**	24
HPLC-ORAN	0,4071*	24
HPLC-TP1	0,4053*	24
HPLC-TP1+TP2	0,4214*	24
HPLC-TP3	-0,4214*	24
MLAB C4-C3	-0,4008*	24
ÖĞ-C2	0,4621*	24
ÖĞ-İKEP	-0,4421*	24
ÖĞ-UNV	0,4166*	24
STK-LAK	-0,4135*	24

* *: % 1 düzeyinde önemli *: % 5 düzeyinde önemli

Çizelge 4.226. Sulu koşullarda alveo-konsistograf 450. s yumuşama değeri ile önemli korelasyon değeri veren kalite kriterleri

Kalite kriteri	Korelasyon katsayısı	n
ALVEO-D250	0,941**	24
ALVEO-Prmaks	0,8559**	24
ALVEO-Tol	-0,6985**	24
ALVEO-TPrmaks	-0,7001**	24
FARİ-SA	-0,4512*	24
HPLC-ORAN	0,4361*	24
HPLC-TP1	0,4603*	24
HPLC-TP1+TP2	0,4596*	24
HPLC-TP3	-0,4596*	24
MLAB C3	0,4725*	24
MLAB C3-C2	0,4053*	24
MLAB C4-C3	-0,4545*	24
ÖĞ-C2	0,5161**	24
ÖĞ-İUNU	0,4232*	24
ÖĞ-UNV	0,4084*	24

* *: % 1 düzeyinde önemli *: % 5 düzeyinde önemli

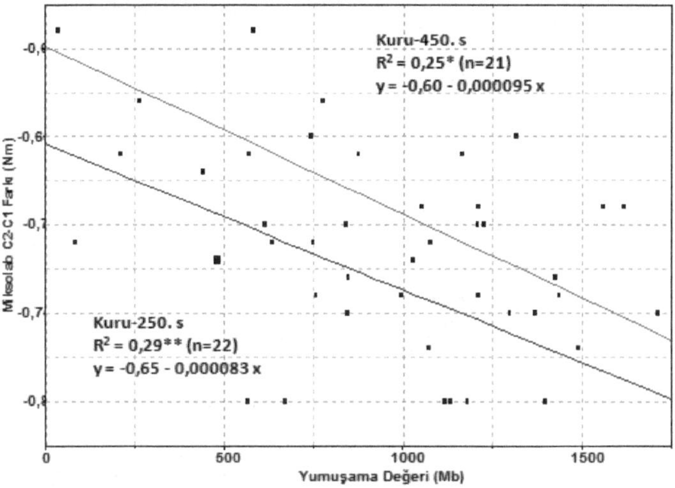

Şekil 4.56. Kuru koşullarda miksolab C2-C1 farkı ile alveo-konsistograf 250. ve 450. s yumuşama değeri arasındaki ilişki

Kuru koşullarda incelenen kalite özellikleri arasında yapılan korelasyon analizine göre alveo-konsistograf direnç değeri ile önemli korelasyon veren kalite kriterleri kuru koşullarda Çizelge 4.227'de ve sulu koşullarda Çizelge 4.228'de verilmiştir. Sulu koşullarda direnç değeri ve bisküvi yayılma faktörü arasında negatif korelasyon dikkat çekmiştir. Artan direnç değerleri hamur mukavemetini de arttırdığından yayılma faktörünü de azaltmakta ve kalınlık artmaktadır. Kuru ve sulu koşullarda miksolab C2 değeri (Şekil 4.57) ve farinograf stabilite ile pozitif; farinograf yumuşama değeri ile negatif korelasyon bulunmuştur. Yine sulu koşullarda miksolab C1 değeri, STK-laktik asit, ekstensograf direnç değerleri ve enerji ile pozitif önemli korelasyon vardır. Direnç değeri hamurda gluten kuvvetinin bir ölçüsüdür.

Çizelge 4.227. Kuru koşullarda alveo-konsistograf direnç ile önemli korelasyon değeri veren kalite kriterleri

Kalite kriteri	Korelasyon katsayısı	n
ALVE0-TPrmaks	0,7829**	24
ALVEO-Fb	0,684**	24
ALVEO-Fb(40)	0,9652**	22
ALVEO-Iec	0,6603**	22
ALVEO-T/A	0,8614**	24
ALVEO-Wa	-0,4107*	24
FARİ-STAB	0,5267**	24
FARİ-YD	-0,4332*	24
MLABC2	0,5046*	22

* *: % 1 düzeyinde önemli *: % 5 düzeyinde önemli

Çizelge 4.228. Sulu koşullarda alveo-konsistograf direnç ile önemli korelasyon değeri veren kalite kriterleri

Kalite kriteri	Korelasyon katsayısı	n
ALVEO-Fb	0,6972**	24
ALVEO-Iec	0,4774*	23
ALVEO-Fb(40)	0,9721**	23
ALVEO-Prmaks	0,464*	24
ALVEO-T/A	0,6657**	24
ALVEO-Tol	0,4324*	24
BİS-KAL	0,4961*	24
BİS-YFAK	-0,4496*	24
EX -A90'	0,4809*	24
EX- Rm135'	0,4956*	23
EX-R5135'	0,5459**	23
EX-R590'	0,6375**	24
EX-Rm90'	0,6185**	24
FARİ-STAB	0,5163**	24
FARİ-YD	-0,5895**	24
FARİ-YT	-0,5553**	24
KIR-PSI	-0,4888*	24
MLAB C1	0,5064*	24
MLAB C2	0,6295**	24
ÖĞ-C1	-0,4031*	24
ÖĞ-İKEP	0,4172*	24
STK-LAK	0,5687**	24
UN-GI	0,4793*	24

* *: % 1 düzeyinde önemli *: % 5 düzeyinde önemli

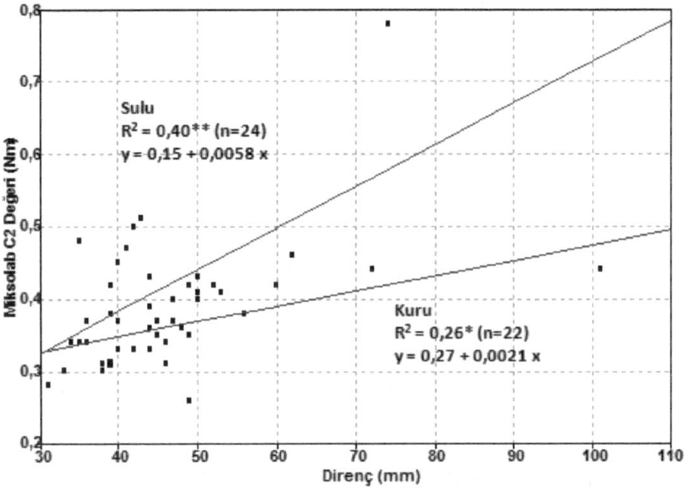

Şekil 4.57. Kuru ve sulu koşullarda miksolab C2 değeri ile alveo-konsistograf direnç değeri arasındaki ilişki

İncelenen kalite özellikleri arasında yapılan korelasyon analizine göre alveo-konsistograf uzama kabiliyeti ile önemli korelasyon veren kalite kriterleri kuru koşullarda Çizelge 4.229'da ve sulu koşullarda Çizelge 4.230'da verilmiştir. Kuru ve sulu koşullarda uzama kabiliyeti ile bisküvi yayılma faktörü arasında korelasyon bulunmamıştır. Kuru koşullarda uzama kabiliyeti ile miksolab C3 değeri ve C3-C2 farkı arasında negatif; sulu koşullarda bisküvi yüzey görünüm özellikleri puanı ve miksolab stabilite değeri arasındaki pozitif korelasyon dikkati çekmiştir (Şekil 58 ve Şekil 59). Uzama kabiliyeti ile gluten kuvvetini gösteren değerler arasında pozitif korelasyon bulunmuştur.

Çizelge 4.229. Kuru koşullarda alveo-konsistograf uzama kabiliyeti ile önemli korelasyon değeri veren kalite kriterleri

Kalite kriteri	Korelasyon katsayısı	n
ALVE0-TPrmaks	-0,4065*	24
ALVEO-Ex	0,9951**	24
ALVEO-Prmaks	0,5227**	24
ALVEO-T/A	-0,6896**	24
KIR-PROT	0,4437*	24
MLAB-C3	-0,4171*	22
MLAB-C3-C2	-0,4684*	22
ÖĞ-B1	-0,5866**	24
ÖĞ-B3	0,4259*	24
STK-SKAR	0,4925*	24
UN-PROT	0,4546*	24

* *: % 1 düzeyinde önemli *: % 5 düzeyinde önemli

Çizelge 4.230. Sulu koşullarda alveo-konsistograf uzama kabiliyeti ile önemli korelasyon değeri veren kalite kriterleri

Kalite kriteri	Korelasyon katsayısı	n
ALVEO- Ex	0,9955**	24
ALVEO-Fb	0,5884**	24
ALVEO- Iec	0,6645**	23
ALVEO-T/A	-0,7608**	24
ALVEO-TPrmaks	0,4323*	24
BİS-YGÖ	0,6149**	24
EX- Rm135'	0,5598**	23
EX-A135'	0,6009**	23
EX-A45'	0,4224*	23
EX-E45'	0,5838**	23
EX-R5135'	0,4621*	23
FARİ-STAB	0,4391*	24
FARİ-YD	-0,45*	24
FARİ-YT	-0,4732*	24
KIR-CSDS	0,4614*	24
KIR-PROT	0,5216**	24
MLAB STAB	0,642**	24
STK-LAK	0,613**	24
UN-KG	0,6592**	24
UN-PROT	0,5087*	24
UN-YG	0,611**	24
UN-ZSED	0,6593**	24

* *: % 1 düzeyinde önemli *: % 5 düzeyinde önemli

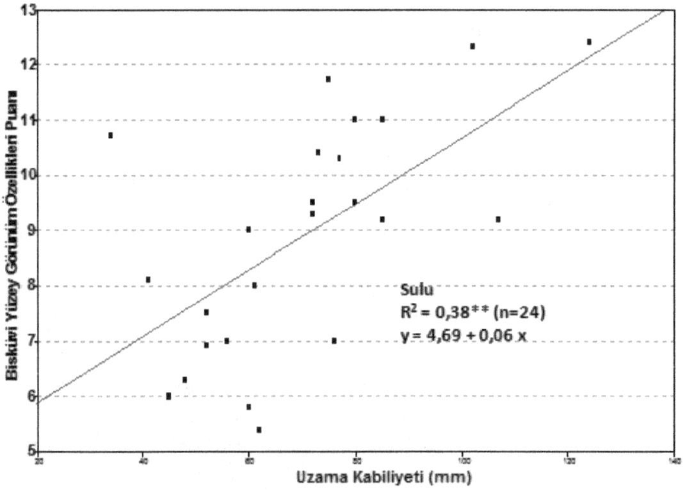

Şekil 4.58. Sulu koşullarda bisküvi yüzey görünüm özellikleri puanı ile alveo-konsistograf uzama kabiliyeti değeri arasındaki ilişki

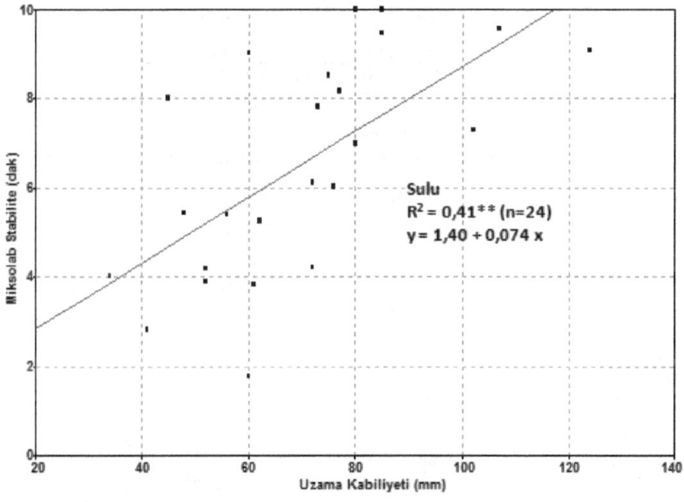

Şekil 4.59. Sulu koşullarda miksolab stabilite değeri ile alveo-konsistograf uzama kabiliyeti değeri arasındaki ilişki

İncelenen kalite özellikleri arasında yapılan korelasyon analizine göre alveokonsistograf direnç/uzama kabiliyeti ile önemli korelasyon veren kalite kriterleri kuru koşullarda Çizelge 4.231'de ve sulu koşullarda Çizelge 4.232'de verilmiştir. Sulu koşullarda bisküvi yayılma faktörünü açıklamak amacıyla yapılan stepwise analize göre kullanılabilecek Denklem 2 ve 10'da alveo-konsistograf direnç/uzama kabiliyeti yer almıştır. Sulu koşullarda bisküvi duyusal puan, yayılma faktörü ve miksolab C2-C1 farkı ile direnç/uzama kabiliyeti arasında negatif korelasyon elde edilmiştir.

Çizelge 4.231. Kuru koşullarda alveo-konsistograf direnç/uzama kabiliyeti ile önemli korelasyon değeri veren kalite kriterleri

Kalite kriteri	Korelasyon katsayısı	n
ALVEO-TPrmaks	0,8403**	24
ALVEO-A	-0,6896**	24
ALVEO-Ex	-0,7166**	24
ALVEO-Fb(40)	0,6395**	22
ALVEO-Prmaks	-0,4419*	24
ALVEO-T	0,8614**	24
ALVEO-Wa	-0,5707**	24
FARİ-STAB	0,4544*	24
ÖĞ-B1	0,4767*	24
STK-SKAR	-0,4815*	24

* *: % 1 düzeyinde önemli *: % 5 düzeyinde önemli

Çizelge 4.232. Sulu koşullarda alveo-konsistograf direnç/uzama kabiliyeti ile önemli korelasyon değeri veren kalite kriterleri

Kalite kriteri	Korelasyon katsayısı	n
ALVEO- A	-0,7608**	24
ALVEO-Ex	-0,7783**	24
ALVEO-T	0,6657**	24
ALVEO-Fb(40)	0,5932**	23
ASTK	0,4271*	24
BİS-DPUAN	-0,4133*	24
BİS-KAL	0,5279**	24
BİS-YFAK	-0,4284*	24
BİS-YGÖ	-0,5325**	24
MLAB C2-C1	-0,422*	24
STK-SU	0,500*	24
UN-KG	-0,4484*	24

* *: % 1 düzeyinde önemli *: % 5 düzeyinde önemli

İncelenen kalite özellikleri arasında yapılan korelasyon analizine göre alveo-konsistograf elastikiyet indeksi ile önemli korelasyon veren kalite kriterleri kuru koşullarda Çizelge 4.233'de ve sulu koşullarda Çizelge 4.234'de verilmiştir. Kuru ve sulu koşullarda bisküvi yayılma faktörü ile elastikiyet indeksi arasında korelasyon bulunmamıştır. Elastkiyet indeksi ile kuru koşullarda DSC jelatinizasyon başlangıç ve pik sıcaklık; sulu koşullarda ise polimerik protein miktarı 1. pik, bisküvi yüzey görünüm özellikleri puanı arasında pozitif önemli korelasyon dikkati çekmiştir. Sulu koşullarda miksolab stabilite değeri ile pozitif çok önemli korelasyon Şekil 4.60'da görülmektedir.

Çizelge 4.233. Kuru koşullarda alveo-konsistograf elastikiyet indeksi ile önemli korelasyon değeri veren kalite kriterleri

Kalite kriteri	Korelasyon katsayısı	n
ALVEO-Fb	0,8445**	22
ALVEO-Fb(40)	0,825**	22
ALVEO-T	0,6603**	22
ALVEO-Tol	0,5573**	22
DSC-JBS	0,4222*	22
DSC-JPS	0,5138*	22
FARİ-STAB	0,6068**	22
FARİ-YD	-0,7328**	22
FARİ-YT	-0,6918**	22
KIR-CSDS	0,5214*	22
KIR-MSDS	0,5113*	22
MLABC2	0,454*	20
RVA-PZ	0,4841*	22
STK-LAK	0,8118**	22
UN-GI	0,7445**	22
UN-KG	0,4691*	22
UN-PROT	0,436*	22
UN-YG	0,5772**	22
UN-ZSED	0,6736**	22

* *: % 1 düzeyinde önemli *: % 5 düzeyinde önemli

Çizelge 4.234. Sulu koşullarda alveo-konsistograf elastikiyet indeksi ile önemli korelasyon değeri veren kalite kriterleri

Kalite kriteri	Korelasyon katsayısı	n
ALVEO-A	0,6645**	23
ALVEO-Ex	0,6839**	23
ALVEO-T	0,4774*	23
ALVEO-Fb	0,9209**	23
ALVEO-Fb(40)	0,6669**	23
ALVEO-Prmaks	0,4696*	23
ALVEO-Tol	0,4379*	23
ALVEO-TPrmaks	0,4367*	23
BİS-YGÖ	0,4817*	23
EX -A90'	0,6158**	23
EX- Rm135'	0,7174**	22
EX-A135'	0,6816**	22
EX-A45'	0,5025*	22
EX-R5135'	0,6474**	22
EX-R590'	0,6038**	23
EX-Rm90'	0,6752**	23
FARİ-STAB	0,7274**	23
FARİ-YD	-0,8138**	23
FARİ-YT	-0,831**	23
HPLC-TP1	0,4721*	23
KIR-CSDS	0,5447**	23
KIR-MSDS	0,4967*	23
KIR-PROT	0,415*	23
MLAB C2	0,4131*	23
MLAB STAB	0,7014**	23
ÖĞ-B3	-0,5038*	23
STK-LAK	0,8982**	23
UN-GI	0,4445*	23
UN-KG	0,502*	23
UN-YG	0,6593**	23
UN-ZSED	0,6763**	23

* *: % 1 düzeyinde önemli *: % 5 düzeyinde önemli

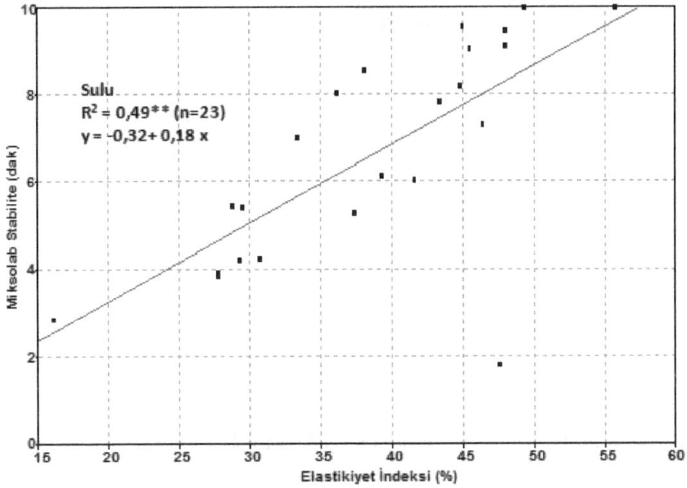

Şekil 4.60. Sulu koşullarda miksolab stabilite değeri ile alveo-konsistograf elastikiyet indeksi arasındaki ilişki

İncelenen kalite özellikleri arasında yapılan korelasyon analizine göre alveokonsistograf uzayabilirlik ile önemli korelasyon veren kalite kriterleri kuru koşullarda Çizelge 4.235'de ve sulu koşullarda Çizelge 4.236'da verilmiştir. Uzayabilirlik ile kuru koşullarda miksolab C3-C2 farkı arasında negatif, sulu koşullarda bisküvi yüzey görünüm özellikleri puanı ve miksolab stabilite ile pozitif korelasyon elde edilmiştir (Şekil 4.61 ve Şekil 4.62). Ekstensograf uzama yeteneği, 5.' direnç ve enerji değerleri, STK-laktik asit ve sodyum karbonat, farinograf ve miksolab stabilite ile pozitif korelasyon dikkati çekmiştir.

Çizelge 4.235. Kuru koşullarda alveo-konsistograf uzayabilirlik ile önemli korelasyon değeri veren kalite kriterleri

Kalite kriteri	Korelasyon katsayısı	n
ALVE0-TPrmaks	-0,4339*	24
ALVEO-A	0,9951**	24
ALVEO-Prmaks	0,4964*	24
ALVEO-T/A	-0,7166**	24
KIR-PROT	0,4281*	24
MLAB-C3-C2	-0,4705*	22
ÖĞ-B1	-0,5618**	24
ÖĞ-B3	0,4082*	24
STK-SKAR	0,5223**	24
UN-PROT	0,4455*	24

* *: % 1 düzeyinde önemli *: % 5 düzeyinde önemli

Çizelge 4.236. Sulu koşullarda alveo-konsistograf uzayabilirlik ile önemli korelasyon değeri veren kalite kriterleri

Kalite kriteri	Korelasyon katsayısı	n
ALVEO-A	0,9955**	24
ALVEO-Fb	0,5973**	24
ALVEO-Iec	0,6839**	23
ALVEO-T/A	-0,7783**	24
ALVEO-TPrmaks	0,4217*	24
BİS-YGÖ	0,5962**	24
EX- Rm135'	0,5562**	23
EX-A135'	0,6018**	23
EX-A45'	0,4295*	23
EX-E45'	0,5832**	23
EX-R5135'	0,4675*	23
FARİ-STAB	0,4626*	24
FARİ-YD	-0,4733*	24
FARİ-YT	-0,4972*	24
KIR-CSDS	0,4819*	24
KIR-PROT	0,5425**	24
MLAB STAB	0,6443**	24
RVA-PZ	0,4093*	24
STK-LAK	0,6194**	24
UN-KG	0,6826**	24
UN-PROT	0,5306**	24
UN-YG	0,6365**	24
UN-ZSED	0,6661**	24

* *: % 1 düzeyinde önemli *: % 5 düzeyinde önemli

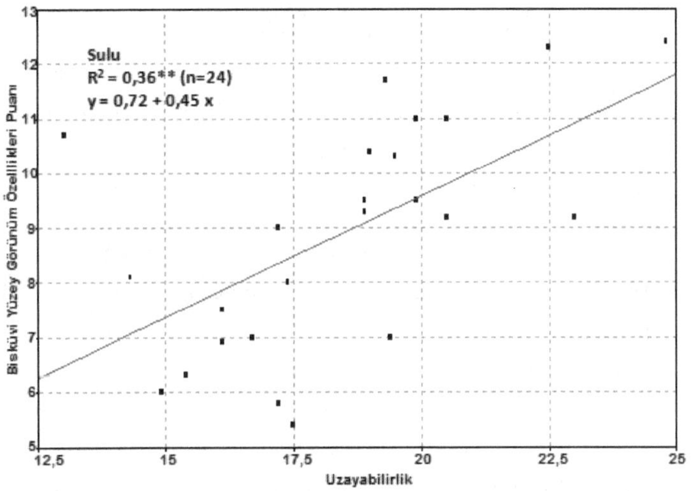

Şekil 4.61. Sulu koşullarda bisküvi yüzey görünüm özellikleri puanı ile alveo-konsistograf uzayabilirlik arasındaki ilişki

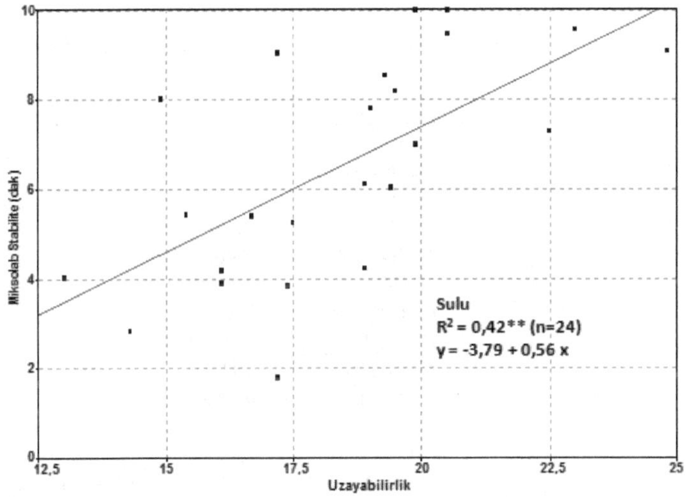

Şekil 4.62. Sulu koşullarda miksolab stabilite değeri ile alveo-konsistograf uzayabilirlik arasındaki ilişki

Kuru koşullarda incelenen kalite özellikleri arasında yapılan korelasyon analizine göre alveokonsistograf 4 cm'deki enerji değeri ile önemli korelasyon veren kalite kriterleri

Çizelge 4.237'de ve enerji değeri ile önemli korelasyon veren kalite kriterleri Çizelge 4.238'de verilmiştir. Sulu koşullarda incelenen kalite özellikleri arasında yapılan korelasyon analizine göre alveokonsistograf enerji değeri ile önemli korelasyon veren kalite kriterleri Çizelge 4.239'da ve enerji değeri ile önemli korelasyon veren kalite kriterleri Çizelge 4.240'da verilmiştir. Sulu koşullarda 4 cm'deki enerji değeri ile bisküvi yayılma faktörü arasında negatif ve kalınlık ile pozitif korelasyon belirlenmiştir.

Miksolab C2 değeri ile enerji ve 4 cm'deki enerji değerleri arasında kuru ve sulu koşullarda pozitif önemli korelasyon vardır. Kuru koşullarda enerji değeri ile polimerik protein miktarı, polimerik/monomerik protein oranı arasında pozitif (Şekil 4.63) ve monomerik protein miktarı arasında negatif korelasyon bulunmuştur. Kuru koşullarda yine C2-C1 farkı ile pozitif ve kesit özellikleri puanı ile enerji değeri arasında negatif korelasyon dikkati çekmiştir. Sulu koşullarda miksolab C1 değeri ile 4 cm'deki enerji, stabilite değeri ile enerji değeri arasında pozitif önemli korelasyon vardır. Ayrıca STK-laktik asit, sedimentasyon değeri, farinograf stabilite, ekstensograf direnç ve enerji değerleri, gluten indeks değeri enerji değeri ile pozitif korelasyon vermiştir.

Çizelge 4.237. Kuru koşullarda alveokonsistograf 4 cm'deki enerji değeri ile önemli korelasyon değeri veren kalite kriterleri

Kalite kriteri	Korelasyon katsayısı	n
ALVEO-Fb	0,8699**	22
ALVEO-Iec	0,825**	22
ALVEO-T	0,9652**	22
ALVEO-T/A	0,6395**	22
ALVEO-Tol	0,483*	22
FARİ-STAB	0,445*	22
FARİ-YD	-0,6012**	22
FARİ-YT	-0,5448**	22
KIR-MSDS	0,4411*	22
MLABC2	0,4788*	20
STK-LAK	0,4654*	22
UN-GI	0,5022*	22

* *: % 1 düzeyinde önemli *: % 5 düzeyinde önemli

Çizelge 4.238. Kuru koşullarda alveokonsistograf enerji değeri ile önemli korelasyon değeri veren kalite kriterleri

Kalite kriteri	Korelasyon katsayısı	n
ALVEO-Fb(40)	0,8699**	22
ALVEO-Iec	0,8445**	22
ALVEO-T	0,684**	24
BİS-KÖ	-0,4398*	24
FARİ-STAB	0,5231**	24
FARİ-YD	-0,5524**	24
FARİ-YT	-0,4809*	24
HPLC-ORAN	0,5147*	24
HPLC-TP1	0,4484*	24
HPLC-TP1+P2	0,5258**	24
HPLC-TP3	0,5258**	24
KIR-CSDS	0,5319**	24
MLABC2	0,6244**	22
MLAB-C2-C1	0,493*	22
STK-LAK	0,6104**	24
UN-GI	0,6531**	24
UN-ZSED	0,5548**	24

* *: % 1 düzeyinde önemli *: % 5 düzeyinde önemli

Çizelge 4.239. Sulu koşullarda alveokonsistograf 4 cm'deki enerji değeri ile önemli korelasyon değeri veren kalite kriterleri

Kalite kriteri	Korelasyon katsayısı	n
ALVEO-T	0,9721**	23
ALVEO-Fb	0,8394**	23
ALVEO-Iec	0,6669**	23
ALVEO-Prmaks	0,5326**	23
ALVEO-T/A	0,5932**	23
ALVEO-Tol	0,4661*	23
BİS-KAL	0,4822*	23
BİS-YFAK	-0,4531*	23
DANE-HL	0,4476*	23
EX -A90'	0,5697**	23
EX- Rm135'	0,6131**	22
EX-A135'	0,4406*	22
EX-R5135'	0,6384**	22
EX-R590'	0,7048**	23
EX-Rm90'	0,7075**	23
FARİ-STAB	0,6322**	23
FARİ-YD	-0,7148**	23
FARİ-YT	-0,6892**	23
KIR-CSDS	0,4205*	23
KIR-MSDS	0,4498*	23
KIR-PSI	-0,4788*	23
MLAB C1	0,4622*	23
MLAB C2	0,6465**	23
ÖĞ-B3	-0,4239*	23
STK-LAK	0,716**	23
UN-GI	0,5065*	23
UN-YG	0,4576*	23
UN-ZSED	0,4414*	23

* *: % 1 düzeyinde önemli *: % 5 düzeyinde önemli

Çizelge 4.240. Sulu koşullarda alveokonsistograf enerji değeri ile önemli korelasyon değeri veren kalite kriterleri

Kalite kriteri	Korelasyon katsayısı	n
ALVEO-A	0,5884**	24
ALVEO-Ex	0,5973**	24
ALVEO-T	0,6972**	24
ALVEO-Iec	0,9209**	23
ALVEO-Fb(40)	0,8394**	23
ALVEO-Prmaks	0,4459*	24
ALVEO-Tol	0,4909*	24
ALVEO-TPrmaks	0,4788*	24
DANE-HL	0,5077*	24
EX -A90'	0,6887**	24
EX- Rm135'	0,8064**	23
EX-A135'	0,704**	23
EX-A45'	0,5882**	23
EX-R5135'	0,7706**	23
EX-R590'	0,7257**	24
EX-Rm45'	0,430*	23
EX-Rm90'	0,7792**	24
FARİ-STAB	0,7757**	24
FARİ-YD	-0,835**	24
FARİ-YT	-0,8301**	24
KIR-CSDS	0,5759**	24
KIR-MSDS	0,5431**	24
KIR-PROT	0,4388*	24
MLAB C2	0,5349**	24
MLAB STAB	0,586**	24
ÖĞ-B3	-0,4523*	24
RVA-İD	-0,408*	24
RVA-PZ	0,4125*	24
STK-LAK	0,9059**	24
UN-GI	0,5415**	24
UN-KG	0,5011*	24
UN-PROT	0,4287*	24
UN-YG	0,6841**	24
UN-ZSED	0,7179**	24

* *: % 1 düzeyinde önemli *: % 5 düzeyinde önemli

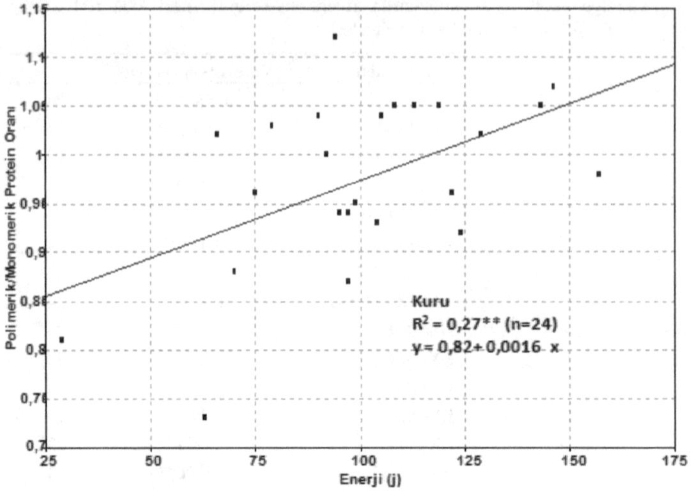

Şekil 4.63. Kuru koşullarda polimerik/monomerik protein oranı ile alveo-konsistograf enerji değeri arasındaki ilişki

4.10.4. Miksolab özellikleri

Mixolab Chopin Company tarafından geliştirilen yeni bir cihazdır. Bu cihaz, hamur direnci ve stabilitesi gibi fiziksel hamur özelliklerinin ve bunun yanında hamurda nişasta çirişlenme özelliklerinin ölçülmesi yeteneğine sahiptir. Cihaz karıştırma ve bir sıcaklık aralığına maruz bırakılan hamurdaki reolojik özellikleri karakterize etmek için kullanılır. Cihaz 2 yoğurucu kol arasında karıştırılarak gerçek zamanda üretilen kuvveti ölçer (Anonymous 2005). Miksolab çeşitli buğdayların makarna yapım kalitesinin değerlendirilmesinde (Manthey vd. 2006); unların kek kalitesi açısından uygunluğunu tahmin edilmesinde (Kahraman vd. 2008); hidrokolloidlerin etkilerinin araştırılmasında (Rosell vd. 2007) kullanıldığı ifade edilmektedir. Miksolab da elde edilen kurve 5 safhaya ayrılmaktadır. 1. safhada stabilite, elastikiyet ve su absorpsiyonu gibi hamur karışma özellikleri belirlenebilir. Bu aşamada maksimuma ulaşıncaya kadar artan kuvvet gözlemlenir (Anonymous 2005, Rosell vd. 2007). 2 safhada devam eden karıştırma sonucu hamur konsistensi düşer bu da protein zayıflamasını gösterir. 3. safhada nişasta jelatinizasyonu ile sıcaklık arttırıldığı için önce düşen sonra artan konsistens gözlemlenir. 4. safhada amilolitik aktivite ile konsistens düşer. 5. safhada sıcaklık düşüklüğü jel oluşumu yüzünden konsistenste artışa neden olur. Bu kısım nişasta retrogradasyonu ile ilgilidir. Miksolab kurvelerini değerlendirmek için 5 adet parametre (C1, C2, C3, C4, C5) vardır. C1 1. karışma safhasının maksimum noktasını ifade eder. Diğer noktalar ise takip eden işlem safhalarını son noktalarını gösterir (Öztürk vd. 2008). Pena vd. (2006) yaptıkları çalışmada tam buğday ununda miksolab hamur gelişme süresi, stabilite ve zayıflama parametreleri hamur dayanıklılık parametresi olan alveograf Fb (enerji) değeri ile yüksek korelasyon vermiştir. Öztürk vd. (2008) yaptıkları çalışmada farklı buğday unlarının bisküvi pişirme kalitesini belirlemek için miksolab cihazının kullanımı araştırılmıştır. Nişasta özelliklerini gösteren miksolab kurvesindeki C3, C4 ve C5 safhalarının iyi bisküvilik unlarda yüksek olması gerektiğini ifade etmişlerdir. Miksolab stabilite ile bisküvi çapı arasında P=0.05 düzeyinde negatif korelasyon bulunmuştur. Miksolab cihazının un örneklerinin bisküvilik kalitesinin değerlendirilmesinde uygun olarak görüldüğü belirtilmiştir. Köksel vd. (2009) yaptıkları çalışmada miksolab parametreleri ile alveograf ve farinograf parametreleri, Zeleny sedimentasyon değeri ve ekmek hacmi arasında korelasyon bildirmişlerdir.

Çizelge 4.241'de kuru koşullarda ve 4.242'de sulu koşullarda örneklere ait unlarda miksolab değerleri ile minumum, maksimum değerler birlikte verilmiştir. Kuru koşullarda 2 örnekte sonuç alınamamıştır. 9, 12, 11, 6 no'lu hatların 4 dak. altında; 13 ve Gerek79'un 5 dak'nın altında; 14, 16 ve Ak702'nin 6 dak altında stabilite değeri vardır. 4, 8, 19, 2, 11, 18'in C1; 23, 12, 13, 11, 19, Ak702 ve Çetinel2000'nin C2;17, 22, 23, 6, 21, 19, ve Çetinel2000'nin C3; 17, 19, 12, 23, 1, 6 ve Gerek79'un C4 ve 17, 23, 12, 11, 6, 19, Bezostaja1 ve Ak702'nin C5 değerleri düşük bulunmuştur. 16, 6, 1, 21, 3 ve Gerek79'un C1; 16, 3, 1, 21, 2 ve Bezostaja1'in C2; 9, 3, 1, 8, Bezostaja1, Gerek79 ve Ak702'nin C3; 16, 14, 2, 4, 9, 18, Çetinel2000 ve Bezostaja1'in C4 ve 16, 14, 3, 21, 4, 2 ve Gerek79'un C5 değerleri daha yüksektir. 6, 23, 13, 12, 16, Gerek79, Ak702 ve Çetinel2000'nin C2-C1 farkı; 9, 8, 3, 1, Gerek79, Ak702 ve Bezostaja1'in C3-C2 farkı; Çetinel2000, 16, 21, 14, 18, 4 ve 17'nin C4-C3 farkı ve Gerek79, 3, 21, 16, 14, 1 ve 22'nin C5-C4 farkı yüksektir. Bezostaja1, 2, 4, 18, 14 ve 3'ün C2-C1 farkı; 17, 21, 22, 6 ve 19'un C3-C2 farkı; 1, 9, 3, 8, Gerek79, Ak702 ve Bezostaja1'in C4-C3 farkı ve Bezostaja1, Çetinel2000, Ak702, 11, 13, 17 ve 23'ün C5-C4 farkı düşük bulunmuştur.

Sulu koşullarda 12, 8, 13, 9, Bezostaja1, Çetinel2000 ve Ak702'nin stabilite değeri düşüktür. 23, 3, 4, 18, 2 ve 21'in ise yüksek çıkmıştır. 4, 17, 18, 23, 3, Gerek79 ve Çetinel2000'nin C1; 12, 13, 17, 18, 11, Çetinel2000 ve Gerek79'un C2; 22, 23, 12, 17, Ak702, Çetinel2000 ve Bezostaja1'in C3; 17, 1, 7, 4, 2, 8 ve 9'un C4 ve 17, 23, 4, 7, 8, 21, 9 ve Çetinel2000'nin C5 değeri düşük elde edilmiştir. 7, 9, 14, 19, Ak702 ve Bezostaja1'in C1; 7, 14, 2, 9 ve Bezostaja1'in C2; 13, 14, 6, 21, 11 ve Yıldız98'in C3; 22, 12, 3, 16, Bezostaja1, Yıldız98 ve Gerek79'un C4 ve 2, 14, 19, 6, 3 ve Yıldız98'in C5 değerleri yüksek bulunmuştur. C2-C1 farkı bakımından 4, 17, 3, 23, 18, 21 düşük; Bezostaja1, Ak702, 7, 9 ve 12 yüksek; C3-C2 farkı bakımından 22, 23, 12, 7, 17, Ak702, Bezostaja1 ve Çetinel2000 düşük, 13, 11, 6, Yıldız98 ve Gerek79 yüksek; C4-C3 farkı bakımından 1, 7, 13, 14, 2, 22, 23 ve Ak702 yüksek, 19, 3, 16, 18, 12, Çetinel2000, Gerek79 ve Bezostaja1 düşük; C5-C4 farkı bakımından 23, 17, 21, 4 ve Çetinel2000 düşük, 2, 14, 19, 1, 6 ve Yıldız98 yüksek değerler vermişlerdir.

Çizelge 4.241. Kuru koşullarda un örneklerine ait miksolab değerleri

Örnek no	Stabilite dak	C1 Nm	C2 Nm	C2-C1 Nm	C3 Nm	C3-C2 Nm	C4 Nm	C4-C3 Nm	C5 Nm	C5-C4 Nm
1	6,83	1,15	0,43	-0,72	2,46	2,03	2,30	-0,16	4,00	1,70
2	7,40	1,04	0,41	-0,63	2,10	1,69	2,56	0,46	4,09	1,53
3	7,13	1,11	0,44	-0,67	2,47	2,03	2,41	-0,06	4,25	1,84
4	8,63	1,03	0,38	-0,65	2,01	1,63	2,53	0,52	4,10	1,57
Gerek79	4,58	1,20	0,40	-0,80	2,39	1,99	2,30	-0,09	4,16	1,86
6	3,75	1,15	0,35	-0,80	1,86	1,51	2,30	0,44	3,77	1,47
7	-	-	-	-	-	-	-		-	-
8	6,62	1,03	0,34	-0,69	2,38	2,04	2,34	-0,04	3,88	1,54
9	3,32	1,06	0,36	-0,70	2,59	2,23	2,52	-0,07	3,99	1,47
Yıldız98		-	-	-	-	-	-		-	-
11	3,62	1,04	0,33	-0,71	1,93	1,60	2,38	0,45	3,72	1,34
12	3,53	1,05	0,31	-0,74	1,98	1,67	2,24	0,26	3,71	1,47
13	4,73	1,06	0,31	-0,75	1,99	1,68	2,48	0,49	3,87	1,39
14	5,78	1,06	0,40	-0,66	2,07	1,67	2,60	0,53	4,32	1,72
Ak702	5,83	1,05	0,28	-0,77	2,37	2,09	2,32	-0,05	3,74	1,42
16	5,85	1,21	0,47	-0,74	2,05	1,58	2,62	0,57	4,35	1,73
17	6,10	1,05	0,36	-0,69	1,71	1,35	2,22	0,51	3,61	1,39
18	8,23	1,04	0,38	-0,66	1,99	1,61	2,51	0,52	4,01	1,50
19	7,62	1,03	0,33	-0,70	1,89	1,56	2,22	0,33	3,78	1,56
Bezostaja1	9,58	1,05	0,46	-0,59	2,64	2,18	2,60	-0,04	3,20	0,60
21	7,12	1,14	0,41	-0,73	1,88	1,47	2,41	0,53	4,16	1,75
22	6,80	1,05	0,34	-0,71	1,82	1,48	2,32	0,50	4,00	1,68
23	9,18	1,06	0,26	-0,80	1,84	1,58	2,27	0,43	3,69	1,42
Çetinel2000	10,32	1,05	0,30	-0,75	1,89	1,59	2,84	0,95	3,94	1,10
Minimum	**3,32**	**1,03**	**0,26**	**-0,8**	**1,71**	**1,35**	**2,22**	**-0,16**	**3,2**	**0,6**
Maksimum	**10,32**	**1,21**	**0,47**	**-0,59**	**2,64**	**2,23**	**2,84**	**0,95**	**4,35**	**1,86**

C1: İlk karıştırma aşamasının maksimum noktası
C2, C3, C4, C5: Diğer karıştırma safhalarının son noktaları
C2-C1 noktaları farkı
C3-C2 noktaları farkı
C4-C3 noktaları farkı
C5-C4 noktaları farkı

Çizelge 4.242. Sulu koşullarda un örneklerine ait miksolab değerleri

Örnek no	Stabilite dak	C1 Nm	C2 Nm	C2-C1 Nm	C3 Nm	C3-C2 Nm	C4 Nm	C4-C3 Nm	C5 Nm	C5-C4 Nm
1	7,80	1,02	0,42	-0,60	2,27	1,85	1,93	-0,34	3,78	1,85
2	9,07	1,06	0,48	-0,58	2,35	1,87	2,06	-0,29	4,10	2,04
3	9,98	0,92	0,42	-0,50	2,39	1,97	2,25	-0,14	3,90	1,65
4	9,55	0,84	0,37	-0,47	2,30	1,93	2,05	-0,25	3,50	1,45
Gerek79	6,98	0,92	0,34	-0,58	2,35	2,01	2,24	-0,11	3,75	1,51
6	7,28	1,08	0,43	-0,65	2,45	2,02	2,23	-0,22	4,01	1,78
7	5,25	1,30	0,51	-0,79	2,30	1,79	1,97	-0,33	3,54	1,57
8	3,90	1,02	0,37	-0,65	2,33	1,96	2,08	-0,25	3,55	1,47
9	4,18	1,19	0,45	-0,74	2,37	1,92	2,09	-0,28	3,60	1,51
Yıldız98	8,00	1,08	0,42	-0,66	2,48	2,06	2,25	-0,23	4,20	1,95
11	5,42	0,94	0,36	-0,58	2,40	2,04	2,12	-0,28	3,71	1,59
12	2,83	1,00	0,30	-0,70	2,06	1,76	2,25	0,19	3,86	1,61
13	4,02	0,95	0,33	-0,62	2,46	2,13	2,14	-0,32	3,77	1,63
14	6,02	1,18	0,50	-0,68	2,45	1,95	2,15	-0,30	4,05	1,90
Ak702	4,22	1,12	0,37	-0,75	1,75	1,38	2,15	0,40	3,75	1,60
16	8,17	0,97	0,39	-0,58	2,35	1,96	2,24	-0,11	3,72	1,48
17	8,52	0,84	0,34	-0,50	2,13	1,79	1,91	-0,22	3,24	1,33
18	9,45	0,89	0,35	-0,54	2,30	1,95	2,23	-0,07	3,83	1,60
19	6,12	1,10	0,42	-0,68	2,34	1,92	2,14	-0,20	4,02	1,88
Bezostaja1	1,78	2,00	0,78	-1,22	2,18	1,40	2,30	0,12	3,77	1,47
21	9,02	1,00	0,44	-0,56	2,42	1,98	2,15	-0,27	3,58	1,43
22	5,40	0,99	0,38	-0,61	1,93	1,55	2,26	0,33	3,74	1,48
23	9,98	0,89	0,37	-0,52	1,97	1,60	2,21	0,24	3,38	1,17
Çetinel2000	3,83	0,89	0,31	-0,58	1,96	1,65	2,15	0,19	3,22	1,07
Minimum	**1,78**	**0,84**	**0,3**	**-1,22**	**1,75**	**1,38**	**1,91**	**-0,34**	**3,22**	**1,07**
Maksimum	**9,98**	**2**	**0,78**	**-0,47**	**2,48**	**2,13**	**2,3**	**0,4**	**4,2**	**2,04**

C1: İlk karıştırma aşamasının maksimum noktası
C2, C3, C4, C5: Diğer karıştırma safhalarının son noktaları
C2-C1 noktaları farkı
C3-C2 noktaları farkı
C4-C3 noktaları farkı
C5-C4 noktaları farkı

Çalışmada incelenen kalite özellikleri arasında yapılan korelasyon analizine göre Miksolab stabilite değeri ile önemli korelasyon veren kalite kriterleri kuru koşullarda Çizelge 4.243'de ve sulu koşullarda Çizelge 4.244'de verilmiştir. Tiftik vd (2008) miksolab ile unların bisküvilik kalitesinin belirlenmesi üzerine yaptıkları çalışmada stabilite değeri ile un protein ve gluten miktarı ve Zeleny sedimentasyon değeri arasında önemli pozitif korelasyon ($p<0.001$) bulmuşlardır. Kuru koşullarda miksolab stabilite artışı ile bisküvi toplam duyusal puan düşmüştür (Şekil 4.64). Yalnız kesit özellikleri puanı ile kuru koşullarda negatif, sulu koşullarda pozitif korelasyon elde edilmiştir. Miksolab stabilite değeri ile farinograf stabilite arasında kuru koşullarda pozitif; kuru ve sulu koşullarda yumuşama değeri ve yoğurma tolerans sayısı ile negatif korelasyon vardır. Sulu koşullarda alveo-konsistograf enerji, tolerans, elastikiyet indeksi, uzama kabiliyeti, uzayabilirlik ve gelişme süresi; ekstensograf 45.' enerji ile pozitif korelasyon bulunmuştur. Polimerik protein miktarı-2 pik ile kuru koşullarda pozitif önemli korelasyonda dikkati çekmiştir. Stabilite değeri hamurun direncinin bir göstergesidir. Bisküvilik unlarda düşük olması istenir.

Çizelge 4.243. Kuru koşullarda miksolab stabilite değeri ile önemli korelasyon değeri veren kalite kriterleri

Kalite kriteri	Korelasyon katsayısı	n
BİS-DPUAN	-0,6137**	22
BİS-KÖ	-0,4251*	22
BİS-TÖ	-0,5954**	22
BİS-YGÖ	-0,5764**	22
FARİ-GS	0,4663*	22
FARİ-STAB	0,5347*	22
FARİ-YD	-0,4483*	22
FARİ-YT	-0,4826*	22
HPLC-TP2	0,5411**	22
KIR-CSDS	0,5583**	22
KIR-MSDS	0,6289**	22
KIR-PROT	0,5894**	22
ÖĞ-İUNU	0,4452*	22
RVA-PZ	0,5248*	22
UN-PROT	0,6142**	22
UN-ZSED	0,6778**	22

* *: % 1 düzeyinde önemli *: % 5 düzeyinde önemli

Çizelge 4.244. Sulu koşullarda miksolab stabilite değeri ile önemli korelasyon değeri veren kalite kriterleri

Kalite kriteri	Korelasyon katsayısı	n
ALVEO-A	0,642**	24
ALVEO-Ex	0,6443**	24
ALVEO-Fb	0,586**	24
ALVEO-Iec	0,7014**	23
ALVEO-Tol	0,4573*	24
ALVEO-TPrmaks	0,4092*	24
ASTK	-0,5185**	24
BİS-KÖ	0,4742*	24
BİS-YGÖ	0,5617**	24
EX-E45'	0,4162*	23
FARİ-YD	-0,5169**	24
FARİ-YT	-0,551**	24
MLAB C1	-0,5384**	24
MLAB C2-C1	0,7035**	24
STK-LAK	0,5942**	24
STK-SAK	-0,4608*	24
STK-SU	-0,5282**	24
UN-GI	0,4975*	24
UN-ZEDN	-0,4723*	24

* *: % 1 düzeyinde önemli *: % 5 düzeyinde önemli

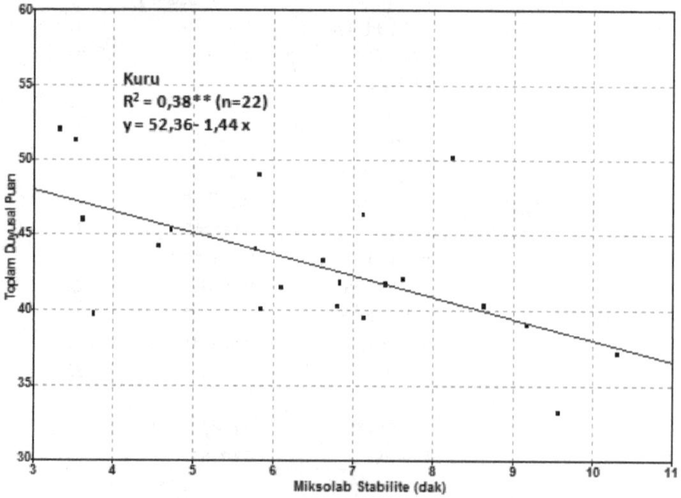

Şekil 4.64. Kuru koşullarda toplam duyusal puan ile miksolab stabilite değeri arasındaki ilişki

İncelenen kalite özellikleri arasında yapılan korelasyon analizine göre miksolab C1 değeri ile önemli korelasyon veren kalite kriterleri kuru koşullarda Çizelge 4.245'de ve sulu koşullarda Çizelge 4.246'da verilmiştir. Kuru koşullarda C1 değeri ile yalnız miksolab değerleri arasında korelasyon elde edilmiştir. C1 değeri hamurun gelişme süresini göstermektedir. C1 değeri arttıkça hamurun direnci artmakta bisküvilik özellik düşmektedir. Sulu koşullarda ise C1 değeri ile bisküvi yayılma faktörü ve çapı ile negatif; kalınlığı ile pozitif önemli korelasyon bulunmuştur. Yine C1 değeri artışı ile kesit özellikleri, yüzey görünüm özellikleri ve toplam duyusal puan düşmüştür. C1 değeri ile ekstensograf 45.', 90.' ve 135.' maksimum ve 5.' uzama direnci; alveo-konsistograf su absorpsiyon, 4 cm.'deki enerji, direnç; farinograf su absorpsiyon ve stabilite arasındaki pozitif korelasyon dikkati çekmiştir.

Çizelge 4.245. Kuru koşullarda miksolab C1 değeri ile önemli korelasyon değeri veren kalite kriterleri

Kalite kriteri	Korelasyon katsayısı	n
MLABC2	0,5132*	22
MLAB-C5-C4	0,4680*	22
MLAB-C2-C1	-0,4671*	22
MLAB-C5	0,4439*	22

* *: % 1 düzeyinde önemli *: % 5 düzeyinde önemli

Çizelge 4.246. Sulu koşullarda Miksolab C1 değeri ile önemli korelasyon değeri veren kalite kriterleri

Kalite kriteri	Korelasyon katsayısı	n
ALVEO-T	0,5064*	24
ALVEO-Fb(40)	0,4622*	23
ALVEO-Wa	0,5202**	24
ASTK	0,6189**	24
BİS-ÇAP	-0,4341*	24
BİS-DPUAN	-0,5207**	24
BİS-KAL	0,4858*	24
BİS-KÖ	-0,6253**	24
BİS-YFAK	-0,4542*	24
BİS-YGÖ	-0,4765*	24
DANE-SOYS	-0,6095**	24
EX- Rm135'	0,4713*	23
EX-R5135'	0,5709**	23
EX-R545'	0,5943**	23
EX-R590'	0,6225**	24
EX-Rm45'	0,5043*	23
EX-Rm90'	0,5708**	24
FARİ-SA	0,4104*	24
FARİ-STAB	0,4176*	24
KIR-CSDS	0,4816*	24
KIR-MSDS	0,5987**	24
KIR-PSI	-0,7547**	24
MLAB C2	0,9216**	24
MLAB C2-C1	-0,9676**	24
MLAB C3-C2	-0,432*	24
MLAB STAB	-0,5384**	24
ÖĞ-B1	-0,4121*	24
ÖĞ-C1	-0,4365*	24
ÖĞ-C3	0,6936**	24
ÖĞ-KUNU	-0,4017*	24
STK-SAK	0,6317**	24
STK-SKAR	0,5731**	24
STK-SU	0,708**	24
UN-ZEDN	0,5524**	24

* *: % 1 düzeyinde önemli *: % 5 düzeyinde önemli

İncelenen kalite özellikleri arasında yapılan korelasyon analizine göre miksolab C2 değeri ile önemli korelasyon veren kalite kriterleri kuru koşullarda Çizelge 4.247'de ve sulu koşullarda Çizelge 4.248'de verilmiştir. C2 değeri proteinin dayanımının ölçmektedir. C2 değerinin düşük olması dayanımının az olduğu anlamına gelmektedir. C1 değerinde olduğu gibi C2 değeri ile de sulu koşullarda bisküvi yayılma faktörü ve toplam duyusal puan arasında önemli negatif korelasyon bulunmuştur. Alveo-konsistograf enerji, 4 cm'deki enerji, direnç ve elastkiyet indeksi ile kuru ve sulu koşullarda pozitif önemli korelayon dikkati çekmiştir. C1 değerinde olduğu gibi C2 değeri ile de sulu koşullarda ekstensograf 45.', 90.' ve 135.' maksimum ve 5.' uzama direnci ve farinograf stabilite arasındaki pozitif korelasyon dikkati çekmiştir. Yine sulu koşullarda farinograf gelişme süresi ile pozitif, yumuşama ve yoğurma tolerans sayısı ile negatif önemli korelasyon belirlenmiştir.

Çizelge 4.247. Kuru koşullarda miksolab C2 değeri ile önemli korelasyon değeri veren kalite kriterleri

Kalite kriteri	Korelasyon katsayısı	n
ALVEO-Fb	0,6244**	22
ALVEO-Fb(40)	0,4788*	20
ALVEO-Iec	0,454*	20
ALVEO-T	0,5046*	22
MLAB-C1	0,5132*	22
MLAB-C2-C1	0,5191*	22
STK-LAK	0,4349*	22
UN-GI	0,4994*	22

* *: % 1 düzeyinde önemli *: % 5 düzeyinde önemli

Çizelge 4.248. Sulu koşullarda miksolab C2 değeri ile önemli korelasyon değeri veren kalite kriterleri

Kalite kriteri	Korelasyon katsayısı	n
ALVEO-T	0,6295**	24
ALVEO-Fb	0,5349**	24
ALVEO-Iec	0,4131*	23
ALVEO-Fb(40)	0,6465**	23
ALVEO-Wa	0,5255**	24
ASTK	0,5622**	24
BİS-ÇAP	-0,4629*	24
BİS-DPUAN	-0,4581*	24
BİS-KAL	0,4379*	24
BİS-KÖ	-0,5054*	24
BİS-YFAK	-0,445*	24
DANE-SOYS	-0,5467**	24
EX- Rm135'	0,6666**	23
EX-A135'	0,4211*	23
EX-R5135'	0,7294**	23
EX-R545'	0,5083*	23
EX-R590'	0,7442**	24
EX-Rm45'	0,5059*	23
EX-Rm90'	0,7253**	24
FARİ-GS	0,4419*	24
FARİ-STAB	0,5906**	24
FARİ-YD	-0,4955*	24
FARİ-YT	-0,4787*	24
KIR-CSDS	0,5362**	24
KIR-MSDS	0,6446**	24
KIR-PSI	-0,7257**	24
MLAB C1	0,9216**	24
MLAB C2-C1	-0,7936**	24
ÖĞ-C1	-0,4091*	24
ÖĞ-C3	0,6382**	24
STK-LAK	0,5398**	24
STK-SAK	0,5479**	24
STK-SKAR	0,6089**	24
STK-SU	0,6327**	24
UN-YG	0,4939*	24
UN-ZEDN	0,4184*	24
UN-ZSED	0,5003*	24

* *: % 1 düzeyinde önemli *: % 5 düzeyinde önemli

İncelenen kalite özellikleri arasında yapılan korelasyon analizine göre miksolab C2-C1 farkı ile önemli korelasyon veren kalite kriterleri kuru koşullarda Çizelge 4.249'da ve sulu koşullarda Çizelge 4.250'de verilmiştir. C2-C1 değerinin yüksek olması gluten zayıflamasının daha fazla olduğu anlamına gelmektedir. Sulu koşullarda C2-C1 farkı ile bisküvi yayılma faktörü ve toplam duyusal puan arasındaki pozitif korelasyon dikkati çekmiştir. Sulu koşullarda C2-C1 farkı ile alveo-konsistograf ve farinograf su absorpsiyonu, ekstensograf maksimum ve 5.' uzama direnci ve alveo-konsistograf direnç/uzama kabiliyeti arasındaki negatif korelasyon elde edilmiştir. Kuru koşullarda ise C2-C1 farkı artışı ile alveo-konsistograf enerji ve tolerans değerleri artarken, yumuşama değerleri düşmüştür.

Çizelge 4.249. Kuru koşullarda miksolab C2-C1 farkı ile önemli korelasyon değeri veren kalite kriterleri

Kalite kriteri	Korelasyon katsayısı	n
ALVEO-D250	-0,5333*	22
ALVEO-D450	-0,4947*	21
ALVEO-Fb	0,493*	22
ALVEO-Tol	0,5587**	21
ASTK	0,4355*	22
KIR-CSDS	0,4225*	22
KIR-MSDS	0,4259*	22
KIR-PSI	-0,4269*	22
MLAB-C1	-0,4671*	22
MLABC2	0,5191*	22

* *: % 1 düzeyinde önemli *: % 5 düzeyinde önemli

Çizelge 4.250. Sulu koşullarda miksolab C2-C1 farkı ile önemli korelasyon değeri veren kalite kriterleri

Kalite kriteri	Korelasyon katsayısı	n
ALVEO-T/A	-0,422*	24
ALVEO-Wa	-0,4733*	24
ASTK	-0,6041**	24
BİS-DPUAN	0,518**	24
BİS-KAL	-0,4764*	24
BİS-KÖ	0,6511**	24
BİS-YFAK	0,4222*	24
BİS-YGÖ	0,5267**	24
DANE-SOYS	0,5995**	24
EX-R5135'	-0,4211*	23
EX-R545'	-0,6078**	23
EX-R590'	-0,4914*	24
EX-Rm45'	-0,4668*	23
EX-Rm90'	-0,4225*	24
FARİ-SA	-0,4278*	24
KIR-CSDS	-0,4059*	24
KIR-MSDS	-0,5188**	24
KIR-PSI	0,7106**	24
MLAB C1	-0,9676**	24
MLAB C2	-0,7936**	24
MLAB C3-C2	0,4814*	24
MLAB STAB	0,7035**	24
ÖĞ-B1	0,5126*	24
ÖĞ-C1	0,4179*	24
ÖĞ-C3	-0,6717**	24
ÖĞ-KUNU	0,4357*	24
STK-SAK	-0,6335**	24
STK-SKAR	-0,5019*	24
STK-SU	-0,698**	24
UN-ZEDN	-0,5936**	24

* *: % 1 düzeyinde önemli *: % 5 düzeyinde önemli

İncelenen kalite özellikleri arasında yapılan korelasyon analizine göre miksolab C3 değeri ile önemli korelasyon veren kalite kriterleri kuru koşullarda Çizelge 4.251'de ve sulu koşullarda Çizelge 4.252'de verilmiştir. C3 değeri nişastanın jelatinizasyon viskozitesinin göstergesidir. Kuru koşullarda bisküvi yayılma faktörü ile negatif ve kalınlığı ile pozitif korelasyon elde edilmiştir. Sulu koşullarda ise C3 değeri artışı ile polimerik protein miktarı ve polimerik/monomerik protein oranı artarken (Şekil 4.65), monomerik protein miktarı düşmüştür. Yine sulu koşullarda DSC jelatinizasyon başlangıç sıcaklığı ile C3 değeri arasında negatif önemli korelasyon vardır. Tiftik vd (2008) yaptıkları çalışmada C3 değeri ile bisküvi yayılma faktörü ve çapı arasında yüksek korelasyon bildirilmiştir. Kuru koşullarda bisküvi yayılma faktörünü açıklamak amacıyla yapılan stepwise analize göre kullanılabilecek Denklem 1 ve 5'de miksolab C3 değeri yer almıştır.

Çizelge 4.251. Kuru koşullarda miksolab C3 değeri ile önemli korelasyon değeri veren kalite kriterleri

Kalite kriteri	Korelasyon katsayısı	n
BİS-KAL	0,5488**	22
BİS-YFAK	-0,4643*	22
DANE-BDA	0,589**	22
DANE-HL	0,7013**	22
KIR-PROT	-0,5086*	22
MLAB-C3-C2	0,9793**	22
MLAB-C4-C3	-0,8476**	22
ÖĞ-B2	-0,4392*	22
ÖĞ-B3	-0,5253*	22
ÖĞ-C2	0,4507*	22
RVA-KD	0,5911**	22
UN-PROT	-0,5143*	22
UN-ZEDN	0,4459*	22

* *: % 1 düzeyinde önemli *: % 5 düzeyinde önemli

Çizelge 4.252. Sulu koşullarda miksolab C3 değeri ile önemli korelasyon değeri veren kalite kriterleri

Kalite kriteri	Korelasyon katsayısı	n
ALVEO-D450	0,4725*	24
ALVEO-Prmaks	0,5197**	24
DSC-JBS	-0,4469*	24
FARİ-SA	-0,6048**	24
HPLC-ORAN	0,5828**	24
HPLC-TP1	0,7082**	24
HPLC-TP1+TP2	0,5947**	24
HPLC-TP3	-0,5947**	24
KIR-PROT	-0,4204*	24
MLAB C3-C2	0,882**	24
MLAB C4-C3	-0,8833**	24
MLAB C5	0,4519*	24
MLAB C5-C4	0,5142*	24
ÖĞ-B1	0,418*	24
RVA-KD	0,4435*	24
RVA-PZ	-0,4259*	24
STK-SAK	-0,4307*	24
UN-GI	0,4256*	24
UN-PROT	-0,4371*	24

* *: % 1 düzeyinde önemli *: % 5 düzeyinde önemli

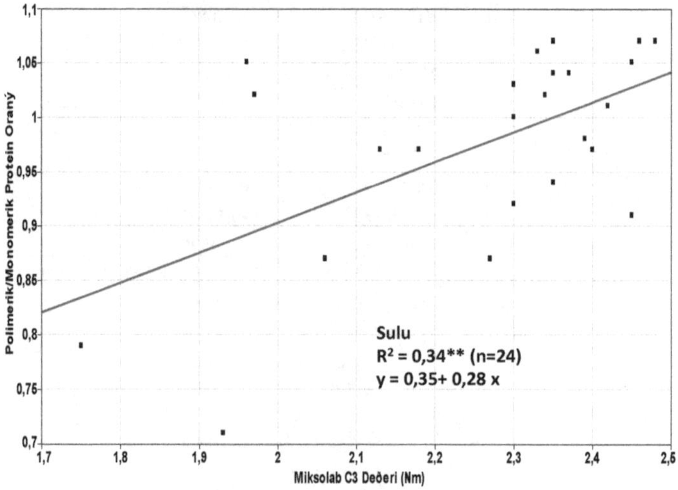

Şekil 4.65. Sulu koşullarda polimerik/monomerik oranı ile miksolab C3 değeri arasındaki ilişki

İncelenen kalite özellikleri arasında yapılan korelasyon analizine göre miksolab C3-C2 farkı ile önemli korelasyon veren kalite kriterleri kuru koşullarda Çizelge 4.253'de ve sulu koşullarda Çizelge 4.254'de verilmiştir. Kuru koşullarda C3-C2 farkı ile yayılma faktörü arasında negatif korelasyon bulunmuştur. Sulu koşullarda ise DSC jelatinizasyon entalpisi ile pozitif; jelatinizasyon başlangıç ve pik sıcaklıklar ile negatif önemli korelasyon dikkati çekmiştir. Yine sulu koşullarda polimerik protein miktarı ve polimerik/monomerik protein oranı ile pozitif (Şekil 4.66) ve monomerik protein miktarı ile negatif korelasyon vardır.

Çizelge 4.253. Kuru koşullarda miksolab C3-C2 farkı ile önemli korelasyon değeri veren kalite kriterleri

Kalite kriteri	Korelasyon katsayısı	n
ALVEO-A	-0,4684*	22
ALVEO-Ex	-0,4705*	22
BİS-KAL	0,5187*	22
BİS-YFAK	-0,4583*	22
DANE-BDA	0,6151**	22
DANE-HL	0,6885**	22
KIR-PROT	-0,5532**	22
MLAB-C3	0,9793**	22
MLAB-C4-C3	-0,8595**	22
ÖĞ-B2	-0,4385*	22
ÖĞ-B3	-0,5433**	22
ÖĞ-C2	0,4547*	22
RVA-KD	0,5886**	22
UN-PROT	-0,5705**	22

* *: % 1 düzeyinde önemli *: % 5 düzeyinde önemli

Çizelge 4.254. Sulu koşullarda miksolab C3-C2 farkı ile önemli korelasyon değeri veren kalite kriterleri

Kalite kriteri	Korelasyon katsayısı	n
ALVEO-D450	0,4053*	24
ASTK	-0,4811*	24
DANE-SOYS	0,5403**	24
DSC-JBS	-0,4213*	24
DSC-JE	0,5331**	24
DSC-JPS	-0,4484*	24
FARİ-SA	-0,7457**	24
HPLC-ORAN	0,5799**	24
HPLC-TP1	0,6767**	24
HPLC-TP1+TP2	0,5783**	24
HPLC-TP3	-0,5783**	24
KIR-CSDS	-0,5856**	24
KIR-MSDS	-0,5735**	24
KIR-PROT	-0,5728**	24
KIR-PSI	0,5522**	24
MLAB C1	-0,432*	24
MLAB C2-C1	0,4814*	24
MLAB C3	0,882**	24
MLAB C4-C3	-0,8062**	24
ÖĞ-B1	0,5039*	24
ÖĞ-C3	-0,4201*	24
RVA-KD	0,4249*	24
RVA-PZ	-0,5789**	24
STK-SAK	-0,6807**	24
STK-SU	-0,457*	24
UN-KG	-0,4153*	24
UN-PROT	-0,5889**	24
UN-YG	-0,436*	24
UN-ZEDN	-0,4473*	24
UN-ZSED	-0,4416*	24

* *: % 1 düzeyinde önemli *: % 5 düzeyinde önemli

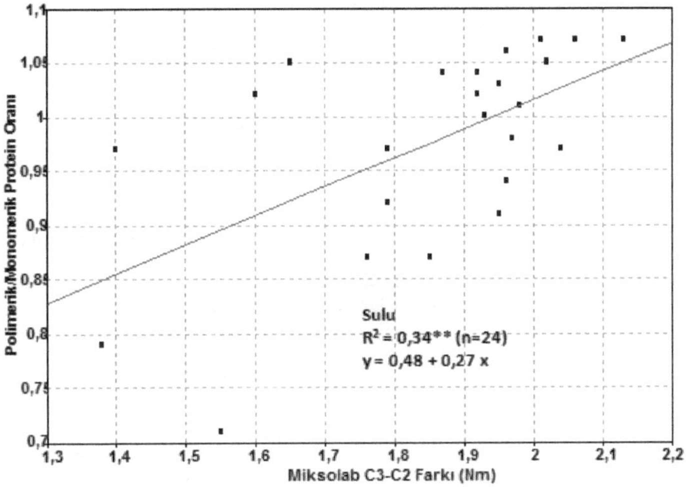

Şekil 4.66. Sulu koşullarda monomerik/polimerik protein oranı ile miksolab C3-C2 farkı arasındaki ilişki

İncelenen kalite özellikleri arasında yapılan korelasyon analizine göre miksolab C4 değeri ile önemli korelasyon veren kalite kriterleri kuru koşullarda Çizelge 4.255'de ve sulu koşullarda Çizelge 4.256'da verilmiştir. C4 değeri amilolitik enzim aktivitesi ile nişasta viskoizitesindeki değişimi göstermektedir. Tiftik vd (2008) yaptıkları çalışmada C4 değeri ile bisküvi yayılma faktörü ve çapı arasında yüksek korelasyon bildirilmiştir. Çalışmada bisküvi özellikleri ile C4 değeri arasında bir korelasyon elde edilmemiştir. Kuru koşullarda polimerik protein miktarı 2. pik ile pozitif, sulu koşullarda ise RVA katılaşma ve son viskozite değeri ile negatif ve pik viskozite/son viskozite oranı arasındaki pozitif korelasyon dikkati çekmiştir. Artan amilolitik aktivite ile son viskozite ve katılaşma değeri düşmüştür. Ekstensograf enerji, maksimum uzama direnci ve 5.' uzama direnci ile pozitif korelasyon protein kuvveti ile ilişkilidir.

Çizelge 4.255. Kuru koşullarda miksolab C4 değeri ile önemli korelasyon değeri veren kalite kriterleri

Kalite kriteri	Korelasyon katsayısı	n
EX-A135'	0,4313*	22
EX-R5135'	0,4694*	22
HPLC-TP2	0,4835*	22
ÖĞ-C2	0,4441*	22

* *: % 1 düzeyinde önemli *: % 5 düzeyinde önemli

Çizelge 4.256. Sulu koşullarda miksolab C4 değeri ile önemli korelasyon değeri veren kalite kriterleri

Kalite kriteri	Korelasyon katsayısı	n
EX-A45'	0,4314*	23
EX-Rm45'	0,4261*	23
MLAB C4-C3	0,5137*	24
RVA-KD	-0,5085*	24
RVA-PV/SV	0,4124*	24
RVA-SV	-0,4043*	24

* *: % 1 düzeyinde önemli *: % 5 düzeyinde önemli

İncelenen kalite özellikleri arasında yapılan korelasyon analizine göre miksolab C4-C3 farkı ile önemli korelasyon veren kalite kriterleri kuru koşullarda Çizelge 4.257'de ve sulu koşullarda Çizelge 4.258'de verilmiştir. RVA katılaşma değeri ile kuru ve sulu koşullarda C4-C3 farkı arasındaki negatif korelasyon dikkati çekmiştir. Amilolitik aktivite arttıkça (C4-C3 farkı arttıkça) nişasta viskozitesi düşmekte ve son viskozite değeri azalmaktadır. Bunun sonucunda da daha düşük katılaşma değeri elde edilmiştir. C4-C3 farkı ile sulu koşullarda DSC jelatinizasyon başlangıç ve pik sıcaklık ile pozitif; monomerik protein miktarı ile pozitif ve polimerik protein miktarı, polimerik/monomerik protein oranı arasında negatif korelasyon bulunmuştur. Sulu koşullarda C4-C3 farkı artışı ile RVA pik viskozite/son viskozite oranı ve farinograf su absorpsiyonu artmış; alveo-konsistograf gelişme süresi ve 450. s yumuşama değeri düşmüştür.

Çizelge 4.257. Kuru koşullarda miksolab C4-C3 farkı ile önemli korelasyon değeri veren kalite kriterleri

Kalite kriteri	Korelasyon katsayısı	n
DANE-BDA	-0,5521**	22
DANE-HL	-0,6694**	22
KIR-PROT	0,5839**	22
MLAB-C3	-0,8476**	22
MLAB-C3-C2	-0,8595**	22
ÖĞ-B3	0,4797*	22
RVA-KD	-0,6164**	22
STK-SAK	-0,4544*	22
UN-PROT	0,5564**	22

* *: % 1 düzeyinde önemli *: % 5 düzeyinde önemli

Çizelge 4.258. Sulu koşullarda miksolab C4-C3 farkı ile önemli korelasyon değeri veren kalite kriterleri

Kalite kriteri	Korelasyon katsayısı	n
ALVEO-D450	-0,4545*	24
ALVEO-Prmaks	-0,4394*	24
DSC-JBS	0,4778*	24
DSC-JPS	0,4502*	24
FARİ-SA	0,5342**	24
HPLC-ORAN	-0,4948*	24
HPLC-TP1	-0,6661**	24
HPLC-TP1+TP2	-0,5106*	24
HPLC-TP3	0,5106*	24
MLAB C3	-0,8833**	24
MLAB C3-C2	-0,8062**	24
MLAB C4	0,5137*	24
MLAB C5-C4	-0,4586*	24
RVA-KD	-0,6197**	24
RVA-PV/SV	0,4471*	24
STK-SAK	0,4246*	24
UN-PROT	0,4121*	24

* *: % 1 düzeyinde önemli *: % 5 düzeyinde önemli

İncelenen kalite özellikleri arasında yapılan korelasyon analizine göre miksolab C5 değeri ile önemli korelasyon veren kalite kriterleri kuru koşullarda Çizelge 4.259'da ve sulu koşullarda Çizelge 4.260'da verilmiştir. Kuru koşullarda C5 değeri ile bisküvi çapı arasında pozitif önemli korelasyon bulunmuştur (Şekil 4.67). Kuru koşullarda C5 değeri artışı ile alveo-konsistograf ve farinograf su absorpsiyonu ve farinograf gelişme süresi düşmüştür. Azalan zedelenmiş nişastaya bağlı olarak su absorpsiyonunun azalmasına paralel C5 değeri artmıştır.

Çizelge 4.259. Kuru koşullarda miksolab C5 değeri ile önemli korelasyon değeri veren kalite kriterleri

Kalite kriteri	Korelasyon katsayısı	n
ALVEO-Wa	-0,4987*	22
BİS-ÇAP	0,5351**	22
DANE-SOYS	0,4667*	22
FARİ-GS	-0,4457*	22
FARİ-SA	-0,4826*	22
KIR-CSDS	-0,4405*	22
KIR-PSI	0,5852**	22
MLAB-C1	0,4439*	22
MLAB-C5-C4	0,8206**	22
ÖĞ-B3	0,5368**	22
STK-SAK	-0,4261*	22
UN-ZEDN	-0,5426**	22

* *: % 1 düzeyinde önemli *: % 5 düzeyinde önemli

Çizelge 4.260. Sulu koşullarda miksolab C5 değeri ile önemli korelasyon değeri veren kalite kriterleri

Kalite kriteri	Korelasyon katsayısı	n
MLAB C5-C4	0,9061**	24
MLAB C3	0,4519*	24
ÖĞ-C2	-0,4094*	24
UN-ZEDN	-0,4021*	24

* *: % 1 düzeyinde önemli *: % 5 düzeyinde önemli

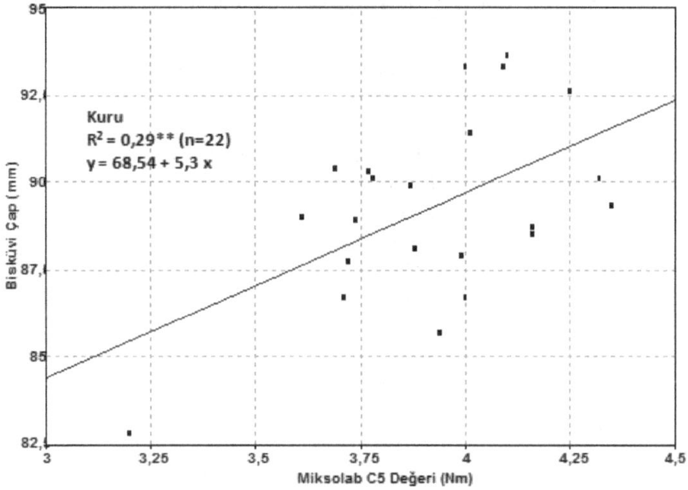

Şekil 4.67. Kuru koşullarda bisküvi çapı ile miksolab C5 değeri arasındaki ilişki

İncelenen kalite özellikleri arasında yapılan korelasyon analizine göre miksolab C5-C4 farkı ile önemli korelasyon veren kalite kriterleri kuru koşullarda Çizelge 4.261'de ve sulu koşullarda Çizelge 4.262'de verilmiştir. Kuru koşullarda bisküvi yayılma faktörünü açıklamak amacıyla yapılan stepwise analize göre kullanılabilecek Denklem 1 ve 3'de miksolab C5-C4 farkı yer almıştır. C5-C4 farkı nişasta retrogradasyonunun ölçüsüdür. Bisküvi yayılma faktörü ve çapı C5-C4 farkı ile kuru koşullarda pozitif önemli korelasyon vermiştir (Şekil 4.68). Kuru koşullarda farinograf ve alveo-konsistograf su absorpisyonu ve RVA-pik viskozite zamanı ile negatif korelasyon elde edilmiştir. Sulu koşullarda ise polimerik protein miktarı-2.pik ile negatif korelasyon dikkati çekmiştir. Artan zedelenmiş nişasta miktarı su miktarını arttırmış bu da retrogradasyon viskozitesini düşürmüştür.

Çizelge 4.261. Kuru koşullarda miksolab C5-C4 farkı ile önemli korelasyon değeri veren kalite kriterleri

Kalite kriteri	Korelasyon katsayısı	n
ALVEO-Wa	-0,626**	22
BİS-ÇAP	0,6142**	22
BİS-YFAK	0,4566*	22
DANE-SOYS	0,5211*	22
FARİ-GS	-0,5988**	22
FARİ-SA	-0,6571**	22
KIR-CSDS	-0,5003*	22
KIR-MSDS	-0,5732**	22
KIR-PSI	0,7273**	22
MLAB-C1	0,468*	22
MLAB-C5	0,8206**	22
ÖĞ-B3	0,5353*	22
RVA-PZ	-0,4381*	22
STK-SU	-0,5414**	22
UN-ZEDN	-0,6557**	22

* *: % 1 düzeyinde önemli *: % 5 düzeyinde önemli

Çizelge 4.262. Sulu koşullarda miksolab C5-C4 farkı ile önemli korelasyon değeri veren kalite kriterleri

Kalite kriteri	Korelasyon katsayısı	n
HPLC-TP2	-0,4184*	24
MLAB C3	0,5142*	24
MLAB C4-C3	-0,4586*	24
MLAB C5	0,9061**	24
ÖĞ-C2	-0,4192*	24
UN-ZEDN	-0,4295*	24

* *: % 1 düzeyinde önemli *: % 5 düzeyinde önemli

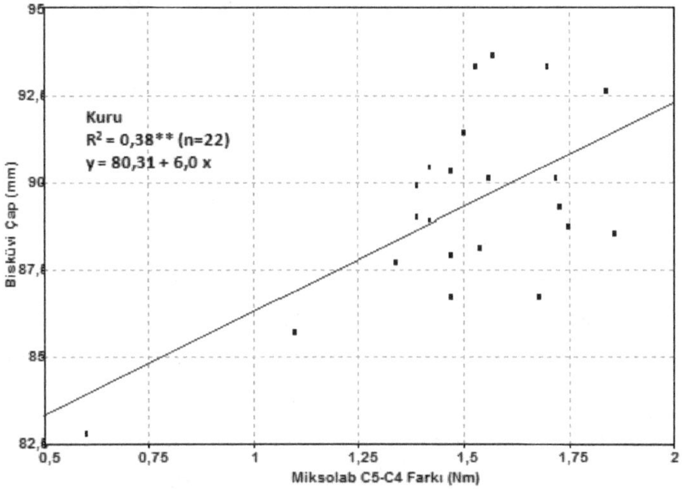

Şekil 4.68. Kuru koşullarda bisküvi çapı ile miksolab C5-C4 farkı arasındaki ilişki

4.11. Bisküvi Fiziksel Özellikleri

Unun bisküvilik kalitesinin belirlenmesi için en uygun işlem laboratuvar koşullarında bisküvi yapmaktır. Bir bisküvi çeşidi için ideal olan bir un bir başka çeşit için uygun olmayabilir (Finney 1989, Rogers vd. 1993). Kullanılan suyun miktarı, sıcaklığı, bileşimi, şekerin granül iriliği, fırının özellikleri, işlem aşamaları arasındaki zaman aralıkları, yoğurucu özellikleri de bisküvi özelliklerini etkilemektedir. Belli ebatlardaki hamurun standart şartlarda pişirilmesi sonucu bisküvi çapı ve kalınlığı bisküvilik unun kalitesinin tayininde önemli bir kriterdir. Geniş çaplı ve uniform yüzey çatlakları ki bu durum gevreklik ile ilgilidir yumuşak buğday ürünlerinde iyi kalite kabul edilir (Wade 1988, Miller ve Hooseney 1997). Yayılmasının kalınlığa oranı fazla olanlar bisküvilik kalitesi iyi olarak nitelendirilir (Özkaya 2008). AACC 10-54 metodu tel keski formülasyonu ile üretilen bisküvi fornülasyonarına uygundur ve yumuşak buğday unların bisküvilik kaltesinin belirlenmesinde kullanılan bir metottur. Pişirme sonrası geniş çap, daha düşük kalınlık ve uygun yapı yüksek kaliteli bisküvilik unları göstermektedir (Gaines 1982, Gaines 1991, Gaines vd. 1992a, Gaines vd. 1992b, Slade ve Levine 1994, Yamamoto vd. 1996). Yerli ve dış talep açısından kullanıcıların istedikleri yumuşak buğday kalite kriterleri belirtilmiştir. Buna göre bu buğdaylardan yapılan tel-keski bisküvide genişlik 62,9-66 mm, yükseklik < 8,4 mm istenmektedir (Souza ve Kweon 2010). Yumuşak buğdayların bisküvilik kalitesinin değerlendirlmesinde birçok kalite analizi ile bisküvi, çap, kalınlık, yayılma faktörü (çap/kalınlık) ve kırılma kuvveti arasındaki ilişkiler araştırılmıştır (Gaines vd. 1988, Bettge vd. 1989, Kaldy vd. 1991, Atlı vd. 1993, Demir 1994, Faridi vd. 1994, Souza vd. 1994, Öztürk 1998, Doğan ve Uğur 2004, Karaduman vd. 2005, Avcıoğlu vd. 2008, Colombo vd. 2008, Zhang vd. 2008, Souza ve Kweon 2010). Tekstür bisküvi kalitesinin belirlenmesinde, tüketici tercihleri ve tekrarlanabilir satışlar için oldukça önemli bileşendir. Değirmenciler, üreticiler ve çeşit geliştirme çalışmalarında yapılan değerlendirmelerde tekrarlanabilirlik ve istatistiksel değerlendirmeler için değişik bisküvi tekstür ölçümü cihazları kullanılmaktadır (Gaines vd. 1991). Bisküvi tekstürel özelliklerini belirlemede en çok kullanılan test, "üç nokta kırma testi" dir (Hornstein vd. 1943, Fogg ve Tinklin 1972, Curley ve Hoseney 1984, Bullock vd. 1992, Patel ve Venkateswara 1995, Sanchez vd. 1995, Keskin vd. 2005). Bisküvilik ve pasta yapım özellikleri iyi olan ve tescil ettirilip üretime sunulan kırmızı kışlık yumuşak buğdaylardan Merl çeşidinde bisküvi yayılma çapı 17.93-18.93 cm Griffey vd. (2011a); SW049029104 çeşidinde18.39-18.48 cm Griffey vd. (2011b); 3434 çeşidinde 17.08-18.81 cm Griffey vd. (2010a); Jamestown çeşidinde17.0-16.8 cm Griffey vd. (2010b); Shirley çeşidinde 17.15-18.65 cm Griffey vd. (2010c); USG 3555 çeşidinde17.1-16.8 cm Griffey vd. (2009a); 5205 çeşidinde 17.5-18.58 cm Griffey vd. (2009b) olduğu belirtilmiştir.

Çizelge 4.263'de kuru koşullarda ve 4.264'de sulu koşullarda örneklere ait bisküvilerin fiziksel özellikleri ile minumum, maksimum değerler birlikte verilmiştir. Kuru koşullarda 4, 2, 1, 3, 18, 23, 6, 19, 14 no'lu hatların çap değerleri 90,0 mm üzerindedir. En düşük çap değeri Bezostaja1'den elde edilmiştir (82,8 mm). 7, 12, 22, 11, 9 ve Çetinel2000'nin ise çap değerleri daha düşüktür. 18, 6, 17, 19, 4 ve 11'in kalınlık değerleri 9,0 mm ve altında; 2, 1, 22, 7 ve Bezostaja1'de 10,0 mm'nin üzerinde bulunmuştur. 18, 4, 6, 19, 17 no'lu hatlarda yayılma faktörü 10,0'ın üzerindedir, Bezostaja1, 22 ve 7 no'lu örneklerde ise yayılma faktörü düşüktür. 7 no'lu hat en düşük olmak üzere 9, 4, 18, 19, Bezostaja1, Gerek79 ve Ak702 düşük (3300,0 g-f altında); 17, 12, 3, 2, 22, 11 ve Yıldız98 yüksek kırılma kuvvetine sahip olmuşlardır (4000,0 g-f üzerinde).

Sulu koşullarda bisküvi örneklerinde 9, 19, 18, 1, 23, 11, Yıldız98 ve Ak702'de çap değerleri yüksektir. Bezostaja1 ve 7 no'lu hatta ise 80,0 mm'nin altında gerçekleşmiştir. 4, 2, 13 no'lu hatlarda da çap değerleri düşüktür. 6, 9, 3, 8, 22, 2, 18, 19, Gerek79 ve Ak702'de kalınlık değeri düşük bulunmuştur. Kalınlık değeri Bezostaja1'in 12,8 mm ile en yüksek olmuştur. Yine 21 ve 13 no'lu hatlarda 11,5 mm ve üzerindedir. 9 no'lu hattın yayılma faktörü 9,0'ın üzerinde en yüksektir. 6, 19, 18, 22 ve Ak702'nin yayılma faktörü de yüksek bulunmuştur. Bezostaja1, Çetinel2000, 13, 21 ve 7 no'lu örneklerde ise yayılma faktörü düşük olmuştur. Kırılma kuvveti 22, 23, 17, 8, 19 ve Çetinel2000'de düşük (2400,0 g-f altında); 21, 14, 12, 16, 4 ve Ak702'de yüksektir (3600,0 g-f üzeri).

Çizelge 4.263. Kuru koşullarda örneklerden yapılan bisküvilere ait bazı fiziksel özellikler *

Örnek no	Çap mm	Kalınlık mm	Yayılma faktörü	Kırılma kuvveti (g-f)	Renk değerleri		
					L*	a*	b*
1	93,3	10,5	8,9	3774,0	61,5	13,9	35,6
2	93,3	10,5	8,9	4185,2	58,9	14,3	34,9
3	92,6	9,6	9,7	4258,3	60,3	14,2	36,0
4	93,6	9,0	10,4	3202,8	63,2	12,2	34,8
Gerek79	88,5	9,3	9,5	3186,5	59,0	13,9	33,1
6	90,3	8,7	10,3	3570,9	60,2	13,2	33,7
7	86,0	10,1	8,5	2188,0	59,6	14,3	34,0
8	88,1	9,7	9,1	3743,1	59,0	15,0	33,9
9	87,9	9,7	9,1	3108,6	57,7	14,4	32,7
Yıldız98	88,2	9,9	8,9	4101,3	56,9	14,6	32,7
11	87,7	9,0	9,8	4004,7	62,1	11,7	33,5
12	86,7	9,7	8,9	4773,7	60,2	14,0	32,1
13	89,9	9,4	9,6	3877,2	58,5	14,4	34,0
14	90,1	9,3	9,6	3712,7	57,2	14,5	33,5
Ak702	88,9	9,7	9,2	3208,8	59,9	14,0	34,5
16	89,3	9,2	9,7	3522,7	61,6	13,0	34,3
17	89,0	8,8	10,1	4790,7	57,7	13,5	32,9
18	91,4	8,3	11,0	3231,5	60,2	13,6	35,7
19	90,1	8,8	10,2	3284,2	58,3	14,6	34,2
Bezostaja1	82,8	11,7	7,1	3182,9	62,4	13,1	33,5
21	88,7	9,7	9,1	3514,1	55,9	14,9	32,8
22	86,7	10,3	8,4	4149,6	58,4	13,6	33,3
23	90,4	9,3	9,7	3315,5	57,3	14,8	34,5
Çetinel2000	85,7	9,7	8,9	3500,8	60,1	14,1	34,7
Minimum	**82,8**	**8,3**	**7,1**	**2188**	**55,9**	**11,7**	**32,1**
Maksimum	**93,6**	**11,7**	**11**	**4790,7**	**63,2**	**15**	**36**

* 3 tekerrür ortalamasına göre

Çizelge 4.264. Sulu koşullarda örneklerden yapılan bisküvilere ait bazı fiziksel özellikler *

Örnek no	Çap mm	Kalınlık mm	Yayılma faktörü	Kırılma kuvveti (g-f)	Renk değerleri		
					L*	a*	b*
1	88,6	10,7	8,3	2499,3	64,6	12,5	34,5
2	82,5	10,3	8,0	2978,0	58,1	13,9	34,0
3	84,7	10,2	8,3	2683,0	61,6	13,4	36,0
4	81,5	10,8	7,6	3686,8	61,9	12,6	33,9
Gerek79	84,9	10,2	8,3	2615,2	63,4	11,3	37,4
6	86,9	9,9	8,8	2778,3	58,6	13,6	35,6
7	79,8	11,4	7,0	2770,8	66,5	11,0	33,0
8	84,4	10,2	8,3	2264,0	60,5	12,4	34,0
9	91,2	10,0	9,1	2774,3	57,7	14,2	37,4
Yıldız98	88,1	10,7	8,2	2948,8	66,5	9,2	34,7
11	87,5	10,9	8,0	3362,7	63,7	12,1	35,2
12	85,2	11,4	7,5	3880,8	66,8	9,5	35,6
13	83,4	11,5	7,3	3032,0	65,4	12,5	34,8
14	85,9	11,1	7,7	4477,2	65,5	10,1	33,5
Ak702	87,2	10,2	8,6	3761,6	62,8	11,4	35,2
16	86,1	11,2	7,7	3739,2	66,9	11,0	36,7
17	86,2	11,3	7,6	2004,7	68,9	10,1	37,2
18	89,2	10,4	8,5	2728,0	65,2	12,6	38,7
19	89,8	10,4	8,6	2385,0	67,7	9,0	36,8
Bezostaja1	78,0	12,8	6,1	2726,0	69,8	8,1	33,9
21	84,1	11,6	7,3	4750,3	70,6	5,8	31,1
22	85,4	10,2	8,4	1786,3	70,2	4,6	33,7
23	87,8	11,0	8,0	1991,4	65,0	8,9	35,8
Çetinel2000	84,3	11,3	7,4	1934,6	69,1	6,6	33,1
Minimum	**78**	**9,9**	**6,1**	**1786,3**	**57,7**	**4,6**	**31,1**
Maksimum	**91,2**	**12,8**	**9,1**	**4750,3**	**70,6**	**14,2**	**38,7**

* 3 tekerrür ortalamasına göre

İncelenen kalite özellikleri arasında yapılan korelasyon analizine göre bisküvi çap değeri ile önemli korelasyon veren kalite kriterleri kuru koşullarda Çizelge 4.265'de ve sulu koşullarda Çizelge 4.266'da verilmiştir.

Çizelge 4.265. Kuru koşullarda bisküvi çap değeri ile önemli korelasyon değeri veren kalite kriterleri

Kalite kriteri	Korelasyon katsayısı	n
ALVEO-Wa	-0,5261**	24
ASTK	-0,5313**	24
BİS-KAL	-0,4032*	24
BİS-YFAK	0,6448**	24
FARİ-GS	-0,5509**	24
FARİ-SA	-0,5687**	24
KIR-PSI	0,5247**	24
MLAB-C5	0,5351**	22
MLAB-C5-C4	0,6142**	22
ÖĞ-B3	0,4272*	24
STK-LAK	0,4257*	24
STK-SKAR	-0,4096*	24
UN-ZEDN	-0,5707**	24

* *: % 1 düzeyinde önemli *: % 5 düzeyinde önemli

Çizelge 4.266. Sulu koşullarda bisküvi çap değeri ile önemli korelasyon değeri veren kalite kriterleri

Kalite kriteri	Korelasyon katsayısı	n
ALVEO- Wa	-0,4399*	24
BİS-KAL	-0,5828**	24
BİS-YFAK	0,8041**	24
DANE-HL	-0,4959*	24
DANE-SOYS	0,4919*	24
EX- Rm135'	-0,4177*	23
EX-R5135'	-0,4481*	23
KIR-PSI	0,5303**	24
MLAB C1	-0,4341*	24
MLAB C2	-0,4629*	24
STK-SU	-0,4724*	24
UN-ZSED	-0,4381*	24

* *: % 1 düzeyinde önemli *: % 5 düzeyinde önemli

İncelenen kalite özellikleri arasında yapılan korelasyon analizine göre bisküvi kalınlık değeri ile önemli korelasyon veren kalite kriterleri kuru koşullarda Çizelge 4.267'de ve sulu koşullarda Çizelge 4.268'de verilmiştir.

Çizelge 4.267. Kuru koşullarda bisküvi kalınlık değeri ile önemli korelasyon değeri veren kalite kriterleri

Kalite kriteri	Korelasyon katsayısı	n
ALVEO-D250	-0,4440*	24
ALVEO-D450	-0,5635**	23
ALVEO-Prmaks	-0,5893**	24
ALVEO-Wa	0,4983*	24
ASTK	0,7598**	24
BİS-ÇAP	-0,4032*	24
BİS-YFAK	-0,9502**	24
DANE-BDA	0,46*	24
DANE-HL	0,525**	24
DANE-SOYS	-0,4126*	24
DSC-JBS	-0,4286*	24
FARİ-SA	0,8248**	24
KIR-PSI	-0,440*	24
MLAB-C3	0,5488**	22
MLAB-C3-C2	0,5187*	22
ÖĞ-B1	0,4267*	24
ÖĞ-B3	-0,6261**	24
ÖĞ-C2	0,4531*	24
RVA-JBS	-0,5241**	24
STK-SAK	0,5402**	24
STK-SU	0,5144**	24
UN-ZEDN	0,6762**	24

* *: % 1 düzeyinde önemli *: % 5 düzeyinde önemli

Çizelge 4.268. Sulu koşullarda bisküvi kalınlık değeri ile önemli korelasyon değeri veren kalite kriterleri

Kalite kriteri	Korelasyon katsayısı	n
ALVEO-T	0,4961*	24
ALVEO-Fb(40)	0,4822*	23
ALVEO-T/A	0,5279**	24
ASTK	0,5201**	24
BİS-ÇAP	-0,5828**	24
BİS-YFAK	-0,9449**	24
EX-R545'	0,4184*	23
EX-R590'	0,4329*	24
KIR-a*	0,4291*	24
KIR-MSDS	0,4096*	24
KIR-PSI	-0,5874**	24
MLAB C1	0,4858*	24
MLAB C2	0,4379*	24
MLAB C2-C1	-0,4764*	24
ÖĞ-C3	0,4873*	24
RVA-İD	-0,4535*	24
RVA-PV	-0,4241*	24
RVA-PV/SV	-0,4181*	24
STK-SU	0,6193**	24
UN-ZEDN	0,6696**	24

* *: % 1 düzeyinde önemli *: % 5 düzeyinde önemli

İncelenen kalite özellikleri arasında yapılan korelasyon analizine göre bisküvi kırılma kuvveti ile önemli korelasyon veren kalite kriterleri kuru koşullarda Çizelge 4.269'da ve sulu koşullarda Çizelge 4.270'de verilmiştir.

Çizelge 4.269. Kuru koşullarda bisküvi kırılma kuvveti ile önemli korelasyon değeri veren kalite kriterleri

Kalite kriteri	Korelasyon katsayısı	n
DSC-JBS	-0,4074*	24
DSC-JE	0,5404**	24
EX-A45'	-0,5017*	24
EX-A90'	-0,4336*	21
EX-E135'	-0,5412**	24
EX-E45'	-0,586**	24
EX-E90'	-0,5213*	20
KIR-MSDS	-0,4813*	24
ÖĞ-C1	-0,4507*	24
ÖĞ-C2	-0,6324**	24
ÖĞ-İUNU	-0,470*	24
RVA-İSV	-0,5213**	24
RVA-PV	-0,4068*	24
RVA-PZ	-0,4974*	24
RVA-SV	-0,4399*	24

* *: % 1 düzeyinde önemli *: % 5 düzeyinde önemli

Çizelge 4.270. Sulu koşullarda bisküvi kırılma kuvveti ile önemli korelasyon değeri veren kalite kriterleri

Kalite kriteri	Korelasyon katsayısı	n
ÖĞ-C2	-0,5695**	24
ÖĞ-İUNU	-0,5547**	24
EX-E135'	-0,4951*	23
ÖĞ-UNV	-0,4629*	24
ÖĞ-TUN	-0,4488*	24
ÖĞ-İKEP	0,4056*	24

* *: % 1 düzeyinde önemli *: % 5 düzeyinde önemli

İncelenen kalite özellikleri arasında yapılan korelasyon analizine göre bisküvi yayılma faktörü ile önemli korelasyon veren kalite kriterleri kuru koşullarda Çizelge 4.271'de ve sulu koşullarda Çizelge 4.272'de verilmiştir.

Çizelge 4.271. Kuru koşullarda bisküvi yayılma faktörü ile önemli korelasyon değeri veren kalite kriterleri

Kalite kriteri	Korelasyon katsayısı	n
ALVEO-D450	0,4974*	23
ALVEO-Prmaks	0,580**	24
ALVEO-Wa	-0,5667**	24
ASTK	-0,7846**	24
BİS-ÇAP	0,6448**	24
BİS-KAL	-0,9502**	24
FARİ-SA	-0,8278**	24
KIR-PSI	0,4485*	24
MLAB-C3	-0,4643*	22
MLAB-C3-C2	-0,4583*	22
MLAB-C5-C4	0,4566*	22
ÖĞ-B3	0,6209**	24
ÖĞ-C2	-0,4417*	24
RVA-JBS	0,4820*	24
STK-SAK	-0,5299**	24
STK-SU	-0,5068*	24
UN-ZEDN	-0,6960**	24

* *: % 1 düzeyinde önemli *: % 5 düzeyinde önemli

Çizelge 4.272. Sulu koşullarda bisküvi yayılma faktörü ile önemli korelasyon değeri veren kalite kriterleri

Kalite kriteri	Korelasyon katsayısı	n
ALVEO-T	-0,4496*	24
ALVEO-Fb(40)	-0,4531*	23
ALVEO-T/A	-0,4284*	24
ASTK	-0,4896*	24
BİS-ÇAP	0,8041**	24
BİS-KAL	-0,9449**	24
DANE-SOYS	0,4154*	24
EX-R590'	-0,4146*	24
KIR-MSDS	-0,4062*	24
KIR-PSI	0,5812**	24
MLAB C1	-0,4542*	24
MLAB C2	-0,4450*	24
MLAB C2-C1	0,4222*	24
ÖĞ-C3	-0,4352*	24
STK-SU	-0,585**	24
UN-ZEDN	-0,5776**	24

* *: % 1 düzeyinde önemli *: % 5 düzeyinde önemli

4.12. Bisküvi Duyusal Özellikleri

Duyusal değerlendirme, gıdaların çeşitli karakterlerine görme, koklama, tatma, dokunma veya işitme duyularının tepkilerini oluşturan, ölçen, analizleyen ve yorumlayan bir disiplin olarak tanımlanmaktadır. Bir gıda maddesinin piyasada kabulü, sözkonusu gıdanın tüketici gereksinim ve spesifikasyonlarına uygun şekilde imal edilemesine bağlıdır. Gıda kalite karakteristikleri içerisinde tüketici tarafından kontrol edilebilenler yalnızca duyusal özelliklerdir. Bu nedenle de tüketici tercih çalışmalarında gıdaların görünüş, lezzet, doku ve diğer duyusal karakteristiklerine tüketicilerin gösterdikleri tepkilerin belirlenmesi amacı ile duyusal değerlendirmelerden faydalanılmaktadır (Onoğur ve Elmacı 2011). Osella vd. (2008) yaptıkları çalışmada bisküvilerin pişmeden 1 saat sonra duyusal özelliklerini değerlendirmişler ve 3 tecrübeli panelist kullanmışlar ve Sanchez vd. (1996) kullanılan metoda göre değerlendirme yapmışlardır. Buna göre renk 10 puan, yüzey görünüm 10 puan, taban görünüm 10 puan, kabarma 10 puan, tekstür 10 puan, gevreklik 10, ağızda dağılma 15 ve tad 25 puan üzerinden değerlendirilmiştir. Geniş çaplı ve uniform yüzey çatlakları ki bu durum gevreklik ile ilgilidir yumuşak buğday ürünlerinde iyi kalite kabul edilmektedir (Wade 1988, Miller ve Hooseney 1997).

Çizelge 4.273'de kuru koşullarda ve 4.274'de sulu koşullarda örneklere ait bisküvilerin duyusal özellikleri ile minumum, maksimum değerler birlikte verilmiştir. Kuru koşullarda 9 ve Yıldız98 12,0'ın üzerinde olmak üzere 18, 12 ve Ak702 yüzey görünüm özellikleri bakımından yüksek puan almışlardır. 22, 11, 6, 8 ve 21'inde puanları iyidir. Bezostaja1 ve Çetinel2000'de yüzey görünüm özellikleri puanı 8,0'ın altında düşük olmuştur. 1, 16, 14 ve 19 yüzey görünüm özellikleri puanı da düşüktür. Kesit özellikleri bakımından 18, 11, 12, 9, 13, 21, Yıldız98 ve Ak702 yüksek puana sahiptirler. 2, 6, 16, 3, 7, Bezostaja1 ve Çetinel2000'nin kesit özellikleri puanı ise düşüktür. Tadım özellikleri bakımından 12, 9, 21, 2, 14, Yıldız98 ve Ak702 en yüksek puanı alan örnekler olmuştur. 23, 22, 3, 4, 6, 17, Bezostaja1 ve Çetinel2000'nin ise tadım özellikleri puanı daha düşük bulunmuştur. Toplam duyusal özellik puanı 9, 12, 18 ve Yıldız98'de 50,0'nin üzerindedir. Ak702, 21, 11 ve 13 no'lu örneklerinde 45,0'ın üzerinde yüksek duyusal özellik puanı vardır. 23, 3, 6, 16, Bezostaja1 ve Çetinel2000'nin toplam duyusal özellik puanı ise düşüktür.

Sulu koşullarda 2, 6, 17, 18, 3, 13, 1 ve 16'nın yüzey görünüm özellikleri bakımından yüksek puan alırken (10,0'un üzerinde); 7, 11, 9, 14, 22, Bezostaja ve Yıldız98 ise 7,0 ve altında düşük puan almıştır. 17 no'lu hat 20,0 puan ile en yüksek kesit özelliği puanına sahiptir. 21, 18, 22, 16, 6, 14 ve Çetinel2000 iyi kesit özelliği puanına sahiplerdir. 9, Bezostaja1, Yıldız98 ve Gerek79'un ise kesit özelikleri puanı düşüktür. Tadım özellikleri puanı Ak702 çeşidinin en yüksektir (20,7). 18, 2, 6, 13, 21, 9 ve 16 no'lu hatlar 17,0 puanın üzerinde yüksek tadım özellikleri puanı almışlardır. 4, 23, 7, 1, Gerek79 ve Bezostaja1'in ise tadım özellikleri puanları düşüktür. 6, 18, 2, 21, 16, 17, 13, 3 ve Ak702'nin toplam duyusal özellik puanı yüksek olmuştur. 7, 4, 23, 9, Bezostaja1, Yıldız98 ve Gerek79'un ise toplam duyusal özellik puanı düşüktür.

Çizelge 4.273. Kuru koşullarda örneklerden yapılan bisküvilere ait duyusal özellikler *

Örnek no	**Yüzey Görünüm Özellikleri**	A) Parlaklık-Matlık	B) Renk	C) Yüzey Düzgünlüğü	**Kesit Özellikleri**	A) Kesit Yapısı	Sıkı Yapı	Gözenek Dağılımı	Kabuk İnceliği	B) Kesit Rengi	İç Renk	Kabuk-İç Renk Farkı	**Tadım Özellikleri**	A) Isırma Özellikleri	Sertlik	Gevreklik	B) Çiğneme Ve Yutma	Ağızda Dağılma	Damağa Yapışmama	C) Tad Ve Koku	**Toplam**
1	8,3	3,0	2,3	3,0	17,3	9,8	3,5	2,8	3,5	7,6	3,3	4,3	16,3	6,3	3,0	3,3	6,8	3,5	3,3	3,3	41,8
2	9,5	2,8	3,0	3,8	13,8	8,7	3,3	2,8	2,7	5,2	2,5	2,7	18,3	8,0	4,0	4,0	7,0	3,5	3,5	3,3	41,7
3	9,9	2,5	3,7	3,8	15,3	9,8	3,3	3,5	3,0	5,6	3,3	2,3	14,3	6,0	3,0	3,0	5,0	2,5	2,5	3,3	39,5
4	9,8	2,5	3,8	3,5	16,3	9,0	2,8	3,0	3,3	7,3	3,3	4,0	14,3	5,8	3,0	2,8	5,5	2,8	2,8	3,0	40,3
Gerek79	9,9	3,3	3,7	3,0	16,8	11,0	3,8	3,5	3,8	5,8	3,0	2,8	17,5	7,5	3,8	3,8	6,5	3,3	3,3	3,5	44,2
6	10,3	3,7	3,3	3,3	14,0	8,7	2,7	3,0	3,0	5,3	3,0	2,3	15,3	6,0	2,7	3,3	6,0	3,0	3,0	3,3	39,7
7	9,7	3,3	3,3	3,0	15,3	9,3	3,0	3,0	3,3	6,0	3,0	3,0	16,7	7,3	4,0	3,3	6,3	3,3	3,0	3,0	41,7
8	10,3	3,7	3,7	3,0	15,7	9,7	3,3	3,0	3,3	6,0	3,3	2,7	17,3	7,0	3,7	3,3	6,3	3,3	3,0	4,0	43,3
9	12,8	4,3	4,0	4,5	19,5	11,0	3,3	3,3	4,5	8,5	4,0	4,5	19,8	8,0	4,3	3,8	7,3	3,5	3,8	4,5	52,0
Yıldız98	12,3	3,5	4,5	4,3	21,3	12,8	4,5	4,3	4,0	8,5	4,5	4,0	22,3	9,0	4,5	4,5	9,0	4,5	4,5	4,3	55,8
11	10,3	4,0	3,0	3,3	19,7	12,0	3,7	4,3	4,0	7,7	3,7	4,0	16,0	6,3	3,0	3,3	6,0	3,0	3,0	3,7	46,0
12	11,0	3,5	3,8	3,8	19,5	12,3	4,3	3,8	4,3	7,3	3,5	3,8	20,8	9,0	4,5	4,5	8,0	4,0	4,0	3,8	51,3
13	9,7	3,0	3,7	3,0	18,7	11,3	3,7	4,0	3,7	7,3	4,0	3,3	17,0	6,3	3,3	3,0	7,0	3,7	3,3	3,7	45,3
14	9,0	2,7	3,3	3,0	17,0	10,2	3,3	3,3	3,5	6,8	3,3	3,5	18,0	6,7	3,3	3,3	7,7	4,0	3,7	3,7	44,0
Ak702	10,7	3,3	3,7	3,7	20,0	12,0	4,0	4,0	4,0	8,0	4,0	4,0	18,3	7,0	3,3	3,7	7,7	4,0	3,7	3,7	49,0
16	8,7	2,7	2,7	3,3	15,2	8,3	3,0	2,7	2,7	6,8	3,3	3,5	16,2	6,5	3,5	3,0	6,3	3,3	3,0	3,3	40,0
17	9,5	3,0	3,0	3,5	16,5	10,5	4,0	3,5	3,0	6,0	3,0	3,0	15,5	6,0	3,0	3,0	6,0	3,0	3,0	3,5	41,5
18	11,5	4,3	3,8	3,5	21,4	12,8	4,5	4,3	4,0	8,7	4,0	4,7	17,2	7,0	3,3	3,8	6,5	3,3	3,3	3,7	50,1
19	9,3	3,3	3,3	2,7	16,0	10,3	4,0	3,3	3,0	5,7	2,7	3,0	16,7	7,0	3,3	3,7	6,3	3,3	3,0	3,3	42,0
Bezostaja1	7,7	3,3	2,3	2,0	11,7	6,7	2,0	2,0	2,7	5,0	2,3	2,7	13,8	6,5	3,5	3,0	4,7	2,3	2,3	2,7	33,2
21	10,3	2,8	4,0	3,5	17,5	10,8	3,5	3,5	3,8	6,8	3,5	3,3	18,5	7,5	3,8	3,8	7,0	3,5	3,5	4,0	46,3
22	10,3	3,0	4,0	3,3	16,0	10,0	3,3	3,7	3,0	6,0	3,0	3,0	13,8	4,5	2,5	2,0	6,0	3,0	3,0	3,3	40,2
23	9,5	3,0	3,5	3,0	16,5	11,0	4,0	4,0	3,0	5,5	3,0	2,5	13,0	5,0	2,5	2,5	5,0	2,5	2,5	3,0	39,0
Çetinel2000	7,5	2,8	3,0	1,8	15,3	9,7	3,0	3,0	3,7	5,7	2,7	3,0	14,3	5,3	2,5	2,8	6,0	3,0	3,0	3,0	37,1
Minimum	**7,5**	**2,5**	**2,3**	**1,8**	**11,7**	**6,7**	**2**	**2**	**2,7**	**5**	**2,3**	**2,3**	**13**	**4,5**	**2,5**	**2**	**4,7**	**2,3**	**2,3**	**2,7**	**33,2**
Maksimum	**12,8**	**4,3**	**4,5**	**4,5**	**21,4**	**12,8**	**4,5**	**4,3**	**4,5**	**8,7**	**4,5**	**4,7**	**22,3**	**9**	**4,5**	**4,5**	**9**	**4,5**	**4,5**	**4,5**	**55,8**

* 3 tekerrür ortalamasına göre

Çizelge 4.274. Sulu koşullarda örneklerden yapılan bisküvilere ait duyusal özellikler *

Örnek No	**Yüzey Görünüm Özellikleri**	a) Parlaklık-matlık	b) Renk	c) Yüzey Düzgünlüğü	**Kesit Özellikleri**	a) Kesit Yapısı	Sıkı Yapı	Gözenek Dağılımı	Kabuk İnceliği	b) Kesit Rengi	İç Renk	Kabuk-İç Renk Farkı	**Tadım Özellikleri**	a) Isırma Özellikleri	Sertlik	Gevreklik	b) Çiğneme ve Yutma	Ağızda dağılma	Damağa Yapışmama	c) Tad ve Koku	**Toplam**
1	10,4	4,3	3,7	2,5	15,8	9,0	2,8	2,3	4,0	6,8	2,8	4,0	13,3	6,3	3,3	3,0	5,1	2,8	2,3	2,0	39,5
2	12,4	4,5	4,3	3,7	15,9	9,8	3,0	3,3	3,5	6,2	3,5	2,7	18,3	7,3	3,3	4,0	7,8	4,0	3,8	3,3	46,6
3	11,0	3,5	4,3	3,3	15,8	9,6	3,0	3,3	3,3	6,3	3,3	3,0	15,5	6,5	3,5	3,0	6,0	2,5	3,5	3,0	42,3
4	9,2	2,7	3,3	3,3	15,5	9,0	3,0	2,5	3,5	6,5	3,0	3,5	11,2	5,2	2,7	2,5	4,0	2,3	1,8	2,0	35,8
Gerek79	9,5	3,3	3,5	2,8	13,8	8,3	2,3	2,8	3,3	5,6	2,3	3,3	13,3	6,1	3,3	2,8	4,8	2,8	2,0	2,5	36,7
6	12,3	4,3	3,5	4,5	17,7	11,8	4,0	3,8	4,0	5,9	3,3	2,7	18,0	7,3	3,5	3,8	7,8	4,3	3,5	3,0	47,9
7	5,4	1,8	1,7	2,0	15,0	9,5	2,5	3,0	4,0	5,5	2,5	3,0	11,3	5,3	2,5	2,8	4,0	2,0	2,0	2,0	31,7
8	7,5	2,3	2,5	2,8	15,0	10,1	3,3	3,3	3,5	4,9	2,3	2,7	15,8	6,5	3,0	3,5	6,3	2,8	3,5	3,0	38,3
9	6,9	2,8	2,5	1,7	11,2	8,1	3,3	3,3	1,5	3,1	1,8	1,3	18,0	6,8	3,3	3,5	6,8	3,3	3,5	4,5	36,1
Yıldız98	6,0	2,0	1,3	2,8	13,5	7,8	2,5	2,0	3,3	5,8	2,8	3,0	13,6	5,4	2,8	2,7	5,5	2,8	2,8	2,7	33,1
11	6,3	2,8	2,3	1,3	15,4	9,7	3,0	3,0	3,7	5,8	3,3	2,5	16,8	6,5	3,0	3,5	7,0	3,5	3,5	3,3	38,4
12	8,1	3,0	2,3	2,8	16,3	9,6	3,3	3,3	3,0	6,8	3,3	3,5	16,0	6,3	3,5	2,8	6,0	3,0	3,0	3,8	40,4
13	10,7	3,0	4,0	3,7	15,3	8,7	3,0	3,0	2,7	6,7	3,7	3,0	17,7	7,7	4,0	3,7	6,7	3,3	3,3	3,3	43,7
14	7,0	2,0	2,8	2,3	17,3	10,3	3,3	3,3	3,8	7,0	3,5	3,5	15,8	6,0	2,8	3,3	6,6	3,3	3,3	3,3	40,1
Ak702	9,3	3,3	3,3	2,7	15,0	9,0	3,0	3,0	3,0	6,0	3,3	2,7	20,7	8,0	4,3	3,7	9,0	4,3	4,7	3,7	45,0
16	10,3	3,3	3,7	3,3	17,7	10,3	3,3	3,7	3,3	7,3	3,3	4,0	17,3	7,0	3,7	3,3	7,3	3,7	3,7	3,0	45,3
17	11,7	4,0	3,7	4,0	20,0	11,7	3,7	3,7	4,3	8,3	4,0	4,3	13,7	5,7	3,0	2,7	5,0	2,3	2,7	3,0	45,3
18	11,0	3,3	4,0	3,8	18,0	10,3	3,3	3,3	3,8	7,8	3,5	4,3	18,3	7,5	3,8	3,8	7,3	3,5	3,8	3,5	47,3
19	9,5	3,0	3,0	3,5	16,8	9,8	3,0	3,3	3,5	7,0	3,5	3,5	15,8	7,0	3,5	3,5	6,0	3,3	2,8	2,8	42,0
Bezostaja1	5,8	3,0	1,8	1,0	10,5	5,8	1,5	1,3	3,0	4,8	1,8	3,0	13,0	5,3	3,0	2,3	5,3	2,8	2,5	2,5	29,3
21	9,0	2,8	3,0	3,3	18,8	11,0	3,8	3,5	3,8	7,8	4,0	3,8	17,3	6,8	3,0	3,8	7,0	3,5	3,5	3,5	45,0
22	7,0	2,3	2,3	2,5	17,8	11,3	3,5	3,8	4,0	6,5	3,3	3,3	15,8	6,8	3,5	3,3	6,0	3,0	3,0	3,0	40,5
23	9,2	2,7	3,0	3,5	16,7	10,2	3,3	3,3	3,7	6,5	3,3	3,3	10,8	4,8	2,5	2,3	4,0	2,3	1,8	2,0	36,6
Çetinel2000	8,0	2,7	2,3	3,0	17,3	11,7	4,0	4,0	3,7	5,7	3,0	2,7	16,0	5,3	2,7	2,7	7,7	4,0	3,7	3,0	41,3
Minimum	**5,4**	**1,8**	**1,3**	**1**	**10,5**	**5,8**	**1,5**	**1,3**	**1,5**	**3,1**	**1,8**	**1,3**	**10,8**	**4,8**	**2,5**	**2,3**	**4**	**2**	**1,8**	**2**	**29,3**
Maksimum	**12,4**	**4,5**	**4,3**	**4,5**	**20**	**11,8**	**4**	**4**	**4,3**	**8,3**	**4**	**4,3**	**20,7**	**8**	**4,3**	**4**	**9**	**4,3**	**4,7**	**4,5**	**47,9**

* 3 tekerrür ortalamasına göre

İncelenen kalite özellikleri arasında yapılan korelasyon analizine göre bisküvi yüzey görünüm özellikleri puanı ile önemli korelasyon veren kalite kriterleri kuru koşullarda Çizelge 4.275'de ve sulu koşullarda Çizelge 4.276'da verilmiştir. Kuru koşullarda alveo-konsistograf ve farinograf su absorpsiyonu, polimerik protein miktarı-2. pik, miksolab stabilite, RVA pik viskozite zamanı ile negatif; RVA incelme değeri ve pik viskozite/son viskozite oranı ile pozitif korelasyon bulunmuştur. Sulu koşullarda ise yüzey görünüm özellikleri puanı ile alveo-konsistograf uzama kabiliyeti, uzayabilirlik, elastkiyet indeksi ile pozitif ve direnç/uzama kabiliyeti arasında negatif; miksolab C2-

C1 farkı ve stabilite değeri arasında pozitif ve C1 değeri arasında negatif; polimerik protein miktarı-1. pik ile pozitif korelasyon gözlenmiştir. Miksolab stabilite ile kuru koşullarda negatif ve sulu koşullarda pozitif korelasyon vardır.

Çizelge 4.275. Kuru koşullarda bisküvi yüzey görünüm özellikleri puanı ile önemli korelasyon değeri veren kalite kriterleri

Kalite kriteri	Korelasyon katsayısı	n
ALVEO-Wa	-0,4775*	24
BİS-DPUAN	0,8442**	24
BİS-KÖ	0,7048**	24
BİS-TÖ	0,6334**	24
FARİ-SA	-0,4694*	24
HPLC-TP2	-0,4869*	24
KIR-MSDS	-0,5649**	24
MLAB-STAB	-0,5764**	22
ÖĞ-C2	-0,4107*	24
ÖĞ-İUNU	-0,5163**	24
ÖĞ-TUN	-0,4352*	24
RVA-İD	0,4474*	24
RVA-PV/SV	0,4803*	24
RVA-PZ	-0,4343*	24

* *: % 1 düzeyinde önemli *: % 5 düzeyinde önemli

Çizelge 4.276. Sulu koşullarda bisküvi yüzey görünüm özellikleri puanı ile önemli korelasyon değeri veren kalite kriterleri

Kalite kriteri	Korelasyon katsayısı	n
ALVEO-A	0,6149**	24
ALVEO-Ex	0,5962**	24
ALVEO-Iec	0,4817*	23
ALVEO-T/A	-0,5325**	24
ASTK	-0,5618**	24
BİS-DPUAN	0,7936**	24
BİS-KÖ	0,5076*	24
HPLC-TP1	0,4456*	24
MLAB C1	-0,4765*	24
MLAB C2-C1	0,5267**	24
MLAB STAB	0,5617**	24
STK-SAK	-0,4111*	24
STK-SKAR	-0,4637*	24
STK-SU	-0,4711*	24

* *: % 1 düzeyinde önemli *: % 5 düzeyinde önemli

İncelenen kalite özellikleri arasında yapılan korelasyon analizine göre bisküvi kesit özellikleri puanı ile önemli korelasyon veren kalite kriterleri kuru koşullarda Çizelge 4.277'de ve sulu koşullarda Çizelge 4.278'de verilmiştir. Kuru koşullarda ve sulu koşullarda kesit özellikleri puanı ile alveo-konsistograf su absorpsiyonu arasında negatif korelasyon elde edilmiştir. Miksolab stabilite ile kuru koşullarda negatif ve sulu koşullarda pozitif korelasyon vardır. Kuru koşullarda alveo-konsistograf enerji, ekstensograf 135.' enerji, farinograf gelişme süresi ve su absorpsiyonu ile kesit özellikleri puanı arasında negatif korelasyon belirlenmiştir. Sulu koşullarda kesit özellikleri puanı ile miksolab C1 ve C2 değeri arasında negatif, C2-C1 farkı arasında pozitif korelasyon bulunmuştur.

Çizelge 4.277. Kuru koşullarda bisküvi kesit özellikleri puanı ile önemli korelasyon değeri veren kalite kriterleri

Kalite kriteri	Korelasyon katsayısı	n
ALVEO-Fb	-0,4398*	24
ALVEO-Wa	-0,438*	24
BİS-DPUAN	0,8979**	24
BİS-TÖ	0,6134**	24
BİS-YGÖ	0,7048**	24
EX-A135'	-0,5027*	24
FARİ-GS	-0,4402*	24
FARİ-SA	-0,5067*	24
KIR-MSDS	-0,5417**	24
KIR-PSI	0,4497*	24
MLAB-STAB	-0,4251*	22
ÖĞ-B3	0,4249*	24
ÖĞ-C2	-0,4068*	24
ÖĞ-İUNU	-0,5331**	24
ÖĞ-TUN	-0,4816*	24
UN-ZEDN	-0,4197*	24

* *: % 1 düzeyinde önemli *: % 5 düzeyinde önemli

Çizelge 4.278. Sulu koşullarda bisküvi kesit özellikleri puanı ile önemli korelasyon değeri veren kalite kriterleri

Kalite kriteri	Korelasyon katsayısı	n
ALVEO-Wa	-0,4611*	24
ASTK	-0,4203*	24
BİS-DPUAN	0,7191**	24
BİS-YGÖ	0,5076*	24
MLAB C1	-0,6253**	24
MLAB C2	-0,5054*	24
MLAB C2-C1	0,6511**	24
MLAB STAB	0,4742*	24
STK-SU	-0,477*	24

* *: % 1 düzeyinde önemli *: % 5 düzeyinde önemli

İncelenen kalite özellikleri arasında yapılan korelasyon analizine göre bisküvi tekstür özellikleri puanı ile önemli korelasyon veren kalite kriterleri kuru koşullarda Çizelge 4.279'da ve sulu koşullarda Çizelge 4.280'de verilmiştir. Kuru koşullarda tekstür özellikleri puanı ile alveo-konsistograf gelişme süresi, ekstensograf 90.' maksimum ve 5.' uzama direnci, farinograf ve miksolab stabilite, RVA pik viskozite zamanı arasında önemli negatif korelasyon dikkati çekmiştir. Sulu koşullarda ise farinograf yoğurma tolerans sayısı ile pozitif korelasyon bulunmuştur.

Çizelge 4.279. Kuru koşullarda bisküvi tekstür özellikleri puanı ile önemli korelasyon değeri veren kalite kriterleri

Kalite kriteri	Korelasyon katsayısı	n
ALVE0-TPrmaks	-0,4263*	24
BİS-DPUAN	0,874**	24
BİS-KÖ	0,6134**	24
BİS-YGÖ	0,6334**	24
EX-R590'	-0,5032*	21
EX-Rm90'	-0,4361*	21
FARİ-GS	-0,4344*	24
FARİ-STAB	-0,4456*	24
KIR-MSDS	-0,5861**	24
MLAB-STAB	-0,5954**	22
ÖĞ-İUNU	-0,5274**	24
ÖĞ-TUN	-0,4823*	24
RVA-PZ	-0,660**	24
UN-PROT	-0,4488*	24
UN-ZSED	-0,5253**	24

* *: % 1 düzeyinde önemli *: % 5 düzeyinde önemli

Çizelge 4.280. Sulu koşullarda bisküvi tekstür özellikleri puanı ile önemli korelasyon değeri veren kalite kriterleri

Kalite kriteri	Korelasyon katsayısı	n
BİS-DPUAN	0,7046**	24
FARİ-YT	0,5024*	24
ÖĞ-KKEP	0,4481*	24
UN-GI	-0,4724*	24

* *: % 1 düzeyinde önemli *: % 5 düzeyinde önemli

İncelenen kalite özellikleri arasında yapılan korelasyon analizine göre bisküvi toplam duyusal puanı ile önemli korelasyon veren kalite kriterleri kuru koşullarda Çizelge 4.281'de ve sulu koşullarda Çizelge 4.282'de verilmiştir. Toplam duyusal puan ile kuru koşullarda alveo-konistograf gelişme süresi ve su absorpsiyonu ve sulu koşullarda direnç/uzama kabiliyeti arasında negatif korelasyon vardır. Farinograf gelişme süresi ve su absorpisyonu ile de kuru koşullarda negatif korelasyon vardır. Kuru koşullarda miksolab stabilite ve sulu koşullarda miksolab C1, C2 ve C2-C1 farkı ile toplam duyusal puan arasındaki negatif korelasyon dikkati çekmiştir. Kuru koşullarda RVA pik viskozite zamanı ile negatif önemli korelasyon elde edilmiştir.

Çizelge 4.281. Kuru koşullarda bisküvi toplam duyusal puanı ile önemli korelasyon değeri veren kalite kriterleri

Kalite kriteri	Korelasyon katsayısı	
ALVEO-TPrmaks	-0,4288*	24
ALVEO-Wa	-0,4183*	24
BİS-KÖ	0,8979**	24
BİS-TÖ	0,874**	24
BİS-YGÖ	0,8442**	24
FARİ-GS	-0,4861*	24
FARİ-SA	-0,4481*	24
KIR-MSDS	-0,6431**	24
KIR-PSI	0,4235*	24
MLAB-STAB	-0,6137**	22
ÖĞ-C2	-0,4268*	24
ÖĞ-İUNU	-0,6018**	24
ÖĞ-TUN	-0,538**	24
RVA-PZ	-0,5582**	24
UN-ZSED	-0,4437*	24

* *: % 1 düzeyinde önemli *: % 5 düzeyinde önemli

Çizelge 4.282. Sulu koşullarda bisküvi toplam duyusal puanı ile önemli korelasyon değeri veren kalite kriterleri

Kalite kriteri	Korelasyon katsayısı	n
ALVEO-T/A	-0,4133*	24
ASTK	-0,5815**	24
BİS-KÖ	0,7191**	24
BİS-TÖ	0,7046**	24
BİS-YGÖ	0,7936**	24
MLAB C1	-0,5207**	24
MLAB C2	-0,4581*	24
MLAB C2-C1	0,518**	24
ÖĞ-C3	-0,4288*	24
STK-SKAR	-0,5594**	24
STK-SU	-0,5386**	24
UN-ZEDN	-0,4435*	24

* *: % 1 düzeyinde önemli *: % 5 düzeyinde önemli

4.13. Çoklu Regresyon Analizi

4.13.1. Stepwise analizi

Çalışmada BYFAK'ünü belirleyen parametrelerin birden fazla olduğu ve bunlardan çoğunun aynı zamanda birbiri ile de ilişkili olduğu anlaşıldığından STEPWISE yöntemi ile kuru ve sulu koşullarda çoklu regresyon analizi yapılmıştır.

Kuru koşullarda BYFAK'ü ile önemli korelasyon değeri veren tüm parametrelerle yapılan stepwise analiz Çizelge 4.283'de ve BYFAK'nü en iyi tanımlayan çoklu regresyon denklemi ise aşağıda verilmiştir (Denklem 1).

Çizelge 4.283. Kuru koşullarda BYFAK'nün önemli korelasyon değeri veren parametrelerle stepwise analizi

Step	Parametre	R^2
1	FARİ-SA	0,7182
2	STK-LAK	0,8325
3	ASTK	0,8921
4	ÖĞ-B2	0,9376
5	MLAB-C5-C4	0,9520
6	ÖĞ-C2	0,9624
7	ALVEO-Prmaks	0,9686
8	STK-SU	0,9735
9	RVA-JBS	0,9783
10	UN-ZEDN	0,9816

Denklem 1:

BYFAK= 0.98 + (-0.060 ASTK) + (0.0232 STK-LAK*) + (-0.052 STK-SU*) + (0.118 UN-ZEDN**) + (0.143 RVA-JBS*) +(-0.150 FARİ-SA**) + (-0.000077 ALVEO-Prmaks**) + (-1.186 MLAB-C5-C4*) + (0.668 ÖĞ-B2*) + (0.042 ÖĞ-C2*)**

Yapılan bir çalışmada bisküvi yayılma faktörünü tahmin etmek için formülasyon belirlenmiştir. Bu formüle göre STK-sakkaroz, partikül büyüklük indeksi ve zedelenmiş nişasta miktarı bisküvi çapındaki % 68 varyasyonu açıklayabilmektedir (Moiraghi vd. 2011).

Sulu koşullarda BYFAK'ü ile önemli korelasyon değeri veren tüm parametrelerle yapılan stepwise analiz Çizelge 284'de ve BYFAK'nü en iyi tanımlayan çoklu regresyon denklemi ise aşağıda verilmiştir (Denklem 2).

Çizelge 4.284. Sulu koşullarda BYFAK'nün önemli korelasyon değeri veren parametrelerle stepwise analizi

Step	Parametre	R^2
1	KIR-PSI	0,3805
2	RVA-İD	0,4634
3	ALVEO- T/A	0,5150

Denklem 2:
BYFAK= 2.58 + (0.0013 RVA-İD*) + (-0.78 ALVEO- T/A*) +(0.067 KIR-PSI)**

Kuru koşullarda BYFAK'ü ile önemli korelasyon değeri veren öğütme özellikleri hariç tüm parametrelerle yapılan stepwise analiz Çizelge 4.285'de ve BYFAK'nü en iyi tanımlayan çoklu regresyon denklemi ise aşağıda verilmiştir (Denklem 3).

Çizelge 4.285. Kuru koşullarda BYFAK'nün önemli korelasyon değeri veren parametrelerle (öğütme özellikleri hariç) stepwise analizi

Step	Parametre	R^2
1	FARİ-SA	0,7182
2	STK-LAK	0,8325
3	ASTK	0,8921
4	MLAB-C3	0,9077
5	ALVEO-D450	0,9172
6	MLAB-C5-C4	0,9324
7	FARİ-GS	0,9415
8	RVA-JBS	0,9530
9	STK-SU	0,9625
10	DANE-SOYS	0,9746
11	STK-SAK	0,9876

Denklem 3:
BYFAK= 14.60 + (0.130 ASTK) + (0.012 STK-LAK*) + (-0.109 STK-SAK**) + (-0.071 STK-SU*) + (-0.115 SOYS*) + (0.375 RVA-JBS*) + (-0.387 FARİ-SA**) + (-1.73 FARİ-GS*) +(-5.61 MLAB-C3*) + (-0.932 MLAB-C5-C4*) + (-0.0018 ALVEO-D450*)**

Sulu koşullarda BYFAK'ü ile önemli korelasyon değeri veren nişasta çirişlenme özellikleri hariç tüm parametrelerle yapılan stepwise analiz Çizelge 4.286'da ve BYFAK'nü en iyi tanımlayan çoklu regresyon denklemi ise aşağıda verilmiştir (Denklem 4).

Çizelge 4.286. Sulu koşullarda BYFAK'nün önemli korelasyon değeri veren parametrelerle (nişasta çirişlenme özellikleri hariç) stepwise analizi

Step	Parametre	R^2
1	KIR-PSI	0,3805
2	STK-SU	0,4247
3	STK-SAK	0,4805

Denklem 4:
BYFAK= 3.60 + (-0.117 STK-SU) + (0.064 STK-SAK) + (0.076 KIR-PSI**)**

Kuru koşullarda BYFAK'ü ile önemli korelasyon değeri veren öğütme özellikleri hariç hamur reolojik özelliklerinden yalnız miksolab özelliklerinin dahil olduğu stepwise analiz Çizelge 4.287'de ve BYFAK'nü en iyi tanımlayan çoklu regresyon denklemi ise aşağıda verilmiştir (Denklem 5).

Çizelge 4.287. Kuru koşullarda BYFAK'nün önemli korelasyon değeri veren parametrelerle (yalnız miksolab özellikleri dahil) stepwise analizi

Step	Parametre	R^2
1	ASTK	0,6285
2	STK-LAK	0,7515
3	DANE-SOYS	0,8351
4	MLAB-C3	0,8662

Denklem 5:
BYFAK= 18.66 + (-0.55 MLAB-C3*) + (-0.21 ASTK) + (0.023 STK-LAK*) + (0.054 SOYS*)**

Sulu koşullarda BYFAK'ü ile önemli korelasyon değeri veren hamur reolojik özelliklerinden yalnız miksolab özelliklerinin dahil olduğu stepwise analiz Çizelge 4.288'de ve BYFAK'nü en iyi tanımlayan çoklu regresyon denklemi ise aşağıda verilmiştir (Denklem 6).

Çizelge 4.288. Sulu koşullarda BYFAK'nün önemli korelasyon değeri veren parametrelerle (yalnız miksolab özellikleri dahil) stepwise analizi

Step	Parametre	R^2
1	STK-SU	0,3422
2	RVA-PV/SV	0,4592
3	DANE-SOYS	0,5328

Denklem 6:
BYFAK= 6.36 + (-0.088 STK-SU) + (0.082 DANE-SOYS*) + (3.16 RVA-PV/SV)**

Kuru koşullarda BYFAK'ü ile önemli korelasyon değeri veren öğütme özellikleri hariç hamur reolojik özelliklerinden yalnız farinograf özelliklerinin dahil olduğu stepwise analiz Çizelge 4.289'da ve BYFAK'nü en iyi tanımlayan çoklu regresyon denklemi ise aşağıda verilmiştir (Denklem 7).

Çizelge 4.289. Kuru koşullarda BYFAK'nün önemli korelasyon değeri veren parametrelerle (yalnız farinograf özellikleri dahil) stepwise analizi

Step	Parametre	R^2
1	FARİ-SA	0,6852
2	ASTK	0,7686
3	STK-LAK	0,8523
4	DANE-SOYS	0,8655

Denklem 7:
BYFAK= 22.95 + (-0.152 ASTK) + (0.0204 STK-LAK*) + (0.0310 SOYS*) + (-0.154 FARİ-SA**)**

Sulu koşullarda BYFAK'ü ile önemli korelasyon değeri veren hamur reolojik özelliklerinden yalnız farinograf özelliklerinin dahil olduğu stepwise analiz Çizelge 4.290'da ve BYFAK'nü en iyi tanımlayan çoklu regresyon denklemi ise aşağıda verilmiştir (Denklem 8).

Çizelge 4.290. Sulu koşullarda BYFAK'nün önemli korelasyon değeri veren parametrelerle (yalnız farinograf özellikleri dahil) stepwise analizi

Step	Parametre	R^2
1	STK-SU	0,3422
2	RVA-PV/SV	0,4592
3	DANE-SOYS	0,5328

Denklem 8:
BYFAK= 6.36 + (-0.088 STK-SU**) + (0.082 DANE-SOYS*) + (3.16 RVA-PV/SV)

Kuru koşullarda BYFAK'ü ile önemli korelasyon değeri veren öğütme özellikleri hariç hamur reolojik özelliklerinden yalnız alveo-konsistograf özelliklerinin dahil olduğu stepwise analiz Çizelge 4.291'de ve BYFAK'nü en iyi tanımlayan çoklu regresyon denklemi ise aşağıda verilmiştir (Denklem 9).

Çizelge 4.291. Kuru koşullarda BYFAK'nün önemli korelasyon değeri veren parametrelerle (yalnız alveo-konsistograf özellikleri dahil) stepwise analizi

Step	Parametre	R^2
1	ASTK	0,6210
2	STK-LAK	0,7356
3	DANE-SOYS	0,8259
4	ALVEO-Wa	0,8480
5	STK-SAK	0,8618
6	ALVEO-Prmaks	0,8754

Denklem 9:
BYFAK=20.0 + (-0.129 ASTK) + (-0.037 STK-SAK**) + (0.020 STK-LAK*) + (0.058 SOYS*) + (-0.094 ALVEO-Wa**) + (0.00045 ALVEO-Prmaks**)**

Sulu koşullarda BYFAK'ü ile önemli korelasyon değeri veren hamur reolojik özelliklerinden yalnız alveo-konsistograf özelliklerinin dahil olduğu stepwise analiz Çizelge 4.292'de ve BYFAK'nü en iyi tanımlayan çoklu regresyon denklemi ise aşağıda verilmiştir (Denklem 10).

Çizelge 4.292. Sulu koşullarda BYFAK'nün önemli korelasyon değeri veren parametrelerle (yalnız alveo-konsistograf özellikleri dahil) stepwise analizi

Step	Parametre	R^2
1	KIR-PSI	0,3874
2	RVA-İD	0,4698
3	ALVEO- T/A	0,5191

Denklem 10:
BYFAK=2.58 + (0.067 KIR-PSI) + (0.0013 RVA-İD*) + (-0.78 ALVEO- T/A*)**

Sulu koşullarda BYFAK'ü ile önemli korelasyon değeri veren hamur reolojik özelliklerinden yalnız ekstensograf özelliklerinin dahil olduğu stepwise analiz Çizelge 4.293'de ve BYFAK'nü en iyi tanımlayan çoklu regresyon denklemi ise aşağıda verilmiştir (Denklem 11).

Çizelge 4.293. Sulu koşullarda BYFAK'nün önemli korelasyon değeri veren parametrelerle (yalnız ekstensograf özellikleri dahil) stepwise analizi

Step	Parametre	R^2
1	STK-SU	0,3333
2	RVA-PV/SV	0,4566
3	DANE-SOYS	0,5282

<u>Denklem 11:</u>
BYFAK= 7.43 +(-0.098 STK-SU) + (0.073 DANE-SOYS) + (4.33 RVA-PV/SV)

Sulu koşullarda BYFAK'ü ile önemli korelasyon değeri veren yalnız tane, kırma, solvent tutma, un özelliklerin dahil olduğu dahil olduğu stepwise analiz Çizelge 4.294'de ve BYFAK'nü en iyi tanımlayan çoklu regresyon denklemi ise aşağıda verilmiştir (Denklem 12).

Çizelge 4.294. Sulu koşullarda BYFAK'nün önemli korelasyon değeri veren parametrelerle (yalnız tane, kırma, solvent tutma, un özelliklerinin dahil olduğu) stepwise analizi

Step	Parametre	R^2
1	STK-SU	0,3422
2	KIR-PSI	0,4091
3	STK-SAK	0,4669
4	DANE-SOYS	0,5043

<u>Denklem 12:</u>
BYFAK= 2.87+ (-0.138 STK-SU) + (0.082 STK-SAK) + (0.0499 KIR-PSI) + (0.069 DANE-SOYS)

4.13.2. Biplot analizi

Kuru koşullarda bisküvilik kalite kriterlerindeki varyasyonun % 39'unu açıklayan biplot grafiğine (Şekil 4.69) bakacak olursak bisküvi yayılma faktörü ile RVA pik viskozite/son viskozite oranı, miksolab C5-C4 farkı, DSC-JBS arasında önemli pozitif; alkali su tutma kapasitesi, zedelenmiş nişasta miktarı, STK-sakkaroz ve su, farinograf su absorpsiyonu, irmik unu verimi arasında önemli negatif bir ilişki olduğu görülmektedir.

Aynı şekilde protein kalitesini gösteren kırma C-SDS sedimentasyon değeri ile alveo-konsistograf enerji, farinograf stabilite, polimerik/monomerik protein oranı, ekstensograf 45.', 90.' ve 135.' enerji, solvent tutma kapasitesi sodyum karbonat arasında; Zeleny sedimentasyon değeri ile protein miktarı, solvent tutma kapasitesi-laktik asit, gluten indeks değeri, kırma C-SDS sedimentasyon değeri, alveo-konsistograf enerji, farinograf stabilite, DSC-JBS arasında pozitif ilişki görülmektedir. Bu 2 test ıslah programlarında yaygın olarak kalite değerlendirmesinde kullanılmaktadır.

Yine RVA katılaşma değeri ile miksolab C3-C2 farkı, 1000 tane ağırlığı ve alveo-konistograf direnç/uzama kabiliyeti; DSC jelatinizasyon başlangıç sıcaklığı ile miksolab C4-C3 farkı; RVA incelme değeri ile miksolab C5-C4 farkı; bisküvi duyusal puan ile bisküvi kırılma kuvveti, tane soyma sayısı değeri, PSI sertlik değeri, DSC jelatinizasyon entalpisi, kırma unu verimi arasında pozitif önemli ilişkiler dikkati çekmiştir.

6, 18, 19, 16, 23, 17 no'lu hatlar bisküvi yayılma faktörü bakımından iyi durumdadırlar. Bezostaja1 ve 7 no'lu hattın ise düşük yayılma faktörü vardır.

14, 11, 12, 13, 8, 9 no'lu hatlar ve Ak702 (15 no'lu örnek) bisküvi duyusal puan bakımından iyi durumdadırlar. Bu örneklerin genel olarak gluten kuvveti zayıftır.

4 no'lu hattın protein miktarı ve protein kuvvetini gösteren Zeleny sedimentasyon değeri, solvent tutma kapasitesi-laktik asit ve gluten indeks değerleri yüksek görümektedir.

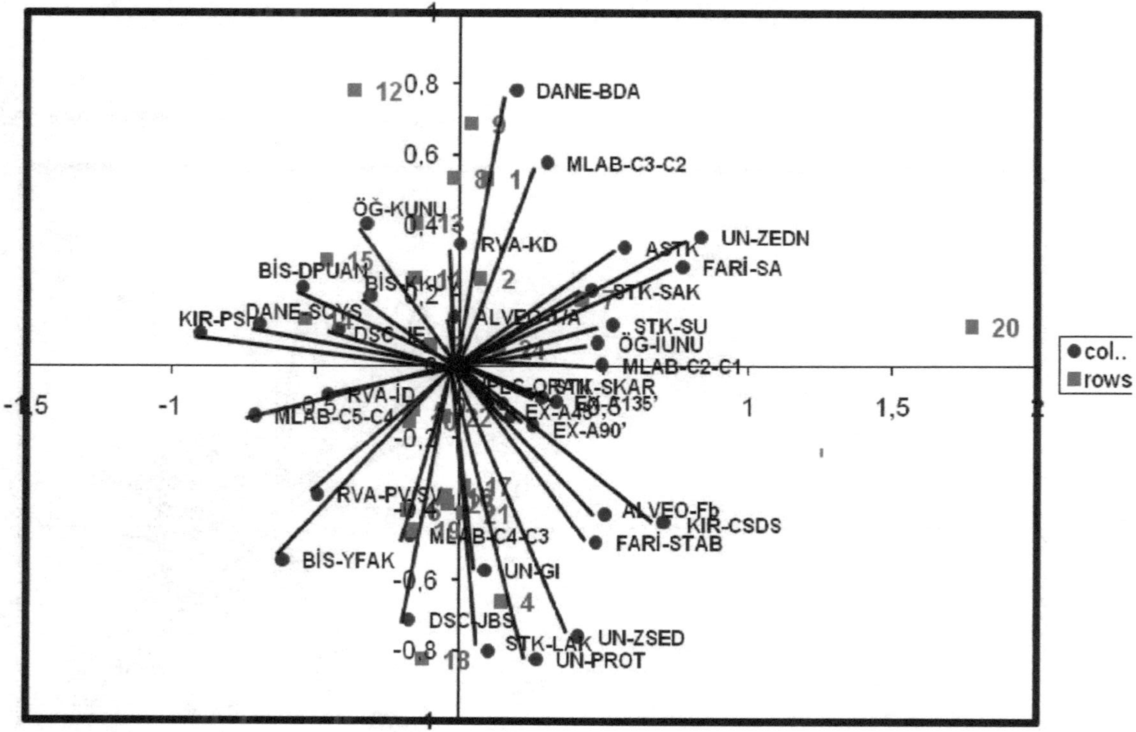

Şekil 4.69. Kuru koşullarda biplot analiz (PC1 % 22, PC2 % 39)

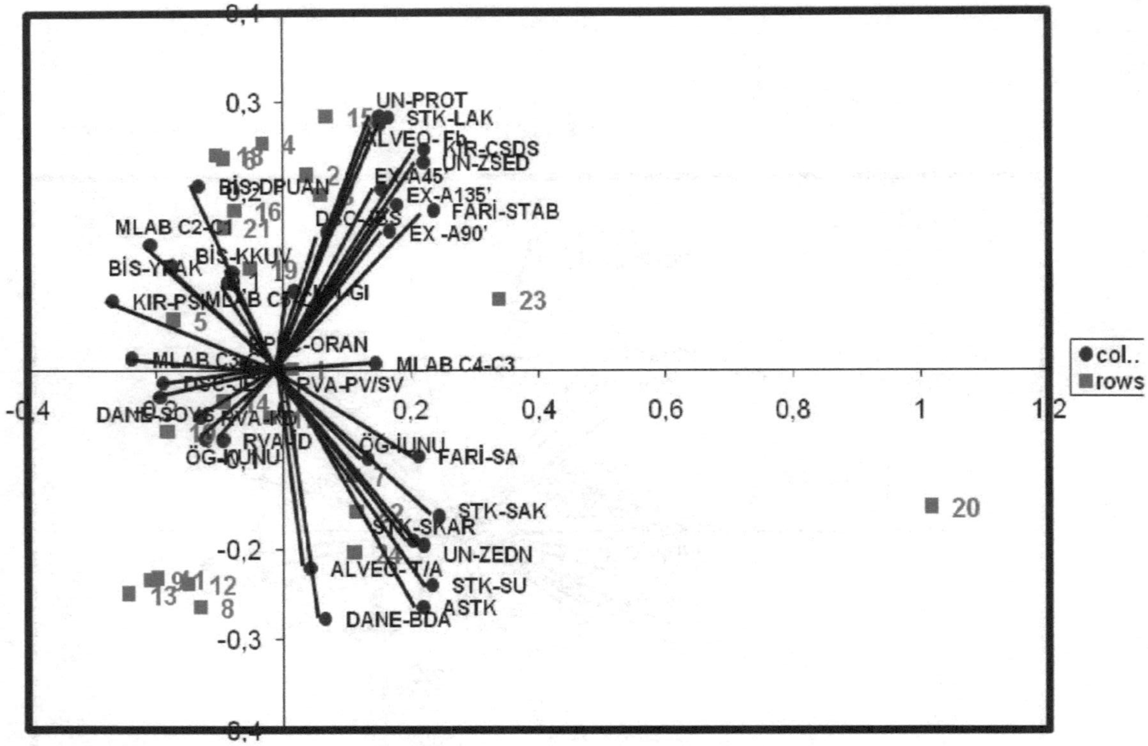

Şekil 4.70. Sulu koşullarda biplot analiz (PC1 % 28, PC2 % 44)

Sulu koşullarda bisküvilik kalite kriterlerindeki varyasyonun % 44'ünü açıklayan biplot grafiğine (Şekil 4.70) bakacak olursak bisküvi yayılma faktörü ile C2-C1 farkı arasında çok sıkı ilişki görülmüştür. Yine bisküvi yayılma faktörü ile PSI sertlik, bisküvi duyusal puan arasında önemli pozitif; solvent tutma kapasitesi-sakkaroz, farinograf su absorpisyonu, alveo-konistograf direnç/uzama kabiliyeti irmik unu verimi ile çok önemli ve solvent tutma kapasitesi su ve sodyum karbonat, alkali su tutma kapasitesi ve zedelenmiş nişasta miktarı ile önemli negatif ilişki vardır.

C-SDS sedimentasyon değeri ile Zeleny sedimentasyon değeri, ekstensograf 45.', 90.' ve 135.' enerji ve farinograf stabilite değeri, protein miktarı, solvent tutma kapasitesi-laktik asit, alveo-konsistograf enerji, DSC jelatinizasyon başlangıç sıcaklığı arasında yüksek ilişki bulunmaktadır.

Miksolab C3-C2 farkı ile polimerik/monomerik protein miktarı DSC jelatinizasyon entalpisi ve soyma sayısı değeri arasında; kırma unu verimi ile RVA katılaşma ve incelme değerleri; miksolab C5-C4 farkı ile bisküvi kırılma kuvveti arasındaki sıkı ilişki dikkati çekmiştir.

18, 19, 6 ve Gerek79 bisküvi yayılma faktörü bakımından öne çıkmışlardır.

7, 22 Bezostaja1 ve Çetinel2000 ise yüksek solvent tutma kapasitesi değerleri, farinograf su absorpsiyonu ile düşük bisküvilik kaliteye sahiptirler. 22 no'lu hat hariç bu örneklerin zedelenmiş nişasta miktarı da yüksektir.

8, 9, 11, 12, 13 oldukça benzer özelliklere sahiptir. Bu genotipler ile Yıldız98, 14, 17'nin genel olarak bakıldığında zayıf gluten kuvveti vardır. 2, 3, 4 ve Ak702'nin protein miktarı yüksektir.

5. SONUÇ

Dünyanın önde gelen buğday üretici ülkelerinden olan Türkiye'de yumuşak buğday üretimi ve kullanımı hızla yaygınlaşmaktadır. Pastacılık gibi kullanım alanları ile birlikte ülkemizin yıllık 1 milyon ton civarı bisküvilik buğday ihtiyacı bulunmaktadır. Toplam ihraç edilen unlu mamullerin yaklaşık olarak % 60'ını bisküvi, kek gibi ürünlerin oluşturduğu dikkate alındığında istenilen özelliklere sahip unun dolayısıyla buğdayın ülkemiz için ne kadar önemli olduğu anlaşılabilir.

İstenilen özelliklere sahip buğday geliştirilmesi ıslah çalışmaları sonucunda olmaktadır. Islah çalışmaları ise uzun zaman ve emek isteyen pahalı çalışmalardır. Ülkemizde belli bir verim düzeyine gelindiği 1990'lı yıllardan sonra kalite üzerinde çalışmalara önem verilmeye başlanmıştır. Lakin çalışmalar ekmeklik ve makarnalık buğday ile sınırlı kalmış, ekmeklik kalitesi düşük buğdayın bisküvilik olacağı düşüncesi ile hareket edilmiştir. Fakat yapılan çalışmalar pek çok bisküvi çeşidinin olduğu, her bisküvi için ekmeklik kalitesi her düşük buğdayın uygun olmadığı ve bisküvilik kalite yönünden de buğdayın değerlendirilmesinin gerektiğini göstermiştir. Son yıllarda unlu mamuller sektöründe bisküvilik buğday bulma konusunda sıkıntılar yaşandığı belirtilmektedir. Hatta bazı yıllarda yurt dışından önemli oranda bisküvilik buğday ithal edilmektedir. Sektörün önemli firmaları şu anda ihtiyaç duydukları buğdayı kendileri geliştirme veya yurt dışından getirip üretim izni alıp sözleşmeli ekim yaptırma konusunda çalışmalara başlamışlardır. Bu arada bisküvi sektöründen Araştırma Kuruluşları ve Üniversitelere bu yönde talepler gelmektedir. Önümüzdeki yıllarda ekmeklik buğday kalitesi kadar bisküvilik buğday kalitesinin de önemli olacağı görülmektedir.

Bisküvilik buğday geliştirilmesi yönünde Geçit Kuşağı Tarımsal Araştırma Enstitüsü Müdürlüğü'nde ilk çalışmalar sınırlı sayıda materyal ile 2002 yılında başlamıştır. O yıldan itibaren farklı kaynaklardan genotipler ekmeklik kalite yanında bazı basit kalite testleri, daha sonrasında hamur reolojik özellikleri ile bisküvilik kalite için değerlendirilmeye başlanmıştır. 2005 yılından sonra ise bisküvilik buğday çalışmaları selekte edilen materyal üzerinde yürütülmeye devam etmiştir. Enstitü'de gelişmiş ülkelerde olduğu gibi yumuşak buğday ıslah programı ayrı olarak yürütülmektedir. Bu çalışma üst kademeye gelmiş olan bu materyalde yürütülmüştür.

Islah programlarında bisküvilik değerlendirmede kullanılabilecek testlerin seçimi oldukça önemlidir. Çalışmada bisküvilik kalite değerlendirmesine yardımcı olabilecek parametreler ile bu parametreler arasındaki ilişkiler ortaya konulmuştur. Çalışma sonucunda elde edilen sonuçlar ülkemiz ıslah programlarında kullanılabilecek niteliktedir.

Çalışma sonuçlarına göre soyma sayısı, PSI sertlik değeri, kırma unu verimi, Zeleny sedimentasyon değeri, zedelenmiş nişasta miktarı, alkali su tutma kapasitesi değeri, solvent tutma kapasitesi-su, sakkaroz ve sodyum karbonat testleri hızlı ve pratik analizler olarak ıslah programlarında bisküvilik kalite yönünden seleksiyonda yardımcı olacaktır.

Yine gluten kuvvetin göstergesi olan hamur reolojik özellikleri ile elde edilen yüksek korelasyonlara göre un veya kırmadan çok az örnek miktarı ile buğday kalitesi hakkında bilgiler sağlayan CIMMYT ve makro SDS sedimentasyon analizleri ıslah programlarında oldukça yarayışlı olarak görülmüştür.

Protein miktarı bakımından örnekler gerek kuru koşullarda ve gerekse sulu koşullarda bisküvilik kalite için istenilen düşük protein miktarına sahip olmalarına rağmen; protein miktarlarının birbirlerine çok yakın olmasından dolayı un ve kırma protein miktarı ile kuru ve suluda bisküvi çap, kalınlık ve yayılma faktörü arasında önemli bir ilişki bulunmamıştır. Bisküvi duyusal özellikleri ile protein miktarı arasındaki negatif korelasyon protein miktarı artışına paralel bisküvi sertlik artışından kaynaklanmıştır. Toplam protein içerisinde polimerik ve monomerik protein miktarı ile bisküvi fiziksel özellikleri arasında da bir ilişki bulunmamıştır. Bu konuda daha fazla araştırmaların yapılması gerekmektedir. Protein miktarı ile nişasta özellikleri arasındaki ilişkiler konusunda da daha ayrıntılı çalışmalara ihtiyaç duyulmaktadır.

Hamur özelliklerinden farinograf su absorpsiyonu ve gelişme süresi; ekstensograf maksimum uzama direnci ve 5.' uzama direnci; alveo-konsistograf su absorpsiyonu, maksimum basınç, 250. ve 450. s yumuşama değerleri, direnç, direnç/uzama kabiliyeti, 4 cm'deki enerji; miksolab C1, C2 ve C2-C1 farkı bisküvilik kalite değerlendirilmesinde öne çıkan reolojik parametreler olmuşlardır.

Çalışmada ürün kalitesi üzerinde önemli etkileri olan nişasta ve diğer kalite kriterleri arasındaki ilişkilerin ortaya konulması bu yönde ihtiyaçlarına cevap verecek niteliktedir. Jelatinizasyon viskozitesi ile ilişkili olarak miksolab C3 ve C3-C2 farkının düşük; retrogradasyonun göstergesi olan C5 değeri ve C5-C4 farkının yüksek; nişasta çirişlenme özelliklerinden pik viskozite, incelme değeri, pik viskozite/son viskozite oranı, jelatinizasyon başlangıç sıcaklığının yüksek; nişasta termal özelliklerinden jelatinizasyon başlangıç sıcaklığının yüksek olması bisküvilik kalite bakımından arzu edilmektedir.

Ayrıca genotiplerin bütün özellikleri birlikte değerlendirildiğinde kuru koşullarda 6 ve sulu koşullarda 6 hattın öne çıktığı görülmüştür. Bu genotipler kuru koşullarda 3, 9, 11, 12, 13 ve 23 ve sulu koşullarda 6, 8, 9, 11, 12 ve 13'tür. Bunlar içerisinde 4 hat hem sulu hem kuruda ümitvardır. Bu hatlar doktora çalışması sonrasında ileri kademe ıslah denemelerine alınmıştır. Bu hatlardan ileriki yıllarda tescil denemelerine gönderilerek sulu ve kuru koşullarda en az 1'er hattın tescile teklif edilmesi ve böylelikle ülkemiz tarımının ve sanayisinin bisküvilik kalite yönü ile ihtiyacının karşılanmasına faydalı olunması amaçlanmaktadır. Ayrıca bu hatlar melez programlarına alınmış ve bisküvilik kalite denemelerinde daha üstün özellikli çeşitlerin geliştirilmesinde ebeveyn olarak kullanılacaktır.

KAYNAKLAR

Abboud, A.M., R.C. Hoosney, and G.L., Rubenthaler. 1985. Factors affecting cookie flour quality. Cereal Chem., 62:130-133.

Agyare, K.K., K. Addo, Y.L. Xiong, and C.C. Akoh. 2005. Effect of structured lipid on alveograph characteristics, baking and textural qualities of soft wheat flour. J. Cereal Sci., 42:309–316.

Anonymous. 1960. International Association for Cereal Chemistry ICC Standart No:105.

Anonymous. 1982. ICC-Standart No:110/1 ICC-Standart No:116 ve 104. International Association for Cereal Chemistry.

Anonymous. 1994. ICC Standart (1994). ICC No: 155. Determination of Wet Gluten Quality and Quantity (Gluten İndeks ac to Perten) of Whole Wheat Meal and Wheat Flour.

Anonymous 1996. Standart methods of the International Association for Cereal Science and Technology, ICC, Vienna, Austria.

Anonymous. 1998. Applications Manual for the Rapid Visco Analyzer, Warriewood, NSW 2102, Australia.

Anonymous. 1999. AACC Method 10-54 . Approved Methods of American Association of Cereal Chemists.

Anonymous. 2000. AACC Method 54-21, AACC Method 54-10, Modifiye AACC Method 54-30 ve AACC Method 54-50, AACC Method 56-11, Approved Methods of American Association of Cereal Chemists.

Anonymous 2000b. Aproved Methods of American Association of Cereal Chemists 10 th Ed., The Association , St Paul, MN,USA.

Anonim. 2004. Argemar Araştırma Bisküvi, Yenipara,s:7. http://www.argemar.com/biskuvi.htm. Erişim Tarihi: 30.06.2008.

Anonymous. 2005. Miksolab user's manual. Tripette Renaud, Chopin, France.

Anonim. 2006. Geçit Kuşağı Tarımsal Araştırma Enstitüsü Müdürlüğü buğday ıslah proje raporları.

Anonim. 2007a. T.C. Başbakanlık Devlet Planlama Teşkilatı (DPT).

Anonim. 2007b. Geçit Kuşağı Tarımsal Araştırma Enstitüsü Müdürlüğü buğday ıslah proje raporları.

Anonymous. 2008. USDA/ARS – Western Wheat Quality Laboratory E-202 Food Science & Human Nutrition Facility East P.O. Box 646394, Washington State University Pullman, WA 99164-6394 U.S.A. Web sitesi: http://www.wsu.edu/~wwql/php/wheat-wrn.php). Erişim Tarihi: 22.06.2008.

Anonymos. 2009. FAO verileri. www. Fao.org.

Anonymous. 2010. Research Rewiev 2010. United States Department of Agriculture Agricultural Research Service. USDA Soft Wheat Quality Laboratory Website.

Anonim. 2011. SDmatic uygulama notları. Erişim Tarihi: 24.06.2011. http://www.abp.com.tr/download/be4bb009d1.pdf.

Anonymous. 2012. Hunter Associates Laboratory,Inc., 11491, Sunset Hills Road, Reston, Virginia, web sitesi: http://www.hunterlab.com/Industry/Food/SystemsForFood/ColorFlex. Erişim Tarihi: 02.07.2012.

Anonim. 2012. Geçit Kuşağı Tarımsal Araştırma Enstitüsü Müdürlüğü buğday ıslah proje raporları.

Atlı A. 1985. İç Anadolu'da yetiştirilen bazı ekmeklik buğday çeşitlerinin kalite özellikleri üzerine çevre ve çeşidin etkileri. Doktora Tezi. A.Ü.Z.F, Ankara.

Atlı A. 1987. Kışlık tahıl üretim bölgelerimizde yetiştirilen bazı ekmeklik ve makarnalık buğday çeşitlerinin kaliteleri ile kalite karakterlerinin stabilitesi üzerine araştırmalar. Türkiye Tahıl Sempozyumu, 443-455, Bursa.

Atlı, A., Koçak N., Ozan, A.N. 1993. Orta Anadolu bölgesinde yetiştirilen ekmeklik buğday çeşitlerinin bisküvilik kalitesi üzerine araştırmalar. I. Un-Bulgur-Bisküvi Sempozyumu, 21-22 Haziran,s:57-64, Karaman.

Atlı A. 1999. Buğday ve Ürünleri Kalitesi. Hububat Sempozyumu. s: 498-506, Konya.

Atlı,A., Koçak,N., Aktan,M. 1999. Ülkemiz çevre koşullarının kaliteli makarnalık buğday yetiştirmeye uygunluk yönünden değerlendirlmesi. Orta Anaolu'da Hububat Tarımının Sorunları ve Çözüm Yolları Sempozyumu. 345-351, 8-11 Haziran 1999, Konya.

Atlı, A. 2000. Buğday ıslahında kalite değerlendirmesi. Bitki Islahı Sempozyumu, Samsun.

Avcıoğlu R., Karaduman Y., Bolat, N. 2008. Bazı ekmeklik buğday çeşitleri ve ileri kademe hatların bisküvilik kalite özelliklerinin belirlenmesi. Ülkesel Tahıl Sempozyumu, 2-5 Haziran, Konya.

Axford, D. W. E., McDermott, E. E., and Redman, D.G. 1978. Smallscale tests of bread-making quality. Milling Feed Fert., 66:18-20.

Axford,D.W.E, McDermott, E.E., Redman, D.G. 1979. Note on the sodium dodecyl sulphate test of bread-making quality:comparision with Pelsenke. Cereal Chem., 56;582-584.

Ayoub, M., Fregeau-Reid, J., and Smith, D. L. 1993. Evaluation of the SDS-sedimentation test for the assessment of eastern Canadian bread wheat quality. Can. J. Plant Sci., 73:995-999.

Barlow, K.K., Buttrose, M.S., Simmonds, D.H., and Wesk, M. 1973. The nature of the starch-protein interface in wheat endosperm. Coral Chem., 63:379-380.

Barrera, G. N.; Pérez, G. T.; Ribotta, P. D.; León, A. E. 2007. Influence of damaged starch on cookie and bread-making quality. European Food Research and Technology, 225:1-7.

Bettge, A., Rubenthaler, G. L., Pomeranz, Y. 1989. Alveograph algorithms to predict functional properties of wheat in bread and cookie baking. Cereal Chem., 66, 81–86.

Bettge,A.D., Morris,C.F. and Greenblatt,G.A. 1995. Assesing genotypic softness in single wheat kernels using starch granüle-associated friabilin as a biochemical marker. Euphytica, 86, 65-72.

Bettge,A.D., and Morris,C.F. 2000. Relationship among grain hardness, pentozan fractions and end-use quality of wheat. Cereal Chem.,77:241-247.

Bettge A. D., Morris, C. F. , DeMacon V. L. and Kidwell K. K. 2002. Adaptation of AACC Method 56-11, Solvent retention capacity for use as an early generation selection tool for cultivar development. Cereal Chem.,79:670–674.

Bietz, J.A. 1988. Genetic and biochemical studies of nonenzymatics endosperms proteins. In: Heyne, E.G. (Ed.), Wheat and Wheat Improvement. 2nd ed, Agron Monogr 13. ASA, CSSA, and SSSA, Madison, WI, pp. 215–242.

Blackman, J. A., and Gill, A. A. 1979. A comparison of some small-scale tests for bread-making quality used in wheat breeding. J. Agric. Sci., 95:29-33.

Bloksama, A.H., Bushuk, W. 1988. Rheology and chemsitry of doughs. In: Pomeranz, Y., (Ed.), Wheat: Chemsitry and Technology third ed., Wheat: Chemsitry and Technology, vol. II. AACC, St Paul, pp: 131-218.

Borghi, B., Giordani, G., Corbellini, M. 1995. Influence of crop rotation, manure and fertilizers on bread making quality of wheat (*Triticum aestivum L.*). Eur. J. Agron., 4:37–45.

Boyacıoğlu,M.H. 1996. Unların ekmek yapım performanslarının tahminlenmesi, Gıda, 12-17.

Braun, H.J., Zincirci N., Altay F., Atli A., Avci M., Eser V., Kambertay M., Payne T.S. 2001. Turkish wheat pool. In: Bonjean AP, Agnus WJ (eds) The World Wheat Book: AHistory of Wheat Breeding, Lavosier, Paris, pp: 851–79.

Bullock, L.M., Handel, A.P., Segall,S. and Wasserman, P.A. 1992. Replacement of simple sugars in cookie dough. Food Technology, 46:82-86.

Bushuk W. 1998. Wheat breeding for end-product use. Eupytica, 100:137-145, Springer Netherlands.

Cane,K., Spackman,M., Eagles,H.A. 2004. Puroindolines genes and their effects on grain quality traits in southern australian wheat cultivars. Australianjournal of Agricultural Research. 55:89-95.

Carter,B.P., Morris, C.F., Anderson, C.A. 1999. Optimizing the SDS sedimentation test for end-use quality selection in a soft-white and club wheat breeding program. Cereal Chem., 76:907-911.

Colombo, A., Perez, G.T., Ribotta,P.D., Leon, A.,A. 2008. A comporative study of physicochemical tests for quality prediction of Argentina Wheat Flours used as corrector flours and cookie production. Journal of Cereal Sci., 48:775-780.

Curley, L.P. and Hoseney, R.C. 1984. Effects of corn sweeteners on cookie quality. Cereal Chem., 61,274-278.

Demir, Z. 1994. Kıyı bölgelerimizde yetiştirilen bazı ekmeklik buğday çeşitlerinin bisküvilik özellikleri üzerine araştırmalar. Yüksek Lisans Tezi. Ankara Üniversitesi., Gıda Mühendisliği Anabilim Dalı, 64 sayfa.

Demir, Z., Atlı A., Baran İ. 1998. Glutenin subunit composition of some old and new wheat varieties in winter wheat growing regions of Turkey 9th International Wheat Genetics Symposium, Kanada.

Dexter, J. E., Matsuo, R. R., Kosmolak, F. G., Leisle, D., and Marchylo, B. A. 1980. The suitability of the SDS-sedimentation test for assessing gluten strength in durum wheat. Can. J. Plant Sci. 60:25-29.

Doğan, İ.S. ve Uğur, T. 2004. Van ve Çevresinde yetiştirilen bazı buğdayların bisküvilik kalitesi üzerine bir araştırma. Yüzüncü Yıl Üniversitesi, Ziraat Fakültesi, Tarım Bilimleri Dergisi (J. Agric. Sci.), 15: 139-148.

Donelson,J.R. and Gaines, C.,S. 1998. Starch-water relationship in the sugar-snap cookie dough sytem. Cereal Chem., 75:660-664.

Dick,J.and Quick,J. 1983. A modified test for rapid estimation of glutent strength in early-genaration durum wheat breeding lines.Cereal Chem., 60:315-318.

Dubat, A. 2004. The importance and impact of starch damage and evolution of measuring methods. Article SDmatic 2004. http://www.inventech.nl/

Duyvejonck, A. E.; Lagrain, B.; Pareyt, B.; Courtin, C. M.; Delcour, J. A. 2011. Relative contribution of wheat flour constituents to Solvent Retention Capacity profiles of European wheats. Journal of Cereal Science, 53:312-318.

Elgün A. 2008. Sektörel açıdan buğday kalitesine bakış. Ülkesel Tahıl Sempozyumu, s:95, Konya.

Eckert, B., Amend, T., Belitz, H.D. 1993. The course of the SDS and Zeleny sedimentatiton tests for gluten quality and related phenomonia studied using the light microscope. Zeitschrift für Lebensmittel-Untersuchung-Forschung A, 196:122-125.

Faridi,H., Faubion,J.M. 1986. Dough rheology:ıts benefits to cereal chemists. Page:1-9 in Fundamentals of Dough Rheology H. Faridi and J.M.Faubion ed. American Ass. Of Cereal Chem. St. Paul, MN.

Faridi, H., Gaines, C., Finney, P. 1994. Soft wheat quality in production of cookies and crackers. In W. Bushuk & V. F. Rasper (Eds.), Wheat: Production, properties, and quality (1st ed.) (pp. 154–168). Glasgow: Chapman & Hall.

Faridi,H.,Gaines,C.S., and Strouts,B.L. 2000. Soft wheat products. Pages 574-614 in Handbook of cereal science and technology 2 nd ed. K.Kulp and J.G. Ponte, Jr., eds. Marcel Dekker, New York.

Finney, P.L. 1989. Soft wheat view from the Eastern United States. Ceral Foods World, 34:682-687.

Finney, P. L. and Bains, G. S. 2002. Protein functionality differences in eastern U.S. soft wheat cultivars and ınterrelation with end–use quality tests United States Department of Agriculture, Agricultural Research Service, Soft Wheat Quality Laboratory, Ohio Agricultural Research and Development Center, Ohio State University, Wooster, OH, 44691, U.S.A. available online 12 April 2002.

Fogg, N.E. and Tinklin, G.L. 1972. Influence of glandless cottonseed flour on quality, acceptability, and amino acid content of sugar cookies. Cereal Chem., 69:115-119.

Fustier, P., Castaigne, F., Turgeon, S.L., Biliaderis,C.G. 2009. Impact of soft wheat flour streams on dough rheology and quality attributes of cookies. Journal of Food Engineering, 90:228-237.

Gaines, C. S. 1982. Influence of ambient temperature, humidity, and flour moisture content on stickiness and consistency in sugar-snap cookie doughs. Cereal Chem., 59:507-509

Gainess,C.S. 1985. Associations among soft wheat flour particule size, protein content, cholorine response, kernel hardness, milling quality, white layer cake volume, and sugar-snap cookie spread. Cereal Chem., 62:290-292

Gaines, C. S., Donelson, J. R., Finney, P. L. 1988. Effects of damaged starch, chlorine gas, flour particle size, and dough holding time and temperature on cookie dough handling properties and cookie size. Cereal Chem., 65:384–389.

Gaines,C.,S., 1989. Influence of chemical and physical modification of soft wheat protein on sugar-snap cookie dough consistency, cookie size and hardness. Cereal Chem., 67:73-77.

Gaines,C.S. 1991. Objective measurements of the hardness of cookies and crackers. Cereal Foods World, 36:989-996.

Gaines,C.S., Kassuba, A., Finney, P. L. 1991. Instrumental measurement of cookie hardness. I. Assesessment of methods. Cereal Chem. 69: 115-119.

Gaines,C.S., Finney, P. L., and Kassuba, A. 1992a. Instrumental measurement of cookie hardness. I. Methods assessments. Cereal Chem. 69:115-119.
Gaines,C. S., Finney, P. L., Kassuba, A., and Donelson, J. R. 1992b. Instrumental measurement of cookie hardness. II. Application to product quality variables. Cereal Chem. 69:120.ness, Milling Quality, White layer Cake Volume, and Sugar Snap Cookie Spread, Cereal Chem., 62:290-292.
Gainess, C.S. 1993. Colloborative studies on the baking quality of cookie flour by wire-cut type formulations AACC Methods 10-53 and 10-54. Cereal Foods World, 38:28-30.
Gaines, C.S. 2000. Collaborative study of methods for solvent retention capacity profiles (AACC Method 56-11). Cereal Foods World, 45:303–306.
Giroux,M.J., Morris,C.F. 1998. A glycine to serine change in puroindoline b is associated with wheat garin hardness and low levels of starch-surface friabilin. Theor. Appl. Genet., 95:857-864.
Griffey, C.A.; Thomason, W.E.; Pitman, R. M.; Beahm, B. R.; Paling, J. J.; Chen, J.; Gundrum, P. G.; Fanelli, J. K.; Dunaway, D.W.; Brooks, W.S.; Vaughn, M.E.; Hokanson, E.G.; Behl, H. D.; Corbin, R.A.; Seago, J. E.; Will, B.C.; Hall, M. D.; Liu, S. Y.; Custis, J. T.; Starner, D.E.; Gulick, S.A.; Ashburn, S.R.; Jones, E.H., Jr.; Whitt, D.L.; Bockelman, H. E.; Souza, E. J. 2011a. Registration of 'Merl' wheat. Journal of Plant Registrations 5: 68-74.
Griffey, C.A.; Thomason, W.E.; Pitman, R. M.; Beahm, B.R.; Gundrum, P.G.; Liu, S.Y.; Chen, J.; Paling, J. J.; Dunaway, D.W.; Brooks, W.S.; Vaughn, M.E.; Seago, J. E.; Will, B.C.; Hokanson, E.G.; Behl, H.D.; Corbin, R.A.; Lewis, T.R.; Hall, M.D.; Custis, J. T.; Starner, D.E.; Gulick, S. A.; Ashburn, S. R.; Whitt, D.L.; Bockelman, H.E.; Murphy, J. P. 2011b. Registration of 'SW049029104' wheat. Journal of Plant Registrations 5:91-97.
Griffey, C.A.; Thomason, W.E.; Pitman, R.M.; Beahm, B.R.; Paling, J. J.; Chen, J.; Gundrum, P.G.; Fanelli, J. K.; Kenner, J.C.; Dunaway, D.W.; Brooks,W.S.; Vaughn,M.E.; Hokanson, E.G.; Behl, H.D.; Corbin,R.A.; Hall,M.D.; Liu,S.; Custis,J.T.; Waldenmaier, C.M.; Starner, D.E.; Gulick, S.A.; Ashburn, S.R.; Jones, E.H., Jr.; Whitt, D.L.; Bockelman, H.E.; Souza, E.J. 2010a. Registration of '3434' wheat. Journal of Plant Registrations 4 : 44-49.
Griffey, C.A.; Thomason, W.E.; Pitman, R.M.; Beahm, B.R.; Paling, J. J.; Chen, J.; Fanelli, J. K.; Kenner, J.C.; Dunaway, D.W.; Brooks, W.S.; Vaughn, M.E.; Hokanson, E. G.; Behl, H.D.; Corbin, R.A.; Hall, M.D.; Liu, S.; Custis,J. T.; Waldenmaier,C. M.; Starner, D. E.; Gulick, S.A.; Ashburn,S.R.; Whitt, D. L.; Bockelman, H.E.; Souza, E. J.; Brown-Guedira, G.L.; Kolmer, J.A. 2010b. Registration of 'Jamestown' wheat. Journal of Plant Registrations 4 : 28-33.
Griffey, C. A.; Thomason, W.E.; Pitman, R.M.; Beahm, B. R.; Paling, J. J.; Chen, J.; Gundrum, P.G.; Fanelli, J.K.; Kenner, J.C.; Dunaway, D.W.; Brooks, W.S.; Vaughn, M.E.; Hokanson, E.G.; Behl, H.D.; Corbin, R.A.; Hall, M.D.; Liu, S.; Custis, J.T.; Waldenmaier, C.M.; Starner, D.E.; Gulick, S.A.; Ashburn, S.R.; Jones, E.H., Jr.; Whitt, D. L.; Bockelman, H. E.; Souza, E. J. 2010c. Registration of 'Shirley' wheat. Journal of Plant Registrations 4 : 38-43.
Griffey, C. A.; Thomason, W.E.; Pitman, R M.; Beahm, B.R.; Paling, J. J.; Chen, J.; Fanelli, J. K.; Kenner, J.C.; Dunaway, D.W.; Brooks, W.S.; Vaughn, M.E.; Hokanson, E.G.; Behl, H. D.; Corbin, R. A.; Hall, M. D.; Liu, S.; Custis, J. T.; Waldenmaier, C. M.; Starner, D. E.; Gulick, S.A.; Ashburn, S.R.; Whitt, D.L.;

Bockelman, H.E.; Souza, E. J.; Brown-Guedira, G.L.; Kolmer, J. A. 2009a. Registration of 'USG 3555' wheat. Journal of Plant Registrations 2009a. 3 : 273-278.

Griffey, C. A.; Thomason, W.E.; Pitman, R.M.; Beahm, B.R.; Paling, J. J.; Chen, J.; Gundrum, P.G.; Fanelli, J.K.; Kenner, J.C.; Dunaway, D.W.; Brooks, W. S.; Vaughn, M.E.; Hokanson, E.G.; Behl, H.D.; Corbin, R.A.; Hall, M.D.; Liu,S.; Custis, J.T.; Waldenmaier, C.M.; Starner, D. E.; Gulick, S. A.; Ashburn, S.R.; Jones, E.H., Jr.; Whitt, D.L.; Bockelman, H. E.; Souza, E. J. 2009b. Registration of '5205' wheat. Journal of Plant Registrations 2009., 3 : 283-288.

Greenwell,P and Schofield,J.D. 1986. A starch granüle protein associated with endosperm softness in wheat. Cereal Chem., 63, 379-380.

Guler, Ş., Köksel, H., Ng, P.K.W. 2002. Effects of pasta drying temperatures on starch properties and pasta quality. Food Research International, 35:421-427.

Gupta, RB., Khan, K., MacRitchie, F. 1993. Biochemical basis of flour properties in bread wheats. I. Effects of variation in the quantity and size distribution of polymeric proteins. Journal of Cereal Sci., 18:23-41.

Guttieri, M. J., Bowen, D., Gannon, D., O'Brien, K., and Souza, E. 2000. Solvent retention capacities of irrigated soft white spring flours. Crop Sci., 41:1054-1061.

Guttieri, M.J., D. Bowen, D. Gannon, K. O'Brien, and Souza E. 2001. Solvent retention capacities of irrigated soft white spring wheat flours. Crop Sci., 41:1054–1061.

Guttieri,M.J., Souza,E., 2003. Source of variation in the solvent retention capacity of test of wheat flour. Crop Sci., 43:1628-1633.

Guttieri, M. J., Becker, C. and Souza, E. J. 2004. Application of wheat meal solvent retention capacity tests within soft wheat breeding population. Cereal Chem., 81:261–266.

Guttieri, M.J.; O'Brien,K.; Becker,C.; Stark, J.C.; Windes,J.; Souza,E. 2006. Managing nitrogen fertility of irrigated soft white spring wheats for optimum quality. Canadian Journal of Plant Science 86 : 459-464.

Guttieri, M. J., Beil., S., Karcher, A. J., Sneller, C., Souza, E. 2010. Distribution of water-extractable non-starch polysaccharides in soft wheat millstreams. USDA-ARS Soft Wheat Quality Laboratory 2010 Research Review.

Hadinezhad,M. and Butler, F. 2009. Effect of flour type and rheological properties on cookie spread measured during baking. Journal of Cereal Sci., 49:178-183.

Harwood,R. 1982. Soft Wheat Production and Processing. In:Grains and Oilseeds. Handling, Marketing, Processing. 3th Ed., 637-652. Canadian International Grains Instıtute, Winnipeg, Manitoba,Canada.

Hogg,A.C., Beecher, B., Martin,M.J., Meyer,F., Talbert,L., Lanning,S., Giroux,M.J. 2005. Hard wheat milling and baking traits affected by the seed-specific over-expression of puroindolines. Crop Sci., 45:871-878.

Hooseney, R.C., Wade, P., and Fınney, J.W. 1988. Soft wheat products. In Y. Pomeranz (Ed.) Wheat Chemsitry and Technology (3 rd ed.) (pp. 407-456). St Paul, MN: American association of Cereal Chemists.

Horntein, L.R., King, F.B. and Benedict, F. 1943. Comparative shortening value of some commercial fats. Food Research, 8:1-12.

Janssen,A.M., van Vliet,T., Vereijken,J..M. 1996. Fundemental and emprical rheological behaviour of wheat flour doughs and comparision with bread making performance. Journal of Cereal Sci., 23:43-54.

JinBao,Y., Souza,E.,HongXiang, M., PingPing,Z., Guocai,Y., XueMing,Y., Ren LiJuan; Peng,Z. 2009. Differences in solvent retention capacity in wheat varieties (lines) and selection for soft wheat germplasm. Authors Journal of Triticeae Crops, 30: 46-49.

JinBao, Y., Souza,E.,HongXiang, M., PingPing,Z., Guocai,Y., XueMing,Y., Ren LiJuan; Peng, Z. 2010. Relationship between quality traits of soft red winter wheat and cookie diameter. Acta Agronomica Sinica, 36 : 695-700.

JinBao, Y., PingPing,Z., Lijuan,R., XueMing,Y., HongXiang,M.,Guocai,Y., Peng,Z., Miaoping,Z. 2011. Inheritance of grain protein content in soft red wheat cultivars. Jiangsu Journal of Agricultural Sci. 27 : 469-474.

Jovanovich G. and Lupano C.E. 2003. Correlation between starch damage, alveograph parameters, water absorption and gelatinization enthalpy in flours obtained by ındustrial milling of Argentinian Wheats. J.of FoodTechnology, 1: 168-172.

Kahraman K, Sakiyan O, Ozturk S, Koksel H, Sumnu G, Dubat A. 2008. Prediction the cookie quality of flours by using Miksolab®-Springer European Food Research and Technology. 227:1549-1554. doi:10.1007/ s00217-007-0757-y.

Kaldy, M. S., Rubenthaler, G. I., Kereliuk, G. R., Berhow, M. A., Vandercook, C.E. 1991. Relationships of selected flour constituents to baking quality in soft white wheat. Cereal Chem., 68:508–512.

Karaduman, Y., Avcıoğlu, R., Bolat, N., Uçarer, E. 2005. Anadolu Tarımsal Araştırma Enstitüsü Tarafından Geliştirilen Bazı Ekmeklik Buğday Çeşitlerinin ve İleri Kademe Hatlarının Bisküvilik Kalitelerinin Belirlenmesi. T.C. Tarım ve Köyişleri Bakanlığı Tarımsal Araştırmalar Genel Müdürlüğü. TAGEM/TA03/03/01/003 No'lu Proje Sonuç Raporu.

Karaduman,Y., Bolat,N., Belen,S., Çakmak,M., Yüksel,S., Akın,A. 2011. Effect of nitrogen fertilizer application on biscuit wheat quality characteristics. 6 th International Congress Flour-Bread& 8th Croatian Congress of Cereal Technologists Brasno-Kruh 11, p:33, 12-14 October, Opatija, Crotia.

Kent,N.L. 1983. Technology of Cereals. An ıntroduction for students of food science and agriculture. 3rd Edition. Pergamon Press Ltd., Headinton hill Hall. Oxford OX3 OBW, England.

Keskin, S.Ö., Öztürk, S., Sahin, S., Köksel, H. and Sumnu, G. 2005. Halogen lamp-microwave combination baking of cookies. European Food Research Technolgy 220, 546- 551.

Kırtok,Y., Genç,İ., Yağbasanlar,T., Çölkesen,M., Kılınç,M. 1988. Tescilli bazı ekmeklik (*T.aestivum l. Em Thell*) ve makarnalık (*T.durum Desf.*) buğday çeşitlerinin Çukurova koşullarında başlıca tarımsal karakterleri üzerinde çalışmalar, Çukurova Üniv., Ziraat Fak., 3:96-105.

Kittermann,J.S. and Rubenthaler,G.L. 1971. Assesing the quality of early generation wheat selections with the micro-AWRC test. Cereal Science Today, 16:313-316.

Knott, C. A.; Sanford, D. A. van; Souza, E. J. 2009. Genetic variation and the effectiveness of early-generation selection for soft winter wheat quality and gluten strength. Crop Science 49 : 113-119.

Koçak,N., Atlı,A., Karababa, E., Tuncer,T. 1992. Macar-Yugoslav (MAYEB) ekmeklik buğday çeşitlerinin kalite özellikleri üzerine araştırmalar. Tarla Bitkileri Merkez Araştırma Enstitüsü Dergisi, 1:1, Ankara.

Köksel,H., Kahraman,K., Şanal, T., Özay, D., S., Dubat,A., 2009. Potential utilization of miksolab for quality evaluation of bread wheat genotypes, Cereal Chem., 86:522-526.

Köroğlu,D., 2010. Durum buğdayı *(Triticum Durum L.)* çeşitlerinde makarna kalite özellikleri ile polimerik protein içeriği arasındaki ilişkilerin belirlenmesi. Hacettepe Üniversitesi, Fen Bilimleri Enstitüsü Yüksek Lisans Tez Çalışması, Ankara.

Krishnan,P., Glover,K., Berzonsky, W., Darly,J. 2011. Acquisition of SDmatic apparatus for measurement of starch damage. http://www.sdwheat2.org/

Labuschange,M.T., Claassen,A. And van Deventer,C.S. 1997. Biscuit-making quality of backcross derivatives of wheat in differing in kernel hardness. Euphytica, 96:263-266.

Lagrain, L., Thewissen, B., G., Brijs, K., Delcour, J.A. 2008. Mechanism of gliadin-glutenin cross-linking during hydrothermal treatment. Food Chem.,107:753–760.

Lorenzo, A. and Kronstad, W. E. 1987. Reliability of two laboratory techniques to predict bread wheat protein quality in nontraditional growing areas. Crop Sci., 27:247-252.

Lin, P. Y. and Czuchajowska, Z. 1997. Starch properties and stability of club and soft white winter wheats from the Pacific Northwest of the United States. Cereal Chem.,74:639-646.

Lillemo,M. and Morris,C.F. 2000. A leucine to proline mutation in puroindoline b is frequently present in hard wheats from Northern Europe. Theoretical Applied Genetics, 100:1100-1107.

Mamat,H.,Abu Hardan,M.O.,Hill,S.E. 2010. Physicochemical properties of commercial semi-sweet biscuit. Food Chem., 121 : 1029–1038.

Manthey F, Tulbek MC, Sorenson B. 2006. AACC annual meeting: World Grain Summit: foods and beverages, 17–20 Sep 2006, San Francisco, CA, p:336.

Marshall, D.R., Mares, D.J., Moss, H.J. and Ellson, F.W. 1986. Effects of Grain Shape and Size on Milling Yields in Wheat. In: Experimental Studies, Aust.J.Agri. Res., 37:331-442.

Medcalf,D.G. and Gilles,K.A. 1965. Wheat starches: I. Comparison of physicochemical properties, Cereal Chem., 42:558-567.

Miller,R.A., and Hoseney,R.C., 1997. Factors in hard wheat flour resposible for reduced cookie spread. Cereal Chem.,74:330-336.

Moiraghi, M.; Vanzetti, L.; Bainotti, C.; Helguera, M.; León, A.; Pérez, G. 2011. Relationship between soft wheat flour physicochemical composition and cookie-making performance. Cereal Chem., 88:130-136. http://cerealchemistry.aaccnet.org/.

Morris,C.F., Rose,S.P. 1996. Wheat. Page:3-54 in Ceral Grain Quality, Henry,R.J., and Kettlewell,P.S.(Eds.), Newyork, Chapman and Hall.

Morris,C.F., Lillemo,M., Simeone,M.C., Giroux,M.C., Babb,S.L., Kidwell,K.K. 2001. Prevalence of puroindoline grain hardness genotypes among North American spring and winter wheats. Crop Sci., 41:218-228.

Morris, C.F. 2002. Puroindolines: the molecular genetic basis of wheat hardness. Plant Mol. Bio., 48:633-637.

Morris, C.F. 2004. Grain quality attributes. Encylopedia of Grain Science, Ed. By Colin Wringley, Harold Corke, Charles E. Walker p: 238-254.

Nelson, C.A., and Lowing, H.J. 1963. Mill Stream Analysis, Its importance In Milling Special Flours. Ceral Sci. Today, 8:301-306.

Nemeth,l.Y., Williams,P.C., Bushuk,W. 1994. A comparative study of the quality of soft wheat from Canadian, Australia and United States. Cereal Foods World, 39:691-700.

Nishio, Z.; Miyazaki, Y.; Seki, M.; Ito, M.; Tabiki, T.; Nagasawa, K.; Yamauchi, H.; Miura, H. 2011. Effect of growing environment of soft wheats on amylose content and its relationship with cookie and sponge cake quality and solvent retention capacity. Cereal Chem., 88:189-194.

Ohm J. B., Ross A. S., Peterson C. J., and Morris C. F. 2009. Relationships of quality characteristics with size-exclusion hplc chromatogram of protein extract in soft white winter wheats. Cereal Chem., 86:197-203.

Olanca,B., Ozay,D.S.,Köksel,H., 2009. Effects of suni-bug (*Eurygaster spp.)* damage on size distribution of durum wheat (*Triticum Durum L.)* proteins, European Food Research and Technology, 229:813-820.

Onoğur, A.T., Elmacı,Y., 2011. Gıdalarda Duyusal Değerlendirme. Ege Üniv. Mühendislik Fakültesi Gıda Müh. Bölümü, Yayın No:010-1B, İzmir.

Orth,R.A. and Mander,K.C.,1975. Effect of miling yield on flour composition and breadmaking quality, Cereal Chem., 52:305-314.

Osella,C.A., Robutti,J., Sanchez,H.D., Borras,F., de la torre,M.a. 2008. Dough propterties related to baking quality using pricipal component analysis. Cienc. Technol. Aliment, 6:95-100.

Ozan, A.N., Karababa,E. 1997. Ekmeklik buğdayların bisküvilik kalitesinin tahmini testler ile belirlenmesi üzerine araştırma. Gıda, 22:51-56.

Özer, Ç., Ünal,S. 1998. Glutomatik 4+2 sistemi ile unların niteliklerinde değişimlerin belirlenmesi, Un Mamulleri Dünyası, 7:26.

Özkan, H., Hatipoğlu,R. ve Özer,S.M. 2009. Türkiye'de Ticari Olarak Yetistirilen Ekmeklik Bugday (*T. aestivum* ssp. *aestivum* L.) Çesitlerinde Bazı Önemli GenlerinAllelik Varyasyonu, Çukurova Üniv. Ziraat Fak., Tarla Bitkileri Bölümü, 107O207 TUBİTAK Projesi Raporu.

Özkaya B. 2008. Bisküvi teknolojisi ders notları. Ankara Üniversitesi Fen Bilimleri Enstitüsü Gıda Mühendisliği Anabilim Dalı, Ankara.

Özkaya, B. 1995. Bisküvi üretiminde kullanılacak unların değerlendirilmesi. Un Mamulleri Dünyası, 4: 35-42.

Özkaya H., Özkaya B. 1996. Bisküvi üretiminde hamur reolojik özelliklerinin modifikasyonu ve önemi. 2. Un-Bulgur-Bisküvi Sempozyumu, 28-30 Mayıs 1996, s:207-220, Karaman.

Özkaya H., Özkaya B., 2005. Tahıl ve Ürünleri Analiz Yöntemleri. A.Ü. Mühendislik Fak. Gıda Müh. Bölümü Gıda Teknolojisi Yayınları N0:30, Ankara.

Öztürk S., Özdağ S. 1993. Bisküvi teknolojisi ve sorunları. 1. Un–Bulgur–Bisküvi Sempozyumu, s: 27-29, Karaman.

Öztürk, S. 1998. Bisküvi üretiminde kullanılacak hammaddeler ve özellikleri. Un Mamulleri Dünyası, 7: 76-78.

Öztürk, S., Kahraman K., Tiftik, B., Köksel, H., 2008. Predicting the cookie quality of flours by using Mixolab®. European Food Research and Technology, 227: 1549-1554.

Pasha,I., Anjum,F.M., Butt,M.S. 2009. Genotypic variation of spirng wheats for solvent retention capacities in relation to end-use quality. LWT-Food Science and Technology, 42 : 418–423.

Patel, M.M. and Venkateswara RAO, G. 1995. Effect of untreated, roasted and germinated black gram (Phaseolus mungo) flours on the physicochemical and biscuit(cookie) making characteristics of soft wheat flour. Journal of Cereal Sci., 22:285-291.

Patterson HD., Hunter EA. 1983. The efficiency of incomplete block designs in National List and Recommended List cereal variety trials. The Journal of Agricultural Science. 101: 427-433.

Pedersen, L, Kaack,K., Bergsoe, M.N., Adler-Nissen, J. 2004. Rhelogical properties of biscuit dough from different cultivars and relationship to baking charcteristics. Journal of Cereal Sci., 39: 37-46.

Pena, R.J., Amaya A., Rajaram S., Mujeeb-Kazi A. 1990. Variation in quality characteristics with some spring 1B/1R translocation wheats. Journal of Cereal Sci., 12:105-112. AGRIS 92-063033.

Pena, R. J., Cervantes-Espinoza, M. I., Ortiz-Monasterio, J. I. and Dubat, A. 2006. Gluten composition, gluten quality, and dough mixing properties (National-Mixograph; Chopin-Mixolab) of high yielding wheats derived from crosses between common (*Triticum aestivum*) and synthetic (*T. dicoccon* × *Aegilops tauschii*) wheats. In Proc. Eucarpia:Hungary.

Pena,R.J. 2012. Wheat-end use quality grain compositional factors and grain quality improvement. Wheat Quality Workshop 21-26 Mayıs, Ankara.

Perry K.W. 2008. Trends and New developments in soft wheat quality in North America. ICC International Conference, Bosphorus 2008, 24-26 April, p:51, İstanbul.

Perten, H. 1990. Rapid measurement of wheat gluten quality by the Gluten Indeks. Ceral Foods World, 35:401-402.

Pomeranz, Y. 1971. Wheat Chemistry and Technology. AACC St. Paul, Minnesota.

Pomeranz, Y., and Williams, P.C. 1990. Wheat Hardness: Its genctic, Structural and Biochemical Backgraound Measurement and Significance, In:Y. Pomeranz. Advances ın Cereal Science and technology. VolX. 471-556. American Association of Cereal Chemists (AACC) St Paul Minnesota, USA.

Posner, E.S. and Hibbs,A.N. 1997. Wheat Four Milling. American Association of Cereal Chemists (AACC) St. Paul Minnesota,USA.

Preston, K. R., March, P. R., and Tipples, K. H. 1982. An assessment of the SDS-sedimentation test for the prediction of Canadian bread wheatquality. Can. J. Plant Sci., 62:545-553.

Quijun Z., Yan Z., ZhonHu H., Pena R.J. 2005. Relationship between soft wheat quality traits and cookie quality parameters. Acta Agronomica Sinica, 31:1125-1131.

Ragaee, S. and Abdel-Aal, El-Sayed M., 2004. Pasting properties of starch and protein in selected cereals and quality of their food products. Received 23 August 2004; accepted 6 December 2004. Available online 12 March 2005.http://dx.doi.org/10.1016/j.foodchem.2004.12.012.

Ram, S., Singh,R.P. 2004. Solvent retention capacities of Indian Wheats and Their relationship with cookie-making quality. Cereal Chem., 81:128-133.

Ram, S., V. Dawar, R.P. Singh, and J. Shoram. 2005. Application of solvent retention capacity tests for the prediction of mixing properties of wheat fl our. J. Cereal Sci., 42:261–266.
Randhawa, H. S.; Sadasivaiah, R. S.; Graf, R. J.; Beres, B. L. 2011. Bhishaj soft white spring wheat. Canadian Journal of Plant Science ,91:805-810.
Rogers D, E., Hooseney, R.C., Lookhart, G.L., Curan, S.P., Lin, W.D.A., Sears,R.G. 1993. Milling and cookie baking quality of near isogenic lines wheat differing in kernel hardness, Cereal Chem., 70:183-187.
Rosell CM, Aja,S., Bean,S., Lookhart,G. 2002. Effect of Aelia spp. and Eurygaster spp. Damage on wheat proteins, Cereal Chem., 79:801-805.
Rosell CM, Collar C, Haros M. 2007. Food Hydrocolloid, 21:452–462.
Rousset, M., Triboı¨, E., Branlard, G., Godon, B. 1985. Influence du genotype et du milieu sur les tests d'appreciation de la valeur d'utilisation du ble´ tendre (*Triticum aesti6um* em. Thell.) dans les industries de cuisson. Agronomie, 5:653–663.
Rousset, M., Triboı¨, E., Branlard, G., Godon, B., 1985. Influence du genotype et du milieu sur les tests d'appreciation de la valeur d'utilisation du ble´ tendre (*Triticum aesti6um* em. Thell.) dans les industries de cuisson. Agronomie 5:653–663.
Saqib Arif, Mubarik Ahmed; Bhutto, M. A., Mahmood Azam; Haider Abbas, 2007. Some physicochemical traits of seven spring wheat cultivars grown in Southern-Zone of Pakistan. International Journal of Biology and Biotechnology 4:277-279.
Sanchez,H.D.,Osella,C.A., de la torre,M.a. 1996. Desarrolo de una Formula para pan gluten. İnformacion Tecnologica, 7:35-42.
Sandhu, K. S., Singh, N., & Kaur, M. 2004. Characteristics of the different corn types and their grain fractions: physicochemical, thermal, morphological, and rheological properties of starches. Journal of Food Engineering, 64:119–127.
Sanchez, C., Klopfenstein, C.F. and Walker, C.E. 1996. Use of carbohydrate-based fat substitutes and emulsifying agents in reducedfat short-bread cookies. Cereal Chem., 72:25-29.
Sarker,Z., Yamauchi,H., Kim,S., Matsuura-Endo CH., Takigawa,S., Hashimoto,N., Noda,T. 2008. A farinograph study on dough charactersitics of wheat flour from different cultivars. Food. Sci. Tech. Res., 14: 211-216.
Sharma,R.C. 1992. Analysis of phytomas yield in wheat, Agronomy J., 84:926-929.
Singh, N., Sandhu, K. S., & Kaur, M. 2005. Physicochemical properties including granular morphology, amylose content, swelling and solubility, thermal and pasting properties of starches from normal, waxy, high amylose and sugary corn. Progress in Food Biopolymer Research [E-journal], 1:44–54.
Sivri,D., Batey, I.L., Skylas,D.J., Daqiq,L., Wrigley,C.W., 2004. Changes in the composition and size distribution of endosperm proteins from bug-damaged wheats, Australian Journal of Agricultural Research, 55:477-483.
Sliwinski EL,Kolster P., van Vliet, T. 2004. On the relationship between large deformation properties of wheat flour dough and baking quality. J. Cereal Sci., 39:231-245.
Slade, L., and Levine H. 1994. Structure-function relationships of cookie and crackers ıngredients. s:23-141. In H. Farid (ED). The Science of Cookie and Crackers Production. Chapman and Hall/AVI,New York.

Souza, E., Kruk, M., Sunderman, D.W. 1994. Association of sugar snap cookie quality with high molecular weight glutenin alleles in soft white spring wheats. Cereal Chem., 71: 601–605.
Souza, E., Kweon, M. 2010. Annual Report. USDA Soft Wheat Quality Laboratory Website. United States Department of Agriculture Agricultural Research Service Soft Wheat Quality Laboratory 1680 Madison Avenue Wooster, OH 44691.
Souza, E. J.; Guttieri, M. J.; Sneller, C. ,2011. Selecting soft wheat genotypes for whole grain cookies. Crop Sci., 51: 189-197.
Tipples, K. 1992. Quality evaluation methods for red spring wheat, canadian Grain Commission, Grain Research Laboratory, 24 p.
Tiftik,B., Öztürk,S., Kahraman,K., Köksel,H., 2008. Evaluation of the cookie quality of flours with miksolab®. Bosphorus 2008 ICC International Conference April 24-26, s: 226.İstanbul.
Tufvesson, F., Skrabanja, V., Björck, I., Elmstahl, H.L. and Eliasson, A-C. 2001, Digestibility of starch systems containing amylose-glycerol monopalmitin complexes, Lebensm. Wiss. Technol., 34: 131-139.
Uluöz,M., 1965. Buğday Un ve Ekmek Analiz Metotları. Ege Üni. Zir. Fak. Yayınları Yayın No: 57,İzmir.
Uriyo, M. G.; Barbeau, W. E.; Griffey, C. A.; Rancourt, J. 2004. Examination of relationships between the rheological properties and baking performance of selected soft wheat flours. Journal of Food Quality,27:239-254.
Ünal, S.S. 1991. Hububat Teknolojisi. EÜ. Müh. Fak. Yayın No:29, Bornova, İzmir.
Wade P. 1988. Cookies and Crackers. The Principles of Craft. Elsevier Applied Science, London..
Veraverbeke, W. S., Delcour, J. A. 2002. Wheat protein composition and properties of wheat glutenin in relation to breadmaking functionality. Critical Reviews in Food Science and Nutrition, 42:179–208.
Wesley,I.,J., Larraque,O., Osborne,B.G., Azuding,N., Allen,H. And Skerritt,J.H. 2001. Measurment of Gliadin and glutenin content of flour by NIR spectroscopy.
Willams, P.C., El-haramein, F.J., Nakkaoul,H., Rıhawi, S. 1986. Crop Quality Evaluation Methods and Gudilines. ICARDA. 142 s. Aleppo, Syria.
Yamamoto, H., Worthington, S. T., Hou, G., and Ng, P. K. W. 1996. Rheological properties and baking qualities of selected soft wheatsgrown in the United States. Cereal Chem., 73:215-221.
Yamazaki W.T. 1959. Flour granularity and cookie quality. II. Effect of change in granularity in cookie characteristics. Cereal Chem., 36:52-54.
Yamazaki W.T. 1953. An alkaline water retention capacity test for the evaluation of cookie baking potentialities of soft winter wheat flours. Cer. Chem.,30:242-246.
Yu, L. and Chiriste, G. 2001. Measurement of starch thermal transition using differential scanning calorimetry, Carbohydrate Polymers, 46:179-184.
Zeleny, L. 1971. Criteria of wheat quality, in Wheat Chemistry and Technology. Ed by Y.Pomeranz, AACC St Paul, MN, USA.
Zhang QiJun; Zhang Yong; He ZhongHu; Zhang Yan; Pena Roberto, J. 2007. Effects of solvent retention capacities, pentosan content, and dough rheological properties on sugar snap cookie quality in Chinese soft wheat genotypes. Crop Sci.,47:656-664.
Zhang Yong; Zhang QiJun; He ZhongHu; Zhang Yan; Ye GuoYou, 2008. Solvent retention capacities as indirect selection criteria for sugar snap cookie quality in Chinese soft wheats. Australian Journal of Agricultural Research, 59: 911-917.

FSC
www.fsc.org
MIX
Papier | Fördert
gute Waldnutzung
FSC® C083411

Kolibri 360 GmbH
Ferdinand-Jühlke-Straße 7
99095 Erfurt, Deutschland
produktsicherheit@kolibri360.de

Druck:
CPI Druckdienstleistungen GmbH
im Auftrag der
Kolibri 360 GmbH
Ferdinand-Jühlke-Str. 7
99095 Erfurt